The Dancing Wu Li Masters

An Overview of the New Physics

Gary Zukav

蓋瑞‧祖卡夫——著

廖世德——譯

物理之舞

用量子力學打開新時代大門，
理性與靈性的絕妙共舞

目 次

萊科斯坦序

　　1976年蓋瑞·祖卡夫宣布本書寫作計畫的時候，我和艾爾·黃曾經在依薩冷圍著桌子看他起草大綱。當初沒有想到他會在這件工作上得到這麼大的樂趣。看著這本書逐漸成長，令人體會良深。因為，祖卡夫在本書堅持要將今天的量子相對論物理學的演化通過一次，照原樣來對待它，使它成為清楚明朗的故事。這樣堅持的結果，不但使本書可讀性提高，而且還使讀者接觸到物理學家努力使不可談的變為可談的種種方法。簡而言之，蓋瑞·祖卡夫寫了一本行外人看的好書。

　　祖卡夫對物理學的態度與我很接近。所以，我必定也是一個行外人。我和他談物理比和專業人士談更為興奮有趣。他知道物理是一種意圖，意圖與大於我們本身的一種實體融通，在一個無盡的追求中，要求我們尋找、塑造，並且摒除長久以來所懷有的偏見與思考習慣。

　　祖卡夫豪爽的給我這個篇幅，要我對他的敘述有所補充。因為我們認識已經有三年，所以我必須稍微回想一下。

　　我最先想到的是一群鯨魚。我記得我們曾經在依薩冷的懸崖上看到一群鯨魚翻躍著向南方游去。接下來我想到的是美麗的帝王蝴蝶（Monarch butterfly）。從第一天開始，這些蝴蝶就四處點綴著田野，然後像厚重的樹葉一般，層層相疊，掛在樹上，形成了一棵棵魔樹，等待著生命的終曲。在鯨魚和帝王蝴蝶這兩件事之間，我們（對物理學之事）一方面感覺不能夜郎自大，一方面又覺得輕鬆好玩。

　　在依薩冷的時候，我感到和會中的物理學家溝通的困難。這一點使我發現大部分的物理學家對量子力學的想法與我是多麼不同。其實我的想法並不新。早在1932年，約翰·凡·紐曼（John Von Neumann）在他的《量子力學的

數學基礎》（*The Mathematical Foundation of Quantum mechanics*）一書裡就已經提出物理學家對量子力學有兩種想法。我的想法不過是其中之一。這兩種想法是：

一、量子力學不是處理客體的客觀屬性。量子力學處理的是由預備過程與觀測過程界定的問題，其中涉及主體與客體，並且遵循一種新的邏輯。

二、量子力學處理的完全是客體屬性。遵循的是舊的邏輯。當有觀測行為時，這些屬性是隨機跳躍的。

當今有在做研究的物理學家大部分所持的都是第二種想法。或許人格會決定科學的方向。我覺得心有「人心」、「物心」兩種。好父母、心理學家、作家等必須「人」人，機師、工程師、物理學家等則傾向於「物」人。對於這樣的物理學家而言，物理學已經變得很可怕；因為，今日的物理學是這麼的「無物」。愛因斯坦、海森堡曾經帶給物理學極深的演化。然而，新的、同樣深刻的演化，正等待著新一代更具膽識、更有整合能力的思考者。

大部分物理學家平常工作時都將量子工具視為當然。在這種情況下，既有一些前鋒探測過下一代物理學的道路，也有一些後衛小心翼翼的維護著回歸舊物理學的道路。對於後者而言，貝爾定理非常重要。但是貝爾定理在本書占這麼重要的地位，並不表示它已經解答了當今量子物理學的一些問題。然而貝爾定理卻接近了一個大部分物理學家都已建立的觀點，那就是，量子力學是一種新的、不同的東西。

現在在這裡對「完整的」（complete）理論與「最高的」（maximal）理論做個分辨是有用的。完整的理論預測一切事物，是牛頓物理學家追尋的。（嚴格說來，牛頓根本就不是牛頓物理學家。因為，他一直希望上帝常常給這個世界上發條。）最高的理論是盡可能預測事物，是量子物理學家追尋的。

愛因斯坦與波耳雖然迭有爭論，但是他們兩人以不同的方式都同意，量子力學是不完整的，乃至於也不是最高的。他們真正爭辯的是，一個不完整的理論是否可能成為最高理論。有一次愛因斯坦說，「啊！我們的理論太貧乏，沒辦法講述經驗。」波耳就回說，「不是！不是！我們的經驗太豐富，沒辦法用理論講。」這就好比有的存在主義哲學家對於生命的無常深感絕望，有的卻因此覺得elan vital（生命蓬勃，創造）一樣。

量子力學的一些特質使我們產生這些爭論。其中之一是它關切不存在的、潛在的事物。所有的語言都會講到一點這種東西，否則文字就只能用一次。量子力學比古典力學更涉及機率。有的人認為這樣會使量子論不可信，使它無法成為最高理論。所以，為了維護量子論，我們必須指出，量子力學雖然有不可決定性，但是對於個別實驗卻可以像古典力學一樣，完全用是或否來表達。在大數量時，機率不需假設就可以歸納出一個規律。

但是，關於古典理論與量子論的不同，我的講法與現在的教科書不同。我寧可說，只要有充分的資料，古典力學對一切未來的問題都可以提出是或否的答案；量子力學則留下一些問題不解，等待經驗來回答。但是我在此地也要指出一個令人遺憾的傾向，那就是，量子力學也是因此否定了只在經驗（不在理論）裡發現的答案；譬如量子力學就否定局部電子動量的物理存在。我自己也有這種傾向。我們陷進我們的符號系統太深了。

會議進行了一個星期，大家還在談量子邏輯的元素。原來我們想討論的新的量子時間概念卻未觸及。不過這樣反倒使我們比較容易進入第二組問題。這也是我現在在思考的問題。量子力學的特質在於它一些未解的問題。有的邏輯學家——譬如馬丁・戴維思（Martin Davis）——說，這一點可能與哥德爾（Godel）以降的一些不可解決的邏輯命題有關。我向來就比較清楚。現在我覺得他們是對的。共同的元素不過是反射，完全自覺的明確系統則為不可能。

　　看來人類的研究工作是無盡頭的。這種種觀念我希望是成立的。蓋瑞・祖卡夫這本書討論的就是這些觀念。他做得很好。

大衛・棻科斯坦
1978年於紐約

譯序

　　翻譯，最忌諱譯自己不熟悉的東西。對於物理，譯者更是徹徹底底的行外人。但我畢竟還是動手譯了這本書。這裡面自然有譯者不敢妄自菲薄的原因。

　　首先，作者以他沒有物理學背景的身分寫這本書，一開始就是想寫給行外人看的。作者既然點出這樣的目標，那麼一般讀者，包括譯者在內，是不是看得懂這本書，便成了此一目標的試金石。可喜的是，本書不但清晰易讀，甚至還進一步趣味盎然。於是，這就給了譯者一個充分的理由，來釋譯這本書。因為，既然了解一本書，為何不能翻譯這本書？

　　第二，事實上譯者對翻釋這本書有一種大熱情。任何關心生命終極意義的人都會喜歡這本書。任何對知識有好奇心的人都會喜歡這本書。研究物理的人，在本書可以揚棄符號與數學，得到一種平常的，不是那麼濃的化不開的理解。研究靈異學的人可以在本書看到一點點可能的科學解釋，譬如心電感應。至不濟，如果擺脫這一切「有所為」，純然是為了趣味，讀本書將更得其所哉。要言之，對於任何一個有生命力的人，期待精神進化的人，想換一種新方式追求生命意義的人，覺得傳統宗教哲學的用語已經講爛了的人……這本書將是一個起步，一種啟發。

　　由於有這樣的一份熱情，並且在技術上可能，所以譯者譯了這本書。至於內容，我不必在此多所闡釋。因為，本書說理清晰明白，一般智力的人輕易可以理解，不必譯者在旁越俎代庖。至於那些學識淵博，生命體驗豐富的讀者，譯者更不必班門弄斧。總之，每一個人都是獨立的生命。每個人得其所得。每個人有每個人的過程。這就是書中所說的「如如」。「如如」當然是東方的觀念，作者是借用的。不過讀者在書中將看到現代物理學以另一種

方式達到了相同的觀念。如何達到，以及這達到的本身，十足扣人心弦！讓我們一方面安於如如，一方面在精神進化上奮力精進。

廖世德　謹識
於台北淡水

引論

幾年前，我的一個朋友邀請我參加加州柏克萊的勞侖思柏克萊實驗室（Lawrence Berkeley Laboratory）的一次午後會議，這是我接觸量子物理學之始。那個時候我與科學界沒有任何聯繫，所以我就受邀請，心裡想去看看物理學家是什麼樣子。我很意外的發現，一：他們說的事我都了解；二：他們討論的東西聽起來就像神學。我幾乎無法相信。物理學這一門學科不是我向來以為的那麼無聊與不毛，反之其實是豐富而深奧的，到最後甚至與哲學不可分。但是，說來難以置信，除了物理學家之外，一般人卻不知道這個重要的發展。所以，隨著我的物理學知識與興趣越來越濃，我便決心與別人分享我的發現。這本書是我的禮物，一系列中的一本。

大體說來，就知識的偏好而言，人可以分為兩種。一種是喜歡用精準的邏輯程序探索事物，一種喜歡以不那麼邏輯的方式探索事物。前者會對自然科學與數學感興趣。他們如果沒有變成科學家，那是因為教育背景的關係。如果他們選擇科學教育，那是因為科學教育可以滿足他們的科學心智。後者會對人文學科感興趣。他們如果沒有人文素養，那是因為教育背景的關係。他們如果選擇了人文教育，那是因為人文教育可以滿足他們的人文心智。

由於這兩種人都很聰明，所以彼此都不難了解對方在研究什麼東西。然而，我卻發現這兩種人之間在交流上有一個大問題。我的物理學家朋友曾經有很多次想向我說明物理學的概念。可是，每次他講得口乾舌燥，在我聽起來依然是抽象、深奧而難以掌握。可是等到我了解了，我卻又很驚訝的發現那概念其實是很簡單的。反過來說，有時候我也嘗試著向我的物理學家朋友解釋一些概念。我用的詞彙（在我看來）已經再清楚不過了，可是雖然我講得精疲力盡，這些詞彙似乎還是這麼模糊不清，缺乏準確度。所以我希望這

是一本有用的「翻譯」，幫助那些（像我一樣）沒有科學細胞的人，了解理論物理學裡所發生的種種非凡的過程。當然，這本翻譯和其他翻譯一樣，不比原作好。這原因在於翻譯者的不足。但是，不論是好是壞，我擔任翻譯者的第一個資格，就是我不是物理學家（和你一樣）。

為了補足我物理教育（以及人文教育）的不足，我要求並且得到了一群優秀物理學家的協助，本書的「識」裡面提到了他們大名。其中有四位讀過全部的原稿，其餘的看了部分的原稿。我每完成一章，就把原稿寄給他們每一位，請他們看看觀念與事實上有沒有錯誤。

一開始的時候，我原來只希望利用他們的批評來改正內容。可是，我很快就發現他們對這一份稿子的關切已經超過我原先的期待。他們的批評不但體貼、透徹，總合起來還可以成為一份很重要的資料。我越是讀這些資料，就越覺得必須與你們分享。所以，除了修正內容之外，我還把這些資料加在註釋裡面，以免與內文重複。一些會使內文變得太過專門，或者與內文不一致，或者與他人的評論不一致的評論，我都特別放在註釋裡面。這些評論如果放在內文中，會使本書變得複雜、冗長。但是放在註釋裡，我就可以將這些觀念包括在本書之內。本書從頭到尾，凡是初次用到一個詞彙，沒有不在之前或之後立即加以說明的。但是在註釋裡面沒有這樣做。這樣，就給了註釋完全自由的表達。當然，這也就是說，註釋裡面有一些詞彙是完全不解釋的。內文尊重你在這個龐大而令人激奮的領域新來乍到的身分，可是註釋並不。

然而，如果你讀了這些註釋，你會聽到當今全世界最好的四個物理學家對這本書所說的話。這個機會難得。這些註釋強調、說明、解釋，刺激內文所有的一切。難以描述的是，這些註釋表現出一種咄咄逼人的精準。科學家修正他們的同行著作上的瑕疵時，即使他們的同行沒有受過訓練（譬如我），即使著作並非專門的（譬如本書），仍然追求這種咄咄逼人的精準。

本書所說的「新物理學」一辭，指的是量子論與相對論。量子論從1900

年普朗克的量子理論（theory of quanta）開始。相對論從1905年愛因斯坦的狹義相對論開始。至於舊物理學，指的是牛頓的物理學，那是他300年前建立的。「古典物理學」指的是「解釋現實的方式總要使物理相的每一個元素，在理論裡都有一個元素與之對應的物理學」。所以，古典物理學包括牛頓物理學與相對論。因為這兩者都是以這樣一對一的方式結構起來的。可是量子力學不然。這也是量子力學之所以獨特的原因。這一點我們以後會討論到。

　　讀這本書的時候，請你對自己溫柔一點。本書所說的故事很多都是豐富而樣貌多變的，全部都是迷惑人的東西。讀這本書好像讀《戰爭與和平》、《罪與罰》、《悲慘世界》一樣，沒有辦法一次學盡裡面的東西。我建議你是為了讓自己愉快才讀這本書，而不是為了學裡面的東西。本書前有目錄，所以你大可自由翻閱，哪一個題目有興趣，就讀哪一個。此外，如果你讓自己享受這本書，可能比決心在裡面學東西記得還要多。

　　最後一點，本書並非討論物理學與東方哲學的書。本書裡面，「物理」這個詩意的架構確實有助於這樣的比擬，可是本書討論的卻是量子物理學與相對論。未來我希望能夠寫一本書專門討論物理學與佛教。但是，若以「物理」這個東方意味的觀點看，我這本書確實已經包含了東方哲學與物理學相近之處。這些相近之處對我而言，很明白，很重要。但我總得順便提一下，以免造成各位的損失。

　　祝　　讀書快樂

　　　　　　　　　　　　　　　　　　　蓋瑞・祖卡夫於舊金山

科學的基本觀念本質上大都很簡單，
通常都可以用人人皆知的語言來表達。

———— 亞伯特・愛因斯坦[i]

用普通語言來說明事物，即使是對物理
學家而言亦是觀察理解程度的指標。

———— 沃納・海森堡[ii]

長期而言，如果你沒有辦法使大家了解
你在幹什麼，那麼你做的事就沒有價值。

———— 厄文・薛丁格[iii]

部一　物理？

第一章　大蘇爾的大禮拜

每次我告訴朋友我在研究物理學，他們就搖搖頭，說：「哇！真難。」大家對「物理學」這一門學科普遍都有這樣的反應。物理學家在做什麼和大家認為他們在做什麼之間，就是橫亙著這一道牆。兩者之間差距很大。

這種情形固然可悲，可是有一部分要怪物理學家自己。如果你不是物理學家或希臘人，他們的行話聽起來就像是希臘語。可是即使他們對一般人說是英語，他們的話仍然像科孚人[1]。

可是在另一方面，這種情形一部分也要怪我們。大致上說來，我們已經不再想去了解物理學家（還有生物學家等）到底在做什麼。這樣我們就害了自己。這些人從事的，其實是非常有意思的歷險，不會那麼難理解的。不錯，有時候，一講到他們**如何做事**，的確就要惹來一場專技說明。如果你不是專家，這一場說明就要使你酣睡。可是，物理學家**做的事**其實很簡單。他們尋思宇宙是什麼東西做成的，如何運作，我們在宇宙中做什麼，如果宇宙要往某處去，那麼會是哪裡。簡單的說，他們做的事情與我們夜晚仰望星星沒有兩樣。每當滿天星星的晚上，我們抬頭看見浩瀚的宇宙，心裡就不禁震懾，但又知道自己是其中的一部分。物理學家就是做這種事。這些聰明的傢伙做這種事而且還有報酬。

不過，不幸的是，大部分人一想到「物理學」，就聯想到一面黑板，上面寫滿了不知名的數學不可解的符號。事實上，物理學並非就是數學。在本質上，物理學只是單純的對事物的情況感到驚奇，只是對事物為何如此感到美好的（有的人說是不得不然的）興趣。數學是物理學的**工具**。除去數學，

1　譯註：科孚，希臘西北部的一個海島。

物理學純然只是法術。

　　傑克‧撒發提（Jack Sarfatti）是物理學暨意識研究會（Physlcs/Consciousness Research Group）的物理學指導。我常常跟他談起寫這樣一本書的可能——沒有術語和數學的牽累，仍然能夠表達那些推動現代物理學的，令人心動的發現。所以，當他請我參加他與麥柯‧墨菲（Michael Murphy）在依薩冷研究所策畫的物理學會議時，我就接受了。我接受是因為我心裡有一個目的。

　　依薩冷研究所（這是學一個印地安部落的名字）在北加州。北加州海岸是力與美奇異的結合。其中，大蘇爾（Big Sur）和勝‧路易思‧奧比思波（San Luis Obispo）之間的太平洋海岸公路更是無出其右。從大蘇爾向南，依薩冷研究所位於這條公路約半小時的路程之上；一邊是公路和海岸山脈，一邊是崎峻的懸崖，俯視太平洋。一條河流從其間蜿蜒流過，隔開了北邊的三分之一和南邊的三分之二。北邊的這一邊有一幢大房子（就叫做「大房子」），那是會員聚會和客人落腳的地方。旁邊另有一棟小房子，是迪克‧普萊思（Dick Price，與墨菲同為依薩冷的創辦人）一家人住的地方。南邊的這一邊這一間房子是做飯、開會、職員與賓客住宿、洗熱溫泉的地方。

　　在依薩冷晚餐是一種多維度的經驗。燭光、有機食物、一種有感染力的自然氣氛，這種種元素便是依薩冷經驗的精華。有兩個人正在吃飯，我和撒發提加入他們談話。這兩個人一個是大衛‧萊科斯坦（David Finkelstein），葉西發大學（Yeshiva University，在紐約）的物理學家。另一個是艾爾‧忠良‧黃[2]，他是太極拳師父，在依薩冷經營一家工作室。這樣的夥伴再好也沒有了。

　　我們的話題很快就轉到物理學上面。

　　「我在臺灣學physics，」黃說：「我們叫作物理，意思是『有機能量的各種型態』。」

　　這個觀念立刻吸引了飯桌上的每一個人。

2　譯註：El Chung-liang Huang，譯音。

　　這個觀念在餐廳內滲透，心靈的光一盞一盞的亮了。「物理」不只詩意而已。這個會議若是要給物理學下什麼定義，這個就是最好的了。這個定義掌握到一種東西，一種我們想用一本書來表達的活生生的質素。沒有這種東西，物理學將成為枯燥乏味的東西。

　　「讓我們來寫一本物理的書！」我聽到自己大聲叫著。觀念和能量立刻開始流動。我以前所做的種種計畫一下子就從窗外飛走了。現在，從能量聚集的地方出現了一幅景象，那是物理師父在跳舞。此後的幾天以及離開依薩冷以後，我們就一直在尋找到底物理師父是什麼東西，他們又為什麼要跳舞。我們又興奮又肯定的感覺到我們已經找到了一個通道；關於物理學，我們想說的事情在這個通道裡將要順暢的流動。

　　中文和西方語言不一樣，不用字母。中文每一個字都用圖案寫成，這些圖案都是線條畫。（有時兩個或兩個以上的圖案併合，又構成不同的意思）所以中文才很難翻譯成英文。翻譯者必須又是詩人，又是語言學家，才可能翻譯得好。

　　譬如說，「物」可以是「物」，也可以是「能量」，「理」就非常詩意。「理」的意思是「全面的秩序」或「全面的法則」，但「理」又指「有機型態」。木紋是理，樹葉表面上的有機型態是理，玫瑰花瓣的質地也是理。簡而言之，Physics的中文「物理」意思就是「有機能量的各種型態」（「物／能量」＋「全面的秩序／有機型態」）。這真是不凡；因為中文「物理」反映了一種世界觀。建立西方科學的諸位人士（伽利略和牛頓）不會了解這種世界觀，可是20世紀但凡重要的物理學理論都指向這樣的世界觀。問題已經是「他們是怎麼知道的？」，不再是「他們是否還有所不知？」

　　英文幾乎怎麼唸意思都不會變。我一直到大學畢業五年，才知道「consummate」當形容辭用的時候，重音在第二音節，唸成「con-SUM-mate」（意指「使臻至最高程度，使完善」）。想到自己以前常常說什麼「CONsummatelinguists」（完美的語言學家）、「CONsummatescholars」（完美的學者）等，我就懊惱。那個時候好像都有人忍著不笑出來。我後來才知道這種人都是讀字典的。可是我的爛發音並不曾使別人聽不懂我的話。因為，在英文裡，一個字的音調變化並不會改變這個字的意思。「No」音調上揚（「no？」），音調下降（「no！」），音調不變（「no…」）——根據字典上說——意思都是「否定，拒絕，反對。」

可是中文不然。中文大部分都是一個音節有好幾種音調[3]。音調不一樣，就是不一樣的字，寫法就不一樣，就有它自己的意思。因此，一個音節以各種音調發音，在生疏的西方人聽起來，是很難分辨的。但是對中國人而言，這種種的音調卻構成明確的字，各有筆畫和意思。可是英文是一種無調語言，所以中文若是譯成英文，筆畫雖然不同，在英文裡寫法和發音卻可能都一樣。

譬如說，中文有八個以上的字，在英文裡拼法和寫法都是「Wu」。黃忠良揀出五個「Wu」，每一個都接上「理」（Li），變成五個「Wu Li」。

第一個Wu-Li意指「各種型態的有機能量」。這就是中文所說的「物理」（「物」指「物」或「能」）。

第二個Wu-Li意指「吾理」（「吾」指「我」或「我的」）。

第三個Wu-Li意指「無理」（「無」指「空」或「無有」）。

第四個Wu-Li意指「握理」（「握」指「手作拳狀」或「捲手持物」）。

第五個Wu-Li意指「悟理」（「悟」指「領悟」或「我的心」）。

如果我們站在紡織師父的後面看他紡織，那麼，我們最先看到的並不是布，而是各種顏色的絲線。他用專家的眼光揀取這些絲線，引入梭子裡面，然後開始編織。這時我們就會看到絲線開始密合交織，出現了一塊布。等一下，布上面還有圖案！

準此，黃忠良以這樣的方式，在他的認識論織布機上織出了這樣一張美

3　譯註：譬如按國字注音符號，一個音有四聲。

麗的綴錦：

$$PHYSICS = 物理$$
$$物理 = 有機能量的各種型態$$
$$物理 = 吾理$$
$$物理 = 無理$$
$$物理 = 握理$$
$$物理 = 悟理$$

對於這樣一個豐富的比喻，會議中的物理學家紛紛表示相當的共鳴。現在，我們終於找到呈現高等物理學根本要素的車乘了。會議的一個禮拜將要結束的時候，依薩冷的每一個人都在談「物理」。

一邊發生這些事情，一邊我就去找「師父」的意思。翻字典沒有用。字典找得到的定義都意味著「控制」；這跟我們「跳舞的物理師父」的意象不合。這一來，因為黃忠良是太極拳師父，我就跑去問他。

「人家用這兩個字來叫我，」他說。對黃忠良而言，黃忠良就是黃忠良，沒有別的東西。

那個禮拜幾天以後，我又跑去問他，心裡希望這一次能得到比較足以捉摸的答案。

這一次我得到的答案是：「師父就是比你先開始的人。」

我的西方式教育使我沒辦法接受這樣一個非定義的定義。所以，我就去找他的書來看。他的書叫《抱虎歸山》（*Embrace Tiger, Return to Mountain*），是艾崙・華茲[4]寫的序。序裡面有一段話講到黃忠良。我就在這段話裡面找到

4　Alan Watts，20 世紀英國作家、哲學家，積極解說與推廣佛教、道教、印度教等而廣為人知。

了我要的東西。艾崙‧華茲說：

> 他從中心下手，不從邊緣下手。這種技藝，他先傳授一種基本原
> 理，然後才論及細節。他不願意太極拳變成一、二、三、四，二、
> 二、三、四的運動，使學生變成機器人。傳統上……都是用背誦教
> 學。這給人一種印象，以為學太極拳主要的部分很無聊。在這種方
> 式之下，學生可能年復一年都不知道自己在做什麼。[i]

　　這就是我要找的「師父」的定義。師父教的是精華。精華懂了，他才教
一些必要的東西來擴大這一種了解。他要等到學生對花瓣落地感到驚奇，才
講起重力。要等到學生說：「好奇怪！兩個石頭同時往下丟，一個輕，一個
重，可是卻**同時**落地！」，才講到一些定律。要等到學生說：「應該有一種
比較簡單的方法來表達這一點。」才講到數學。

　　物理師父就是這樣與他的學生共舞。物理師父什麼都沒教，可是學生卻
學到了東西。物理師父總是從中心著手，從事物的「心」開始。我們這本書
就是採用這種方式。有一些人深具慧心，他們想了解高等物理學，可是卻
不懂物理學術語，有時甚至不懂物理數學。這本書就是為這樣的人寫的。《物
理之舞》是一本精華之書——量子力學‧量子邏輯、廣義相對論、狹義相對
論的精華，外加一些指明物理學未來走向的新觀念。當然，未來怎麼走又有
誰知道？我們只知道我們今天想的事情明天就會成為過去。所以，本書處理
的不是知識。知識向來即是過去式。本書處理的是想像力。這個想像力即是
物理，即是物理學的復活。

　　最偉大的物理學家亞伯特‧愛因斯坦就是一個物理師父。1938年，他說：

> 物理學的觀念乃是人類心靈自由創造出來的。不論多像，都不是由
> 外在世界一手決定的。我們努力去了解現實，可是我們這種努力就

像一個人想了解密閉的手錶裡面的機械結構一樣。我們看得到錶面、時針、分針，我們還聽見了裡面的滴答聲。可是我們打不開錶殼。如果我們很有天分，我們可能構想出一幅機械畫面，其中的機械就負責他所觀察到的那些東西的運轉。可是他永遠也不會知道他的機械是不是唯一的。他永遠也沒有機會把他的機械與真正的機械做比較，他甚至無法想像這種比較可能產生什麼意義。[ii]

大部分人都認為物理學家是在解釋這個世界。有的物理學家也自認是這樣。可是，物理師父知道，他們只是在和世界共舞。

我問黃他如何設計課程。

「每一課都是第一課，」他告訴我。「我們每一次打拳，都是第一次。」

「但是你當然不是每一課都重新開始，」我說。「第二課必然要以第一課為基礎，第三課必然以第一課和第二課為基礎，依此類推。」

「我說每一課都是第一課，」他說，「意思並不是我們忘了第一課學到的東西，而是，我們做的事情永遠都是新的，因為我們永遠都是第一次**做這件事**。」

這又是師父的另一個特徵了。師父不管做什麼事情，都是用第一次的熱忱做。這就是他那無限的精力的泉源。他教（或者學）的每一課都是第一課。他每一次跳舞，都是第一次跳舞；永遠都是新的，有個人風格的，活的。

前哥倫比亞大學物理系主任、諾貝爾物理學獎得主以西多・拉比（Isidor I. Rabi）說：

學生做實驗的智力內涵……也就是開創新領域的創意和能力——我們教得不夠深入……我個人的看法是這種事你要自己來。你之所以做實驗是因為你的哲學使你想要知道答案。生命太短，不能因為別

人說一件事很重要就去做。這樣也太辛苦了。你必須自己去感覺事情……[iii]

不幸的是，大部分的物理學家都不像拉比。事實上，大多數物理學家一輩子都在**做**別人說是很重要的事。這就是拉比的意思。

這種情況使我們都產生一種誤解。在大部分人而言，他們口中的「科學家」事實上是「技師」。技師是受過高度訓練的人。他的職業是應用已知的技術和原理。他處理的是已知的事物。科學家則是追尋自然界真實性質的人。他處理的是未知的事物。

簡而言之，科學家是發現，而技師則是應用。然而，科學家到底是發現事物還是**創造**事物，事實上已經不再那麼清楚。有很多人認為「發現」事實上就是一種創造。如果是這樣的話，那麼科學家、詩人、畫家、作家就不是那麼截然有別了。事實上，科學家、詩人、畫家、作家可能都是一個族類。這個族類天生有一種才能，能夠將我們視為平常的事物用一種新的方式**提出**，進而打破了我們的畫地自限。凡是特別表現了這種才能的人，我們就叫他天才。

大部分的「科學家」其實只是技師。這是事實。根本上新的事物他們沒有興趣。他們的視野比較狹窄。他們精力都用在將已知事物應用出來。他們往往把鼻子埋在一棵樹的樹皮上，所以很難跟他們討論樹林。神祕的氫光譜實驗就很能說明科學家和技師的不同。

白光——譬如太陽光——照進三稜鏡裡面以後，就會發生一種最美麗的現象，那就是，從稜鏡另外一邊出來的，不是白光，而是所有彩虹的顏色：紅、橙、黃、綠、藍、靛、紫。這是因為白光原本就是由這些色彩構成的緣故。白光是一種組成物，可是紅光就只含有紅光，綠光只含綠光；依此類推。300年前，牛頓就在他的名著《光學》（*Optiks*）裡面論及這種現象。這一種

色彩的舖陳叫做白光譜（white-light spectrum）。我們若是對白光譜做光譜分析，就會現出一個完整的光譜；因為，凡是我們的眼睛看得到的色彩，白光都有（有一些我們看不到的，譬如紅外線、紫外線，白光也有）。

可是，並不是每一次光譜分析都會產生完整的光譜。譬如，假設我們拿化學元素鈉，使它發光，然後照到稜鏡裡面。這個時候，我們得到的就只有**一部分**的光譜。

假設有一個暗室，裡面有一個物體。此時如果我們看得到這個物體，這個物體就是在發光。譬如說，如果這個物體看來是紅色的，那麼它就是在發紅光。光，是由「激動」的物體發出來的。所謂刺激鈉，意思並不是說給它超級盃（Super Bowl）的入場券。刺激鈉意思是為它加一點能量。其中一個方法就是加熱。我們將激動的（白熱的）鈉放出來的光照到稜鏡或分光器裡面，這時我們得到的就不是白光全部的色彩，而是其中的**一部分**。就鈉而言，我們得到的是兩條細細的黃光。

我們也可以反過來將白光對著鈉氣照射，從而產生鈉光譜的反面景象。我們可以從這個反面景象看到鈉氣吸收了白光的哪些部分。白光通過鈉氣，再通過分光器以後，還是會產生全部彩虹的顏色，只是**少了**白熱的鈉所發出的兩條黃光。

這兩種方式不論是哪一種，鈉光譜的型態都很明確。可以是在原本完整的光譜上只由黑線構成，也可以是只由色線構成而沒有其它部分。但不論是哪一種情形，型態永遠一樣。[5]這一個型態就是鈉元素的指紋。每一種元素發出（或吸收）的顏色都有一定。同理，每一種元素的分光型態也有一定，永遠不變。

氫是最簡單的元素。氫「好像」只有兩個組成部分。其一是一個質子，帶正電；另一是一個電子，帶負電。我們只能說「好像」；因為從來沒有人

5　可是，實際上有一些色線並沒有在吸收光譜上出現，因為這些色線代表的是高能量狀態之間的轉變狀態。

看過氫原子。如果有氫原子存在，那麼一個針尖上就有幾百萬個。氫原子這麼小是計算出來的。所謂「氫原子」，是一種「手錶內部」的思惟。我們只能說，唯有假設這種實體存在，才能夠圓滿的解釋我們觀察到的一些現象；如若不然就很難解釋，並且無法摒除「魔鬼做的」這種解釋。這種解釋就是有人能夠「證明」。（就是因為有這種解釋，才促使伽利略、牛頓、笛卡兒創造了如今成為現代科學的那些學說）。

　　物理學家一度認為原子是這樣構成的：原子的中心是核子，恰如太陽系的中心是太陽一樣。原子的質量絕大部分都在核子，其中包含帶正電的粒子（質子），以及大小差不多一樣但不帶電的粒子（中子）。（各種元素裡面只有氫核子沒有中子。）好像行星繞日一樣環繞核子的是電子。電子若與核子比較，幾乎等於沒有質量。每一個電子都帶有負電。電子的數量又與質子相等，所以正電和負電彼此抵銷。因此整個原子是不帶電的。

　　這個用太陽系來比擬原子的模型是拉賽福（Emest Rutherford）在1911年創立的。可是這個模型的問題，在於電子與原子核的距離事實上比行星和太陽之間大很多。用拉賽福的話來說，如果拿原子與原子裡面的粒子（絕大部分都在核子上面）相比，那麼原子所占的空間實在太大了，環繞核子的電子相形之下，「好像大教堂裡的蒼蠅」。

　　這一幅熟悉的原子圖畫我們大部分人都是在學校裡學的，通常還是強迫的。不幸的是這一幅圖畫已經過時，所以你忘了算了。當今的物理學家如何設想原子我們以後再討論。此地要說的是，這個行星模型如今雖然已經過時，可是卻因為有這個模型作背景，我們才解決了一個最難的問題。以下我們就說明這件事。

　　氫是最簡單的元素，可是氫光譜的光線就有一百條以上！其他元素當然就更多了。我們若將氫氣光照到分光器裡面，我們將得到依一定型態排列的

一百多條色線。[6]。問題在於：「氫原子這麼簡單的東西，只有一個質子與一個電子兩個組件，為什麼竟然產生這麼複雜的光譜？」

關於光，有一種想法認為光是一種波，從而認為每一種色彩就像聲音一樣的，頻率都不一樣。聲音也是波，不同的聲音頻率就不一樣。德國物理學家索莫菲爾（Arnold Sommerfield）本身鋼琴彈得很好。有一次他開玩笑的說，氫原子既然能夠發生一百種以上的頻率，那麼必定比鋼琴還要複雜！因為鋼琴只能發生88種頻率。

1913年，丹麥物理學家波耳（Niels Bohr）提出了一個非常合理的學說，使他得到諾貝爾獎[7]。他的學說跟物理學上的大部分觀念一樣，基本上是很簡單的。波耳不從「理論上已知」的原子結構著手。他從他真正**知道**的著手，也就是說從原始的分光資料著手。波耳推測，電子與原子核的距離並非隨隨便便，而是有一定的軌道，或者說有一定的「外殼」。這些外殼（理論上數量無限）與原子核之間都有一定距離，每一個都帶有一定數量的電子，不會超過。

假設一個原子的電子數量已經超過第一層外殼能夠容納的數量，超過的就會擠到第二層。如果原子的電子數超過第一和第二層外殼能夠容納的數量，超過的就會擠到第三層；依此類推：

外殼層	1	2	3	4	5……
電子數	2	8	18	32	50……

波耳這裡的數字是依照氫原子計算出來的。氫原子只有一個電子；所以，

6　大部分情形，一張氫光譜照片只表現 10 條左右的光線。正確的說來，要拍攝氫光譜，每一組氫光譜所需的實驗設備都要不一樣才可以。理論上每一組原子光譜的線條都是無限的。但是事實上，每一組光譜的線條由於在高周帶太過接近，所以都擠在一起了

7　譯註：在 1922 年。

依照他的理論，這個電子與原子核將一直維持最近的距離。換句話說，這個電子會一直在第一層外殼上面。這就是氫原子的最低能量狀態。（不論是哪一種原子，其最低能量狀態物理學上稱之為「基態」〔ground state〕）。氫原子如果受到刺激，它的電子就會跳到外殼上來。跳到第幾層，跳多遠，要看我們加給它多少能量而定。原子只要確實加熱了（熱能），它的電子就會跳得很遠，一直跳到某一層外殼上面。能量越小，跳的距離越小。然而，這個電子（只要不再加熱）隨時都會回到裡面的外殼；最後便回到第一層。電子由外面的外殼跳回裡面的外殼時會放出能量，這就是光。這個時候，它放出的能量即等於向外跳時吸收的能量。波耳發現，氫原子回返基態（第一層外殼）一路上所有可能的跳躍方式，其數目即等於氫光譜上色線的數目。

這就是波耳對這一個「大鋼琴」的奧祕著名的解說。假設在氫原子裡面，電子只跳躍一次就從外面一路上回到最裡面的外殼，那麼它就釋出某一定數量的能。這在氫光譜上就是一條線。假設電子從外向內小小跳躍一下，那麼它就釋出某一個小小的能量。這在氫光譜上又是另一條線。如果電子是由第五層回到第三層，這又是另一條線。如果是從第六層回到第四層，再從第四層回到第一層，這就是另外的兩條線，依此類推。這樣，我們就可以解釋整個氫光譜現象了。

換一個方式，假如我們不用熱而是用白光刺激氫原子，這樣產生的便是我們前面說過的吸收現象。每一個電子由裡面的殼向外面的殼跳的時候，所需要的能量都有一定，不多也不少。由第一層外殼向第二層跳時，需要某一個能量，但也只需要這一個能量。由第五層跳到第七層也是一樣，依此類推。電子每次由裡面的殼向外面的殼跳所需要的能量都是一定，不多也不少。

我們用白光照射氫原子的時候，我們給它的是一個備有各種能量的超市。可是它並不能全部都用。它只能用其中一定的量。譬如說，如果電子由第一層外殼跳到第四層，它就會從我們給它的包裹之中拿掉其中的一包。它拿掉這一包以後，就會在原本完整的白光譜上形成一條黑線。從第三層跳到第四

層是另一條黑線。從第一層跳到第二層，再從第二層跳到第六層，又是另外兩條黑線（跳躍的方式各式各樣都有）。

總歸一句話，如果我們用白光對著氫氣照射，然後再通過稜鏡，所得的結果便是我們熟悉的白光譜，只不過上面有100條以上的黑線罷了。這些黑線每一條都對應了氫原子由內往外跳時的某一個能量。

白光譜上面這些黑線構成的型態，正好就是我們將氫氣光直接照到稜鏡上所得到的型態——只是黑線換成了色線，而其餘部分則完全消失。當然，這些色線都是電子回返內層外殼時造成的。在這個過程中，電子釋出的能量即等於它最初往外跳時所吸收的能量。波耳的理論使物理學家得以計算出氫原子發光的頻率。這樣計算出來的數字與實際觀察的情形一致。大鋼琴的奧祕就這樣解決了！

波耳於1913年發表這個理論。不久一群物理學家就把這個理論應用在其他元素上面。對於電子數很多的原子，這種計算過程是很複雜的。而且，關於原子現象的性質，物理學家的問題並沒有因此完全得到解答。可是，物理學家卻由這個工作得到了許多知識。

就像這樣，這些應用波耳的理論，甚至做進一步發展的物理學家，大部分都是**技師**。波耳則是**科學家**，是新物理學的創始人。

但是，這並不是說技師不重要。技師與科學家形成一種合作關係。波耳如果沒有充分的分光資料任他使用，就不可能構成他的理論。這些分光資料，都是實驗室裡無數工作鐘點累積的結果。此外，以波耳一個人的力量亦不足以進一步充實他的理論。技師將他的理論應用在其他元素上，因而為他做了這件工作。技師是科學界裡面很重要的人。然而，因為我們這本書講的是物理師父，而不是技師，所以從現在開始，我們凡是講到「物理學家」，指的都是兼為科學家的物理學家；換句話說，就是那些不為「已知」事物所限的人或物理學家。就我們對物理師父有限的了解而言，物理師父就是從這些人裡面出來的。

　　凡是討論物理學的書都有一些無法克服的難題。第一，要講的東西太多，就算是寫20本都寫不完。而且，每一年出版的**新**材料也很多，所以即使是物理學家也都沒辦法與整個物理學領域齊頭並進。我們最多只能在閱讀上「節食」，在某一方面跟上潮流而已。相對於本書收入的材料而言，沒有收入的當然更多。關於物理學，不管你學了多少，總是有一些「新」的你不知道。物理學家同樣有這個問題。

　　第二，如果沒有數學，想要完全了解物理學是不可能的。然而我們這本書卻沒有數學。數學是一種高度結構的思考方式。物理學家用這種方式來看世界。有一種說法，物理學家將這個結構強加在自己所看的事物之上。另外一種看法則說，世界只有透過這個結構呈現才最完整。然而，不管前者還是後者，數學都是物理學最簡潔的表達。可是，大部分物理學家只要沒有數學就沒有辦法把物理學說清楚。數學固然使他們簡潔，可是也使他們難以捉摸。這就是我們要寫《物理之舞》的原因。我們大部分都是用文字來說明事情，這究竟是一個事實。

　　然而，我們必須記住，不管是數學還是英文[8]，都是語言。這一點很重要。因為，語言用於傳達資訊是很有用的工具，可是如果用來傳達經驗，就沒有用。語言只能談**關於**經驗的事。物理師父知道經驗的說明只是說明，不是經驗，只能談關於經驗的事。

　　這樣說來，這本書既然只是**關於**物理的書，所以也只有包含一些說明。這本書無法包含經驗。這並不是說讀這本書無法得到物理經驗，而是說如果你得到了某些關於物理的經驗，這些經驗是出於**你自己**，而不是這本書。譬如說，量子力學告訴我們，我們並非如我們以為的，是隔絕在世間萬物之外的。粒子物理學則告訴我們，「我們之外的世界」並不是呆呆的停在那裡，

8　譯註：因原著是以英文寫作，所以就以英文為例。

而是一個閃亮亮的場域，不斷的在創造，轉化，消滅。我們如果能夠全盤掌握新物理學的種種觀念，就會得到不平凡的**經驗**。譬如說，研究相對論，我們會知道時間和空間不過是一種心靈的建構。這就是不凡的經驗！這種種經驗每一個都會造成我們重大的改變，使我們不再像以前一樣看待世界萬物。

物理學沒有單獨一種的「經驗」，因為物理學的經驗一直在變。相對論與量子力學雖然普遍不為非物理學家所知，可是也已經半個世紀了。今天，整個物理學界都因預期而震動，整個氣氛非常的興奮。物理學家都感覺到激烈的變化即將到來。大家都認為，不久的將來我們將看到新理論進場，與舊理論相合，就我們的宇宙賦予我們一個更大的觀點，最後擴大我們對自己的看法。

物理師父就在這一切當中活動。這樣跳著，那樣跳著。有時候跟著重節奏，有時候輕快而優雅，永遠自在的流動。有時候他們變成舞蹈，有時候舞蹈變成他們。千萬不要把他們跳哪一種舞和他們跳舞這一件事混為一談──這是物理師父吩咐的。

第二章　愛因斯坦不喜歡

　　量子力學指的並不是有人在量子先生的車房修汽車。量子力學是物理學的一個分支。物理學有很多分支。不過，大部分物理學家都相信，他們終有一天會建立一個全面的觀點，來融合物理學所有的分支。

　　按照這個看法，原則上，我們終將發展一個理論來說明一切事物；而且說明得太好了，到最後終於再也沒有東西好說明。當然，這並不意味我們的說明必然反映了事物真正的情況。一如愛因斯坦所說，我們還是打不開這個手錶。不過，**真實**世界（手錶內部）的每一件事情，到最後將由我們最終的超理論（supertheory）一個前後一致的要素來解說。我們最後將會有一個理論，內部一致，而且一切觀察得到的現象都能解釋。愛因斯坦說這種情形是「知識的最高理想」（ideal limit of knowledge）[i]。

　　這種想法一頭撞進量子力學，彷如汽車一頭撞進大家都知道的一道牆一樣。對於量子力學的發展，愛因斯坦本人就有極大的貢獻，可是他卻用了大半生的時間來反對。為什麼？問這個問題好比站在深淵邊緣，腳下仍然是牛頓物理學堅固的土地，可是眼睛看到的深淵底下卻是一片虛空。我們要大膽的躍入其中的新物理學，才能回答這個問題。

　　量子物理學在本世紀初[9]硬闖舞台。物理學會議從來沒有一次決議要分出一支物理學叫做「量子力學」。但是這件事任何人都沒有選擇的餘地。要有的話，或許就是怎麼叫它。

　　「量子」就是東西的量（quantity），並且這個量都有一定。「力學」研

9　編按：這裡是指 20 世紀初。

究的是運動。所以，量子力學研究的是量的運動。量子論說，大自然事物是以微量片段進行的（這些一定的微量是為quanta）；量子力學就是研究這個現象的。

量子力學並沒有取代牛頓物理學，而是包含了牛頓物理學。牛頓物理學在它本身的限度之內仍然有效。在錢幣的一面，我們可以說我們對自然界有了重大的發現。可是換到另一面，我們也可以說我們是發現了以前理論的限度。我們發現，我們素來看自然界的方法不夠大，不足以解釋我們觀察到的一切現象。所以我們不得不發展一個比較具有包容力的觀點。愛因斯坦說：

> ……創造新理論不是拆掉舊穀倉，就地蓋起摩天大樓。創造新理論像爬山。一方面視野越來越大，越來越新，一方面又發現我們的起點與它四周繁雜的環境有原先預想不到的關係。可是我們的起點還在，還看得見，只是越來越小。我們冒險往上，除去障礙之後得到了一個廣大的視野。我們的起點在這個廣大視野中變成了一個小小的部分。[ii]

牛頓物理學用在大規模的現象上仍然適用，可是用在次原子領域之內就失效了。次原子領域是看不見的宇宙。我們四周一切事物的「纖維」（結構）即是由這些小宇宙構成，這些小宇宙隱藏其下，著床其上。量子力學即是研究次原子領域的結果。

牛頓的時代（1600年代後期），次原子領域完全只是一種思惟。「原子是建造自然界的積木，無可分割」的觀念，早在大約西元前400年就有人提出，可是一直到1800年代後期仍然還是觀念。之後，物理學家發展出觀察原子現象的技術，這才「證明」了原子的存在。當然，他們證明的其實只是一件事，那就是，原子的存在雖然只是理論，卻最能夠說明當時的人做出來的實驗資料。此外，他們又證明原子並非不可分割；原子本身由更小的粒子構

成。這些粒子就是電子、質子、中子等。物理學家給這些粒子標上「基本粒子」的名稱；因為，他們相信他們終於找到了建築宇宙最終的積木。

基本粒子論是一個古希臘觀念的最新版。讓我們想像一個完全用磚塊砌成的大城市。這個城市的房子有大有小，有各種樣子。每一棟房子，每一條街道所用的磚塊就是那幾種。我們只要用「宇宙」代替「城市」，用「粒子」代替「磚塊」，我們得到的就是基本粒子理論。

但是，基本粒子的研究，卻把（對物理學家而言）最具破壞性的發現送到物理學家面前，這個發現就是，**牛頓物理學在極小事物領域之內無效！**這個地動天搖的發現一直到今天還在改變我們的世界觀。量子力學實驗一再產生的結果，牛頓物理學事先既無法預測，事後又無法說明。然而，牛頓物理學雖然無法解說微觀領域的現象，可是（雖然宏觀由微觀組成）對於宏觀現象卻一直解說得很好！這一點可能是人類在科學上最深刻的經驗。

牛頓的法則以日常生活的觀察為基礎。量子力學以次原子領域的實驗為基礎。牛頓的法則預測的是事件。這些事件事關棒球、腳踏車等實際事物。量子力學預測的是機率。機率事關次原子現象。我們沒有辦法直接觀察次原子現象。我們的感官無法察覺這種現象。我們不但從來沒有看過原子（更別說電子），也沒有摸過、聽過、聞過、嚐過。[10]

牛頓的法則描述的事件非常簡單，容易了解，容易想像。量子力學描述的機率卻無法形成概念，難以用視覺想像。因此，要了解這種現象，我們需要的方法雖然不一定要比我們平常了解事物的方法艱深，可是卻一定要不一樣。讀者千萬不要企圖在心裡想出完整的量子力學事件。（物理學家確實曾經想出部分的圖像，可是這些圖像是否有價值卻有疑問。）讀者要做的是敞開思想，完全不用視覺想像任何東西。量子力學的創始人維爾納・海森堡（Werner Heisenberg）說：

10　已經適應黑暗的眼睛能夠察覺個別的光子。除此之外，我們的感官能夠察覺的就只有次原子現象的效應，譬如照相感光板上的痕跡、測量器上面指針的運動等。

> 以數學建構的量子論法則很清楚的告訴我們，我們平常的直覺概念無法應用在最小粒子之上而毫無疑義。我們用來說明平常物體——譬如位置、速度、顏色、大小等——的文字或概念一旦用在基本粒子上，就不明確，就有問題。[iii]

一般人以為，我們只有在腦筋裡對事物有一個圖像，才算了解事物。可是這是牛頓一派看待世間萬物的方式的副產品。我們如果想要超越牛頓，就要先超越這個觀念。

牛頓對科學有很偉大的貢獻。第一個是運動定律。牛頓說，假設有一個物體依直線前進，那麼，除非有一樣東西（一個「力」）在其上作用，否則這個物體將永遠依直線前進。而若有外力作用，這個物體的方向和速率將按照這個力的幅度與方向而改變。除此之外，每一個作用力都同時產生一個相等而相對的反作用力。

今天凡是學過物理學還是泡過撞球場的人都很熟習這些概念。但是，如果我們能夠設想到300年前，我們就會知道這些概念有多麼不凡。

首先，牛頓的第一運動定律違反了當時公認的權威——亞里斯多德的看法。按照亞里斯多德的看法，運動的物體總有一個自然的傾向要回歸靜止狀態。

第二，牛頓的運動定律說明的事件在1600年代是無法觀察的。牛頓當時必然只能觀察日常生活。而日常生活裡面，運動的物體到最後總是回歸靜止狀態，因為摩擦的關係。譬如，如果我們推動一部車子，這部車子會與它身上通過的空氣摩擦，與輪子碾過的地面摩擦，與輪子環繞的輪軸摩擦。所以，這部車子除非一直在下坡路上走，否則早晚會靜止下來。我們盡可以把這部車子做成流線型，給輪子加潤滑油，行走平滑的路面，但這一切只是減少摩

擦而已；車子終究還是會停下來，並且顯然是自己停下來。

　　牛頓當然沒有機會看到太空人在太空中活動的影片，不過他的運動定律早就預測了太空人在太空運動的情形。假設太空人手中有一支鉛筆，那麼如果他把這支鉛筆放掉，這支鉛筆會停在原地不動。推一下，鉛筆便往推的方向一直前進，一直到碰到牆壁為止。如果沒有牆，那麼，原則上鉛筆將一直前進——一直前進。（這時太空人一邊也會往反方向運動，但是因為他的質量比較大，所以比較慢）。

　　第三，牛頓的前提是「我不是假設」（Hypotheses non fingo）。他的意思是，他的定理是依據扎實的實驗證據建立的。他說的一切是否成立，他自己的規範是，任何人都可以重複他的實驗並且得到相同的結果。可以由試驗證明的，就是真的；不能由實驗證明的，就是可疑的。

　　對於這個立場，至少教會是鄙視的；因為教會1500年來所說的事情都是無法用實驗證明的。所以牛頓的物理學實際上對教會的勢力直接構成了挑戰。（牛頓發現他的定理的時候，教會的勢力早已受到馬丁‧路德的挑戰。牛頓本人非常虔誠，教會的論點亦不在那些實驗的方法，而是在於牛頓的觀念發展出來的神學結論。這個結論必然涉及上帝是創世者，或者是人居於創造的主要地位的問題。）當時的教會勢力非常大。宗教法庭曾經逮捕伽利略。因為，他宣稱地球繞日而行，並且又由這個想法推衍出令人難以忍受的神學思想。宗教法庭強迫他撤銷他的看法，否則便要監禁他，甚至不只如此。牛頓是在這以後不久出生的。這件事使很多人感受極為深刻，其中一個便是現代科學的另一個創立者——法國人笛卡兒。

　　1630年代，笛卡兒到凡爾賽宮的皇家花園遊玩。皇家花園當時以複雜的自動機器聞名。花園裡的水流動的時候，就有音樂響起；接著海精靈跑出來玩耍，巨大的海神舉著三叉戟凶猛的前進。不論這之前笛卡兒心中是否已經存有這個觀念，反正後來「宇宙及其中的一切都是自動機」已經成為笛卡兒的哲學。這個哲學，他用數學來支持。從他的時代以迄於20世紀初，很可能

就是因為他，我們的祖先使開始認為宇宙是一部大機器。300年來，他們發展的科學就是要了解這部大機器怎麼運作。以上是牛頓對科學的第一個貢獻。

牛頓的第二個貢獻就是他的重力定律。重力是非常重要的現象，可是我們卻視為當然。譬如說：假設我們手裡有一個球，我們只要把球放掉，球就會往下掉到地上。為什麼會這樣？地又沒有升上來把球拉下去，可是球就是拉到地上了。舊物理學無法解釋這種現象，遂稱之為「遠處的作用」（action-at-a-distance）對於這種現象，牛頓跟大家一樣迷惑。在他著名的《自然哲學的數學原理》（*Philosophiae Naturalis Principia Mathematica*）這本書裡面，他說：

> ……我沒有辦法從現象裡面找到重力的原因；我無法構成假設……
> 但是重力確實存在；這就夠了。重力依照我們先前說過的法則作
> 用，並且非常充分的說明了天體所有的運動……[iv]

牛頓清楚的感覺到重力的本質是無法理解的。他寫信給古典學者班特歷[11]說：

> 一個物體可以不經任何媒介，經過真空，而對遠處的另一個物體產
> 生作用，在我看來都覺得太荒謬了，更別說其他人。我相信，他們
> 雖然在哲學上也有思考能力，可是一定都想不到。[v]

簡而言之，遠處的作用是知其然，而不知其所以然。

牛頓的看法是，把蘋果向下拉的力量，就是使月亮留在軌道上環繞地球、行星留在軌道上環繞太陽的力量。為了考驗自己的看法，他用自己的數學計算月亮和行星的運動，然後再和天文學家觀察所得比較，兩者居然吻合！原

11　譯註：Ri chard Bently，1662-1742。古典學術史上的偉大人物，博學而敏銳。

來天上的物體和地上的物體都是由一樣的法則統御。牛頓闡明了這一點，由此一舉甩脫了兩者基本上有差異的假定。他建立了一個理性的、天上的力學。素來屬於諸神或上帝的識界，如今已在凡人的理解力之內。牛頓的重力定律並沒有解說重力（這要等到愛因斯坦的廣義相對論），可是確實將重力的種種效應納入了一個嚴格的數學公式。

　　牛頓是第一個發現自然界裡面大統一場經驗法則的人。他從自然界千變萬化的現象汲出一些統合的抽象概念，然後再用數學表達這些概念。就是因為這樣，牛頓對我們影響才這麼大。他告訴我們，宇宙的現象有一些理性可以理解的結構。他給了我們歷史上最有力的工具。在西方，我們已經把這個工具——如果不是明智的——發揮到了極致。結果有正面也有反面，非常可觀，對我們的環境造成了巨大的衝擊。這個故事就是從牛頓開始的。

　　中古時代以降，第一個將物理世界量化的是伽利略。從石頭掉落到垂吊物（譬如他的教堂裡的大吊燈）的擺動等，他測量這一切事物的運動、週期、速度、久暫。笛卡兒發展了很多現代數學裡的基本技術，並且將宇宙描繪成一部大機器。牛頓定出了這一部大機器運轉的法則。

　　這些人碰到了士林哲學（scholasticism）的痛處。士林哲學是12到15世紀之間的中古思想體系，本來一直想把「人」擺在舞台中央，或者至少回到舞臺上，藉此向他（「人」）證明，在一個由不可測的力量統御的世界的裡面他不需要是一個旁觀者。但是牛頓等人完成的卻是相反的主張，這或許是歷史上最大的諷刺。麻州理工學院的科學家魏曾邦（Joseph Weizenbaum）論及電腦的時候說：

> 科學向人承諾的是力量……可是人一旦屈服於這個承諾的誘惑，後來代價就是苦役和無力感。力量如果不是自由選擇的力量，就等於不是力量。[vi]

為什麼會這樣？

牛頓的運動定律說明的是運動的物體發生的事。知道了這些運動定律，那麼，我們只要知道一個運動物體起初的情形，我們就能夠預測它的未來。起初的情況知道的越多，我們的預測就越準確。同樣的，我們也可以回溯（在時間上反預測）一個物體過去的歷史。譬如說，如果我們知道地球、太陽、月亮現在的位置，我們就能夠預測未來某一個時候地球相對於太陽和月亮的位置。這又使我們預先知道季節、日月蝕的時間等。同理，我們也可以反過來計算出過去某一個時候地球相關於太陽和月亮的位置，再過去什麼時候曾經發生同樣的現象。

沒有牛頓物理學，就沒有太空計畫。探月太空船必須在地球的發射位置與月球的相對登陸地點距離最短的時候準確發射，因為這時太空船飛行的路線最短。但是，地球和月球都在繞軸心自轉而又同時在太空中前進。此時，地球、月亮、太空船的運動都要仰賴電腦計算，這時候其中的力學就是牛頓在《自然哲學的數學原理》所提出的力學。

但實際上，想要知道事件初始階段的所有情況是很困難的。譬如說把球向牆上丟再彈回來這個運動好了。這個運動看似簡單，其實卻複雜得驚人。想要知道這個球什麼時候彈落在哪裡，別的不說，球的形狀、大小、彈性、動量，丟球的角度，空氣的密度、壓力、溫度、濕度等都是必知的要素。丟球的運動是這樣，換了更複雜的運動，就更難以得知所有的情況，更難做準確的預測了。然而，按照舊物理學，原則上只要資料足夠，我們就能夠**準確**的預測事件如何進行。只是因為實際上這個工作太過龐大，所以我們沒辦法完成而已。

依據事物現有的知識以及運動定律預測未來的能力，我們的祖先擁有了前所未有的力量。然而這一切裡面卻帶有一個令人喪氣的邏輯。因為，如果自然律決定了事件的未來，那麼，過去的某個時候，只要資料足夠，顯然我們也可以預測現在；而那個時候顯然也可以在更早的一個時候預測。一句話，

如果我們接受牛頓物理學的機械式決定論,也就是說,如果宇宙真是一部大機器的話,那麼宇宙從創造出來開始起動那一刻開始,要發生什麼事早就已經注定。

根據這個哲學,我們原來好像擁有自己的意志,也有把生活事件的方向改變的能力,可是我們沒有。一切──包括「我們擁有自由意志」這個幻覺──從一開始就已經決定。宇宙是早就錄好的錄音帶,播出來的方式也是唯一的方式。科學發達以後人的地位比之於發達以前渺小到無足輕重。這部大機器在盲目的運轉,其中的一切事物不過只是齒輪。

但根據量子力學,即使在**原則上**來看,都不可能對現在有足夠的認識,足以完全預測未來。甚至用上最好的測量裝置也不可能。這不是關乎任務量有多龐大,或是檢測器的效率問題。事物的本質讓我們不得不選擇我們最希望了解的面向,因為我們只能精確了解其中一個面向。

量子力學的創立人波耳說:

> **……在量子力學裡面,我們處理的事情並不是要武斷的排斥原子現象一種詳盡的分析,而是要認識這種分析原則上已經遭到排除。**[vii]

譬如說,假想有一個物體在太空中運動,這個物體有位置與動量,兩者都可以測量──這是舊物理學的例子。(動量是物體大小、速度、方向三者匯合的一個數字)我們既然可以斷定這個物體某時的位置與動量,那麼要計算這個物體未來某時在什麼地方就不是很難的事了。假設有一架飛機從南向北飛,時速200英里。那麼,如果這架飛機不改變方向和速度的話,一個小時以後將在北方200英里處。這是牛頓的物理學。

但是,量子力學令我們大開眼界。量子力學發現牛頓物理學不適於次原子現象。在次原子領域之內,我們絕對無法同時知道粒子的位置與動量。我們可以概略的知道;但是,越知道其中之一,就越不知道另一。我們若是精

準的知道其中之一，就完全不知道另一。這就是海森堡的測不準原理（uncertainty principle）。測不準原理不管多麼難以置信，卻已經由實驗一再證明。

當然，想像著一個運動的粒子，卻說無法同時測量它的位置與動量，實在令人難以理解。這違背了我們的「常識」。然而，量子力學現象與常識矛盾的不只這一件。事實上，常識的矛盾便是新物理學的核心。這些矛盾一再的告訴我們，世間萬物不只是我們以為的那樣而已。

我們既然無法同時知道次原子粒子的位置和動量，我們能夠預測的事情也就不多。所以，相應的，量子力學就不預測也無法預測特定的事件。量子力學預測的是**機率**，所謂機率，是一件事情可能發生或不會發生的機會。量子論預測微觀事件機率的準確度，相當於牛頓物理學預測宏觀事件的準確度。

牛頓的物理學說，「如果現在是這樣、這樣，那麼下一步就會那樣、那樣。」量子力學則說，「如果現在是這樣、這樣，那麼下一步那樣、那樣的**機率**是……（它計算出來的數字）。」對於我們「觀察」的粒子，我們永遠沒有辦法知道會發生什麼事。我們肯定的只是它依某些方式行為的機率。我們最多只知道這些；因為，牛頓物理計算式不可少的位置與動量這兩項數據，我們事實上都無法確實知道。我們只能透過實驗，**選擇**其中一項來做精確的測量。

牛頓物理學的課題在於，統御宇宙的法則是理性的理解力可以觸及的。我們可以利用這些法則擴展我們對四周圍環境的知識，並因而擴展我們對於環境的影響力。牛頓本人是教徒。他認為他的定律即是彰顯上帝的完美。然而，除此之外，事實上牛頓的定律還使人向理想邁進了一步。牛頓的定律提高了人的尊嚴，證明了人在宇宙中的重要性。中古時代以後，一種科學的新領域（自然哲學）像清風一般使這種精神復活了。然而，諷刺的是，自然哲學到最後竟然是把人貶到機器齒輪的地位，而這部機器的機能早在製造出來的時候就已經決定。

量子力學與牛頓物理學相反。量子力學告訴我們，我們自以為知道什麼

東西統御次原子層次的事件，可是其實不然。量子力學告訴我們，我們絕不可能肯定的預測次原子現象；我們只能預測它的機率。

　　然而，在哲學上，量子力學的意義實在令人心智動搖不安。因為，依照量子力學，則我們不只是影響現實（reality），而且，在某種程度上，我們還**創造**了現實；因為，我們只能知道粒子的動量與位置兩者之一，無法同時知道兩者──這是事物的本質──所以我們**必須選擇**其中一樣來決定。就形上學而言，這就相當於說，因為是我們選擇了其中一項來測量，所以是我們**創造**了它。這種情形換一種說法就是，譬如粒子，因為是我們想測定位置，所以我們才創造了有位置的粒子；如果不先有一樣**東西**占有我們想測定的位置，則我們便無法測定位置。

　　量子物理學家思考的是這一類的問題：「我們進行實驗以測定粒子的位置之前，粒子是否已經帶著位置存在？」；「我們進行實驗以測定粒子的動量之前，粒子是否已經帶著動量存在？」；「我們想到粒子，測量粒子之前，粒子是否已經存在？」；「**我們實驗的粒子是不是我們創造出來的？**」這種種可能性無論看起來是多麼難以置信，卻是諸多量子物理學家已經承認的。

　　普林斯頓的一位著名的物理學家惠勒（John Wheeler）說：

> 在一種我們不熟知的意義上，宇宙是不是參與者的參與「造成」的呢？……參與是關鍵的行動。量子力學提出的「參與者」是無可爭議的概念。這個概念打倒了古典理論的「觀察者」。觀察者站在厚厚的玻璃牆後面，安然的看著事物進行，不參與其中──量子力學說，這是辦不到的。[viii]

　　這樣，西方物理學家的話與東方的神祕主義者就很接近了。

　　牛頓物理學與量子力學是一對歡喜冤家，彼此捉弄著對方。因為，牛頓物理學根據統御諸現象的法則，以及了解這些法則以後所得到的力量而成立；

但是一旦面對宇宙這部大機器，最後卻導向人的無力感。量子物理學根據未來現象最少的知識（我們受到限制，只能知道機率）而成立；但是最後卻導向「我們的現實只是我們創造的」的可能性。

舊物理學與新物理學還有一個基本的差異。舊物理學認為我們之外存有一個外在世界。由此又進一步認為我們可以觀察、度量、思考這個外在世界，而且不會因此而改變它。根據舊物理學，這個外在世界對我們，對我們的種種需要是毫不關心的。

伽利略的歷史地位，就是來自於他不倦不厭（並且成功）的將外在世界量化（測量）的成就。這個量化的過程本身就有很大的力量。譬如落體加速度。我們只要找到其中的一種關係，那麼，不管丟的是什麼物體，誰丟這個物體，在哪裡丟，結果都一樣。一個人在義大利得到這一種結果，另一個人一百年後在蘇俄也是得到這一種結果。不論是誰做這個實驗，是懷疑的人，是相信的人，是好奇的旁觀者，結果都一樣。

這樣的事實使哲學家相信，物理的宇宙完全無視於其中的住民，毫不在意的前進，做著它應該做的事。譬如說，如果我們把兩個人從同樣的高度向下丟，那麼，不論他們的重量是否一樣，他們都同時落地，這是可驗證（可重複）的事實。事實上，如果把他們兩人換成石頭，結果還是完全一樣。我們測量他們的落差、加速度、撞擊力，方法可以和我們測量石頭的落差、加速度、撞擊力完全一樣。

「但是人和石頭不一樣啊！」你會說。「石頭沒有感情和看法，可是人有。這兩個人，一個可能很害怕，一個可能很生氣。他們的感受在這件事裡面難道都不重要嗎？」

是的。實驗對象的感受一點都不重要。假設我們把這兩個人再抓到塔上（這一次他們掙扎了），從塔頂丟下。那麼，即便他們這一次狂怒了，他們落下來的加速度、時間依舊和上一次一樣。這部大機器是不具人格的。也正

是這樣不具人格，才使科學家想要追求所謂「絕對的客觀」。

　　「『外面』的外在世界與『裡面』的『我』相對」這樣的假設，便是科學「客觀」概念的根據。（這種知覺方式把別人放在「外面」，使「裡面」非常孤單）根據這個觀點，自然界──以它的種種變貌──就在「外面」。科學家的任務在於盡可能客觀的觀察「外面」。客觀的觀察，意思是說，觀察者毫無成見的觀察他所觀察的事物。

　　可是，300年來我們都沒有注意到一個問題，那就是，一個人要是帶著這種態度，他當然就是有成見了。他的成見就是「要客觀」。「要客觀」就是「不要有既定的看法」。但是，沒有看法是不可能的。看法是一種觀點。我們可以沒有觀點的觀點本身就是一種觀點。研究現實的這一部分，而不研究那一部分，這個選擇本身就是研究者主觀的表現。這個選擇，如果沒有別的，起碼也會影響他對現實的知覺。但是，我們研究的就是現實，所以這個問題就棘手了。

　　換上新物理學。量子力學很清楚的告訴我們，要想觀察現實而不改變現實是不可能的。假設我們在觀察一項粒子撞擊實驗。那麼，我們不只沒有辦法證明我們不看它時結果還是一樣，而且，我們目前所知的一切還進一步告訴我們不會一樣。因為，我們得到的結果已經受到我們在尋找結果的影響。

　　有一些實驗顯示光是一種波，又有一些實驗顯示光是一種粒子。如果我們想表明光是一種波，我們就選擇顯示光是一種波的實驗來做。如果我們想表明光是一種粒子，我們就選擇顯示光是一種粒子的實驗來做。就是這樣。

　　根據量子力學，客觀這種東西是沒有的。我們沒有辦法把自己從圖畫中抹掉。我們是自然界的一部分；我們在研究自然界的時候，自然界就是在研究自己。我們逃不脫這個事實。物理學已經變成心理學的分支，或者另闢蹊徑了。

　　瑞士心理學家卡爾‧榮格（Carl Jung）說：

心理學的常規說，如果我們不能意識到內在的狀況，這個狀況形諸於外，就變成命運一類的東西。這就是說，如果個體一直不曾分裂（沒有跳出來看自己的能力），不曾轉而意識到自己內在的矛盾（內心的衝突），世界就必然要由衝突中行動（衝突就會強行成為外在的行為）[12]，從而分裂成對立的兩邊。[ix]

榮格的朋友，諾貝爾物理學獎得主沃夫岡格·保利（Wolfgang Pauli）也這麼說：

人類的心靈，在一種外向（extraversion）的意義之下，似乎是由一個內在中心向外移轉，然後進入物理的世界。[x]

如果他們說的對，那麼物理學便是意識結構（Structure of consciousness）之學了。

從宏觀層次下降到微觀層次——我們稱之為極小事物領域——是一個二步過程。第一步是原子層次，第二步是次原子層次。包括用顯微鏡，我們看得到的東西裡面，就是最小的物體也都含有幾百萬個原子。有一個棒球，假設我們想看見它的原子，我們必須把這個棒球放大成地球那麼大才行。棒球如果像地球那麼大，它的原子才像葡萄那麼大。如果把地球想像成裡面都是葡萄的玻璃球，就差不多是充滿原子的棒球的樣子。這是原子層次。從原子層次向下降就是次原子層次。我們在這個層次發現的是構成原子的粒子。次原子層次與原子層次差距之大，相當於原子與木棍、岩石等事物的差距。如果原子像葡萄那麼大，那麼我們根本還看不到原子核。像房間那麼大，也看

12　譯註：括弧內為胡因夢小姐的詮釋。榮格的話這樣解釋，讀者會比較清楚。謝謝她！

不到。想要看見原子核，原子必須像14層的大樓那麼大！然而在14層樓那麼大的原子裡面，原子核也只不過相當於一粒鹽巴那麼大。又由於原子核的質量約等於電子的2,000倍，所以繞行原子核的電子就相當於這一棟大樓裡的一粒灰塵！梵蒂岡聖彼得大教堂的圓頂，直徑相當於14層樓高。請你想像這個圓頂的中心有一粒鹽巴，圓頂外緣有幾粒灰塵繞行的情形。這就是次原子粒子的規模。牛頓物理學就是在這個領域，在這個次原子領域，證明為不足。這時就需要量子力學來解說粒子行為了。

但是，次原子粒子並不是灰塵的那種「粒子」。灰塵和次原子粒子不只大小不同。灰塵是一樣**東西**，一個物體，可是次原子粒子卻不能視為東西。所以我們必須放棄「次原子粒子是一個物體」的觀念。

量子力學認為次原子粒子只是一種「存在的傾向」（tendencies to exist），一種「發生的傾向」（tendencies to happen）。至於這種傾向有多強，則用機率來表達。次原子粒子就是「量子」，意思是指某種東西的量。至於是什麼東西，則是思惟之事。有很多物理學家甚至認為連問這個問題都沒有意義。尋找宇宙最後的「材料」只是為一個幻象而起的宗教戰爭。在次原子領域之內，質量（mass）和能量（energy）總是一直在互換。粒子物理學家太熟悉質變能，能變質的現象，所以總是用能量單位來測量粒子的質量。[13] 既然次原子現象「會在某種條件之下明顯起來」的傾向即是機率，這就把我們帶到統計學上了。

由於連我們眼睛所能見到的最小的空間裡面，都有幾百萬、幾百萬的次原子粒子，所以用統計學處理這些粒子就很方便。統計學說明的是群體行為。統計學沒有辦法告訴我們一個群體裡的個體行為如何。但是，統計學可以依據反覆的觀察，很精確的告訴我們群體作為一個整體行為如何。

13　但是，嚴格來說，依照愛因斯坦的廣義相對論，質即是能，能即是質。有其一，就有另一。

譬如說，人口成長的統計學研究可以告訴我們，過去幾年來每一年有多少小孩子出生，也可以預測未來幾年會有多少小孩子出生。但是統計學沒有辦法告訴我們哪一個家庭會有小孩出生，哪一個家庭不會。假設我們想知道一個路口的交通情形，我們只要在路口設置儀器，就可以收集到一些數據。這些數據會告訴我們，某一段時間之內有多少部汽車向左轉，但是沒有辦法告訴我們是**哪幾部**汽車向左轉。

牛頓物理學用也就是統計學。譬如氣體體積與壓力的關係，講這個關係的叫作波以耳定律；因為發現這個定律的是波以耳（Robert Boyle），與牛頓是同一時代的人。波以耳定律像單車唧筒定律（Bicycle Pump Law）一樣簡單。波以耳定律說，假設有一個容器裝有一定量體積的氣體，那麼在常溫下，假設這個氣體的體積減去一半，那麼壓力就增加一倍。

現在，讓我們想像有一個單車打氣筒，抽把抽到最上面。這個打氣筒不是接在輪胎上，而是接在氣壓計上面。現在，因為抽把上面沒有壓力，因而打氣筒的圓柱體內部也沒有壓力，所以氣壓計的讀數是0。但是，此時打氣筒裡面的壓力實際上並不是0。因為我們是活在一個空氣海洋（大氣）的底部。從我們的身體往上好幾英里厚的空氣，在海平面這個高度，在我們身上形成平均每平方英寸14.7磅的壓力。我們的身體之所以不會癱瘓，就是因為向外維持每平方英寸14.7磅壓力的緣故。單車打氣筒壓力計上讀數為0的時候，實際情況其實是這樣。所以，為了精確起見，在壓抽把之前，我們姑且將壓力計上的讀數設定為每平方英寸14.7磅。

現在，我們把抽把向下壓到一半，圓柱體內部的體積現在變為原來的一半。因為軟管是接在壓力計上的，所以氣體沒有漏掉。這時壓力計上的讀數變為原來的兩倍，或者說，變為每平方英寸29.4磅。現在把抽把再往下壓一半，到達原來2/3的地方。這圓柱體內部的體積變為原來的1/3，壓力計上的讀數也變為原來的三倍（每平方英寸44.1磅）。這就是波以耳定律：在常溫下，氣體的壓力與體積成反比。體積如果減為一半，壓力就變為兩倍；體積減為

1/3，壓力就變為三倍；依此類推。

如果我們想解釋為什麼會這樣，我們就要用到典型的統計學。唧筒裡面的空氣（氣體）是由幾百萬個分子組成的。這些分子不斷在運動。不論什麼時候，這些分子總有幾百萬個在撞擊唧筒壁。一次一次個別的撞擊我們偵測不到，可是這幾百萬次的撞擊所產生的整體效果，就造成了唧筒壁上的「壓力」。假如我們把唧筒圓柱體的體積減為一半，我們就會把這些氣體分子擠到原來的一半空間裡面，因此在每平方英寸的唧筒壁上造成雙倍大的撞擊。這一切的整體效果就是「壓力」變為雙倍。若是把空氣分子擠到原來1/3的空間，我們就使撞擊每平方英寸唧筒壁的分子變為三倍，於是唧筒壁上的壓力也變為三倍。這就是氣體動力理論。

換句話說，壓力是大量分子運動的集體行為造成的結果；是個別事件集合而成的。每一個個別事件都是可以分析的；因為，依照牛頓物理學，每一個個別事件理論上都按照一定的定律發生。原則上我們可以算出唧筒內部每一個分子的路徑。舊物理學就是這樣使用統計學的。

量子力學也使用統計學。但是量子力學與牛頓物理學之間卻有一個很大的差異，那就是，在量子力學裡面，我們沒有辦法預測個別事件。這就是次原子領域的實驗教給我們的第一課。

所以，量子力學只關心集體行為。量子力學避而不談集體行為與個別事件之間的關係；因為，個別的次原子事件沒有辦法準確的斷定（測不準原理），而且——一如我們在高能粒子所見——經常在變。量子物理學放棄御個別事件的法則，直接闡明統御集體事件的統計式法則。量子力學能夠告訴我們一群粒子將要如何行為，但是說到個別粒子，量子力學只能說這個粒子**可能**如何行為。可能性（probability）是量子力學的特性。

因為這樣，量子力學才成為處理次原子現象的理想工具。譬如一般的放射性衰變現象（夜間手錶指針發亮等）好了。放射性衰變現象是由不可預測的個別事件組成的可預測的全體行為。假設我們把1公克的鐳鎖在時間保險櫃

裡面，1600年以後再打開來看。這時我們看到的是不是還是1公克的鐳？不是！我們只看到半公克的鐳。這是因為鐳原子按著一個速率自然消散的緣故。所以每1600年就消失一半。此時，物理學家就說鐳的「半衰期」是1600年。假設我們把鐳再放回保險箱，1600年後再打開，那麼原來的鐳就剩下1/4。反正每1600年全世界的鐳就剩下一半。但是，我們怎麼可能知道哪一個鐳原子會消散，哪一個不會呢？

我們不可能知道。我們可以預測一塊鐳一個小時之內會有多少原子消散，但是我們絕對無從知道是**哪一個**原子會消散。我們所知的一切物理學法則，沒有一個可以做這種揀選。哪一個原子會衰變純粹只是偶然。但是不論如何，鐳總是按照一定的日程，準確的以1600年的半衰期衰變。量子理論省略了個別鐳原子消散的法則，直趨諸鐳原子作為一個整體消散的統計式法則。新物理學是這樣使用統計學的。

由不可預測的個別事件構成可預測的整體（統計）的行為，另外一個很好的例子就是光譜色線的彩度不斷的變化。還記得，根據波耳的理論，原子的電子所在的外殼與核子的距離是一定的。一個氫原子，在正常的情形下，它的單一個電子一直是在距離核子最近的外殼上（這叫作基態）。如果我們刺激這個電子（給它能量），它就會往外跳到外面的外殼。我們加的能量越多，它就往外跳得越遠。不再刺激它，它就往回跳到比較接近核子的外殼；到最後就回到最內層的外殼。每次跳回來，電子就會釋出能量。這個釋出的能量相當於它往外跳時吸收的能量。這些釋出的能量群（光子）就構成了光。這個光經過稜鏡的擴散──在氫這個情形上──就形成一個100條左右色線的光譜。氫電子從外面的殼跳到裡面的殼的時候，放出的光就組成了氫光譜的色線。

不過，我們前面沒說的是，氫光譜裡面，有些色線比其他色線鮮明。並且，鮮明的色線就一直鮮明，黯淡的色線就一直黯淡。色線的鮮明度之所以不同，是因為氫電子回返基態的時候，並不是永遠採取同樣的路線。

　　譬如，第五層外殼比起第三層外殼，可能比較常是中途站。電子跳回第一層外殼之前，在第五層外殼停留的比在第三層外殼停留的多。這樣的話，由幾百萬激動的氫原子所產生的光譜上，電子由第五層跳回第一層的一條光譜線，就比第三層跳回第一層的一條光譜線來得鮮明。

　　換句話說，在這個例子裡面，激動氫原子的電子中途在第五層停留的機率很高，在第三層停留的機率比較低。再換另一種方式說就是，我們知道有一些電子會在第五層停留，並且，在第三層停留的電子比這個少。但是，同樣的，我們依然無法知道**哪一個**電子會在哪一層停留。我們能夠描述一個全體的行為，但是卻無法預測組成這個行為的個別事件。

✦　✦　✦

　　這樣，我們就觸及了量子力學的主要哲學問題，那就是，「量子力學到底在說明**什麼**？」用另一種方式說，量子力學用統計學說明全體行為，並且（或者）預測個別行為的機率；然而是什麼東西的全體行為和（或）機率？

　　1927年秋天，研究新物理學的物理學家在比利時布魯賽爾集會。這個問題就是他們討論的問題之一。他們的結論後來稱之為「量子力學哥本哈根解釋」[14]。這一次會議之後雖然也有人發展出別的解釋，但是，哥本哈根解釋卻是一個標誌，標示了新物理學的出現是看待世界的一種共同的方法。一直到現在，在用數學形式提出的解釋裡面，量子力學的哥本哈根解釋還是最通行的。但是這還不夠。牛頓物理學證明為不足在物理學界造成的不安還不止於此。在布魯賽爾開會的物理學家，他們的問題並不在於牛頓物理學是否適用次原子現象（這一點已知道不適用），而是用什麼來代替牛頓物理學。

14　Copenhagen Interpretation of Quantum Mechanics。波耳與愛因斯坦著名的辯論就是在這一次第五屆蘇威會議（Solvay Congress）發生的。「哥本哈根解釋」這個名稱反映出波耳「來自哥本哈根」及其一派思想的影響力

哥本哈根解釋是第一個有系統說明量子力學的體系。愛因斯坦在1927年反對量子力學，一直到辭世還是反對。但是，他和所有的物理學家一樣，不得不承認量子力學用於說明次原子現象的優越。

然而，哥本哈根解釋事實上卻說，量子力學講些什麼**並不重要**。[15]重要的是，量子力學不論在什麼實驗狀況之下都有效。這是科學史上最重要的闡述。量子力學哥本哈根解釋開展的統合工作是一個里程碑。可是當時沒有人注意。我們的心靈理性的部分——科學為其典型——終於又和另一部分一起現身了。這另一部分，1700年代以來我們就一直忽視，那就是我們的非理性面。

傳統上，科學對於真理的觀念總是依附在「外邊」一處的絕對真理——也就是一個獨立存在的絕對真理——之上。我們在近似值上越接近這個真理，據說我們的理論就越真實。我們儘管沒有辦法直接知覺真理——好像愛因斯坦所說，沒有辦法打開手錶一樣——可是我們仍然可能建立完整的理論，使絕對真理的每一面在我們的理論中都有一個元素與之對應。

但是，哥本哈根解釋排除了這種現實與理論一一對應（one-to-one correspondence）的觀念。這一點我們前面已經說過，只是說法不一樣罷了。量子力學放棄統御個別事件的法則，直接說明統御集體行為的法則。這種做法是非常實際的。

實用主義哲學就有點像是這樣。心靈只能處理概念；除了概念之外，要使心靈與其他任何東西產生關係是不可能的。所以，如果我們認為心靈可以思考現實，那是錯誤的。心靈只能思考心靈關於現實的**概念**。（至於現實實際上是否是這樣則屬於形上學問題。）所以，一件事情是否為真，問題不在它與絕對真理多麼一致，而是在於它與我們的經驗多一致。[16]

15　哥本哈根解釋說，量子論講的是經驗與經驗之間的關聯，是一種情況之下會觀察到什麼東西，另一種情況又會觀察什麼東西。

16　實用主義哲學是美國心理學家威廉・詹姆斯（William James）創立的。最近，史戴普一直在強調量子力學哥本哈根解釋的實用面。但是，除了實用的部分之外，哥本哈根解釋也說，

　　哥本哈根解釋之所以特別重要，事情在於科學家一直想要建立一個完整一致的物理學，但終於由自己的發現而不得不承認，想要完全理解現實確實超乎理性思考的能力之外。但是，愛因斯坦卻無法接受這一點。「這個世界最不可理解的，」他說，「就是這個世界可以理解。」[xi]可是大勢已定。新物理學的根基不在「絕對真理」，而在**我們**。

　　加州勞侖思柏克萊實驗室的理論物理學家亨利・史戴普（Henry Stapp Ph. D.）強而有力地表達了這一點：

> （量子力學哥本哈根解釋）基本上就是在摒除「自然界可以用基本時空現實（space-time reality）的方式理解」的認定。根據新的觀點，能夠完整描述原子層次自然界的，是機率；並且這個機率指涉的不是潛匿的微觀時空現實，而是感官經驗的宏觀對象。這個理論的結構不是鑽入並且棲止於根本之處的微觀時空現實，而是反過來棲止在形成社會生活基礎的具體感官現實之上……這種實用的說明方式與企圖窺探「後面的情景」然後告訴我們「真正發生」了什麼事的方式是不一樣的。[xii]

　　（回溯起來）大腦分割分析法是了解哥本哈根解釋的另一種方法。我們的腦分為兩半，由一個組織在腦腔中間連接起來。醫生要治療某種腦疾病——譬如癲癇症——的時候，有時候會動手術把兩邊的腦分開。從接受這種手術的人所做的報告，以及醫生的觀察，我們發現了一個非常重要的事實。大體說來，我們的腦兩邊的機能不同，兩邊看世界的方式不一樣。

　　量子論在某一個意義上已經是完整的；再也沒有什麼理論能夠更詳細的說明次原子現象。
　　哥本哈根解釋的一個基本的要點是波耳的互補（complementarity）原理。實際上已經有一些歷史學家認為哥本哈根解釋即等於這個「互補」。但是，史戴普對量子力學的實用解釋只是概括的，一般性的講互補，而哥本哈根解釋卻是特別強調。

左腦用線性方式知覺世界。左腦將感官輸入的資料組成線上的點，各點前後相隨。譬如說，語言就是腦左半球的一個機能。語言是線性的（你現在在讀的文字就是從左到右排成一條直線）。左半球的機能是邏輯與理性的。「因果」的概念就是左半球創造的。一件事之所以引發另一件事，是因為這件事常常在另一件事之前發生。這樣比較起來，腦右半球知覺的才是完整的形態。

動過大腦分割手術的人事實上有兩個腦。分別測試的結果發現，左腦記得講話和使用文字，可是右腦不行。然而，右腦卻能記住歌詞！左腦對感官輸入的資料會質疑，右腦對自己接受的資料卻比較自由的接受。粗略的說，左半球是「理性的」，右半球是「非理性的」。^{xiii}

在生理上，左半球控制右邊的身體，右半球控制左邊的身體。這樣看來，文學和神話與右手（左腦）相關，而具有理性的、男性的、決斷的性格；左手（右半球）具有神祕的、女性的、接受的性格，這一切就不是巧合了。中國人幾千年前就講過這種現象（陰陽），但是沒有人知道他們當時就在做「大腦分割手術」。

我們的社會整個反映了一大腦左半球（也就是理性、男性、決斷）的偏頗。這種社會不太能夠滋育大腦右半球那種性格（直覺、女性、接受）。「科學」的發達是一個標幟，標示的是左半球的思考方式開始晉為西方人主要的認知模式，而右半球的思考方式則降為地下（地下精神）。這個地下精神一直到佛洛依德發現「潛意識」以後才重新出頭。當然，這個「潛意識」他稱之為黑暗、神祕、無理性（因為這是用左腦看右腦）。

雖然1927年在布魯賽爾集會的物理學家沒有辦法想到這一點，可是哥本哈根解釋事實上無異於承認大腦左半球思考能力有限。此外，哥本哈根解釋也是**重新承認**長久以來在理性的社會飽受忽視的精神面。物理學家畢竟還是人，對這個宇宙畢竟還是會感到驚奇。敬畏是一種非常獨特的了解方式——儘管這種了解方式難以言之。「驚奇」這種主觀經驗對於理性的心靈就是一

個訊息；這個經驗告訴理性的心靈說，除了理性之外，驚奇的對象還有別的方式可以知覺並理解。

下一次如果再對什麼事情感到敬畏，且讓這個感覺在你心裡自由的迴盪，不要想去「了解」。這時你就會發現自己其實是**了解**的，只是說不出來罷了。其實，這時你就是用右腦在直覺的知覺事情。我們的右腦並沒有因為長久不用而萎縮，只是我們聆聽右腦之聲的技巧，因為300年的忽視而遲鈍了。

物理師父兩種方式都用；理性與非理性、決斷的與接受的、男性的與女性的都用。他們不排斥這個，也不排斥那個。他們就是跳舞。

牛頓物理學的舞蹈課	量子力學的舞蹈課
可以用視覺想像	無法用視覺想像
以平常的感官知覺為依據	以次原子粒子的行為與無法直接觀察的系統為依據
說明**事物**，說明空間裡的個別物體，以及個別物體在時間中的變化	說明**系統**的統計式行為
預測事件	預測機率
認為「外面」有一個客觀的現實	認為經驗之外別無客觀現實
我們可以在不改變一件事情的情況下觀察這件事情	我們觀察一件事情就會改變這件事情
依據「絕對真理」；這才是「情景背後」自然界真正的東西。	只是正確的串聯經驗而已

這就是量子力學。下一個問題是：「量子力學如何操作？」

部二　有機能量的各種型態

第三章　活的？

　　當我們說物理就是各種型態的有機能量時，我們注意的是「有機」這兩個字。有機，意思是「活的」。大部分人都認為物理講的是死的東西，譬如鐘擺、撞球等。這是大家普遍存有的觀點；即使物理學家也不例外。可是事實不然。

　　為了要探討這個觀點，我們姑且假設有一個人，名叫津得微（Jim de Wit）。這個年輕人永遠都是混沌冠軍（champion of the non-obvious）。

　　「物理講的是死的東西，」津得微說，「這樣講不對。這一點我們在討論落體時已經講得很楚。有些落體雖然是人，可是在真空裡加速度還是一樣。所以物理學照樣適用於生物。」

　　「可是這個例子不對，」我們說。「要不要掉下去，石頭沒得選擇。我們丟石頭，石頭就掉下去。我們不丟石頭，石頭就不掉。可是人不一樣。人能夠選擇。除非意外，人通常不會有掉下去的動作。為什麼？因為人知道掉下去會受傷。所以，換句話說，人會處理**情報**（掉下去會受傷），然後對這個情報做**反應**（不要掉下去）。這些事情石頭都不會做。」

　　「好像是這樣，」津得微說，「可是事實上不然。譬如說，用縮時攝影拍攝植物，我們就知道植物跟人一樣，對刺激有反應。植物也會趨樂避苦；渴望感情而不可得，也會無精打采。唯一不一樣的地方只是植物的反應比我們慢；慢到我們一般的知覺感覺不到，所以才認為植物毫無反應。」

　　「那麼，如果植物有反應的話，我們又憑什麼那麼有把握石頭，乃至於山沒有反應？它們也有可能因為速度實在太慢，即使用縮時攝影來拍，也要幾千年曝光一次才拍得出來。當然，這一點無法證明，可是也沒辦法否定。活和死之間不是那麼容易分辨的。」

「說的好，」我們心裡想，「可是從實際的觀點來看，我們觀察不到慣性物質對刺激有反應，然而人有反應卻毫無問題。」

「又錯了！」津得微好像看得到我們內心一樣。他說，「每一個化學家都可以證明大部分的化學物質（這些化學物質都是從岩石這一類地面的東西而來）都對刺激有反應。譬如說，在完整的條件之下，鈉會對氯起反應（因而形成氯化鈉——鹽），鐵會對氧起反應（因而形成氧化鐵——鏽）等。這就好比人肚子餓的時候會對食物有反應，孤獨的時候會對他人的感情有反應一樣。」

「好吧，不錯，」我們承認，「可是用人的反應來比喻化學反應並不恰當。化學反應要不就是發生，要不就是不發生；沒有介於兩者之間的情況。兩種化學物質配得對，就發生反應。配得不對，就不會發生反應。可是人複雜多了。」

「假設有一個人肚子很餓，然後我們拿東西給他吃。這個時候他可能會吃，可是也可能不會吃；看情況而定。如果他吃了，他可能吃飽，也可能不吃飽；看情況而定。假設他雖然很餓，可是約會已經遲到，那他是吃還是不吃？如果他的約會很重要，他可能不吃就走了。假使他雖然肚子很餓，可是擺在他眼前的食物有毒，那麼他就是再餓也不可能吃。人的反應與化學反應的差別，就在於人有這個處理情報並對情報起反應的過程。」

「當然，」津得微笑著說，「但是我們又怎麼知道我們的反應不是和化學反應一樣，事先已經嚴格的決定，只不過比較複雜而已？我們可能並不比石頭自由；但是我們卻欺騙自己說我們不像石頭，我們有自由。」

這場辯論這樣就辯不下去了。津得微使我們看到了成見的任性與隨意。我們當然願意認為因為我們是活的，石頭是死的，所以我們是活的，石頭是死的。但是，我們卻沒有辦法證明自己的看法，也沒有辦法否定他的看法。我們沒有辦法清楚的證明我們與無機物不同。在邏輯上，這就表示我們可能得承認我們不是活的。這當然很荒謬。所以，唯一可行的辦法就是承認「無

生命的」物體可能是活的。

其實，有機與無機之間的差別本是一種概念的偏見。一但我們深入探討量子力學，這種差別更是站不住腳。根據我們的定義，一件東西若是能對情報起反應，那麼這件東西就是有機的。可是，隨著量子力學的發展所收集的證據，卻證明次原子「粒子」不斷的在做決定。這是令物理學的新來者吃驚的發現！還不只這樣，次原子粒子還是根據別處的決定做決定的。次原子粒子似乎可以**立即**知道別處的決定，而這個別處卻可以遠如銀河那麼遠！重要的在於**立即**這兩個字。這邊的一個次原子粒子為什麼能夠在那邊的一個次原子粒子做決定的時候，**同時**知道那邊的粒子做了什麼決定？所有的證據都使人不再相信量子粒子真的是粒子。

（依照傳統的定義）從心靈上來想像，粒子是局限於一個空間地區的東西；不會擴展出去，不是在這裡就是在那裡；不可能在這裡同時又在那裡。

假設這邊有一個粒子與那邊的一個粒子在交通（用叫的、揮手、傳電視畫面等），這是需要時間的。即使是1/1000秒，也是時間。如果這兩個粒子分屬兩個銀河，那麼交通的時間就要幾個世紀。如果這邊這個粒子要在那邊那個粒子發生事情的時候同時知道發生什麼事，它就必須在那邊。但是，如果它在那邊，它就不可能在這邊。如果它兩地同在，它就不是粒子。

這就表示這個粒子可能完全不是粒子。而且，這個表面上是粒子的粒子還在一種動態而緊密的方式之下，與其他的粒子有關。這種動態而緊密的方式，正好就符合我們「有機」的定義。

有一些生物學家相信，單個植物細胞內部就帶有產生整株植物的能力。同理，量子力學產生的哲學意義，在於宇宙中的一切事物（包括我們自己）看似各自獨立存在，其實皆屬於一個含攝一切的有機型態的一部分；各個部分彼此既非相離，也不與這個有機型態相離。

談到「粒子」的決定以及做決定的「粒子」，我們要從1900年普朗克（Max Planck）發現的一件事談起。1900年公認是量子力學誕生的一年。當年

的12月，普朗克很勉強的向科學界提出一篇論文；可是這篇論文卻使他聲名大噪。他自己並不喜歡這篇論文蘊含的意義。他希望他的同事能夠為他做一件他做不到的事，也就是用牛頓物理學來解釋他的發現。可是他心裡知道，他的同事沒有辦法，誰都沒有辦法。他感覺到，他的論文將要改變科學的基礎。他的感覺沒有錯。

普朗克到底發現了什麼，使他這麼不安？普朗克發現的是，自然界的基本結構是「粒狀」的。套用物理學家的話就是，自然界的基本結構是片斷式的。

「片斷式的」是什麼意思？

譬如說一個城市的人口。一個城市的人口顯然只能以整數的人來變動。一個城市的人口不論是增加還是減少，其最低限度是一人。它不可能增加0.7人。它可能增加或減少15人，但不可能增加或減少15.27人。在物理學的辯證裡，人口數的改變只能是不連續的增加或減少。這就是片斷式改變。不論是變大還是變小，都是跳躍式的；而最小的跳躍就是一個人。大體上，關於自然界的過程，這就是普朗克所發現的事情。

普朗克是一個保守的德國物理學家。他無意損毀牛頓物理學的基礎。可是，他因為想解決一個能量放射的問題，無意間推動了這一次量子力學革命。

普朗克原先是在追尋東西變熱的時候為什麼會有那些行為。換句話說，他想知道物體變熱的時候為什麼比較亮，溫度升高或降低的時候顏色為什麼會變。

古典物理學統合聲學、光學、天文學等諸領域的時候很成功。古典物理學差不多已經餵飽科學家的胃口。古典物理學解開了宇宙謎題的封口線，可是卻又用緊密的包裝把它包起來。古典物理學對這個現象無法提出合理的解釋。套一句當時的話，這個現象是籠罩在古典物理學地平線上的一片「黑雲」。

1900年當時，物理學家描繪的原子好比李子一般，中間是核子，上面粘

著突出的小彈簧。（這個模型還在行星模型之前。）每一個彈簧的上端都是一個電子。假設我們「推動」原子——譬如加熱，就會使電子在彈簧尾端搖擺（振盪）。科學家認為，這時電子就是在釋出放射能，這就是熱物體發亮的原因（也就是，加速的電荷創造了電磁放射線）。（電子帶負電，搖擺的時候就開始加速，起先朝一個方向，然後再轉到另一個方向。）

物理學家認為，替金屬的原子加熱會使原子激動，使其電子上下搖擺。這個過程就會放出光。他們的理論說，推動原子（也就是給原子加熱）的時候，它吸收的能量就會由搖擺的電子放射出來。（如果你跟你的朋友講這個理論，而他對「搖擺的電子」不以為然的話，你就用「原子振盪器」來代替好了。）

這個理論又說，原子吸收的能量會平等的分配給它的振盪器（電子），並且，以高頻率振盪（搖擺）的電子放射能量也比較有效率。

不過，不幸的是，這個理論卻不成立。這個理論證明了一些事情，然而這些事情卻是錯誤的。第一，它「證明」一切熱的物體放出的多是高頻光（藍、紫），低頻光（紅）比較少。換句話說，根據這個古典理論，即使是中等熱度的物體，也會像白熱的物體一樣，放出強烈的藍白光；只是總量較少罷了。可是這一點錯誤。中等熱度的物體放射的主要是紅光。第二，這個古典理論「證明」高熱物體會無限量放出高頻光。這一點也錯了。高熱物體放出的高頻光有一定的量。

不過我們現在別管什麼高頻光、低頻光。我們等一下就會解釋這些名詞。此處要講的是，普朗克鑽研的是古典物理學最後的幾個大問題之一，也就是古典物理學對於能量放射問題的錯誤預測。物理學家戲稱這個錯誤是「紫外線之禍」。

「紫外線之禍」聽起來好像搖滾樂團的名字，可是卻反映了大家關切的一個事實，那就是，高熱的物體並不像這一古典理論預測的一般，以紫外線光（1900年當時所知頻率最高的光）的形式放射大量的能量。

普朗克研究的現象叫做黑體輻射（black-body radiation）。黑體輻射是由無反射的、完全吸收的、平直（非光滑）的黑色物體發出的。由於黑色即是毫無顏色（不吸收光也不反射光），所以黑色物體沒有顏色──除非我們給它加熱。一個黑色物體如果亮起來，發出一種顏色，我們就知道那不是它自己發出或吸收那種顏色，而是我們加於其上的能量的緣故。

說「黑體」，並不一定是指黑色的固體。假設我們有一個金屬盒子，盒子上除了一個小洞之外，完全密封。現在如果我們從小洞向盒子裡面看，我們會看到什麼？什麼都沒有；因為，裡面沒有光。（小洞會跑進一點光，但是不多。）

現在我們在這個盒子上加熱，一直加到變紅為止。現在我們再向洞裡面看。我們看到了什麼？我們看到了紅光。（你看，誰說物理很難？）普朗克研究的就是這種現象。

1900年當時，所有的物理學家都認為，激動的原子之上的電子開始搖擺以後，就連續不停的釋放能量，一直到能量逐漸耗盡之後才開始「下跌」，最後能量完全失散。可是普朗克卻發現激動的原子振盪器不是這樣的。原子振盪器不論是吸收或釋放能量，這個能量的量都有一定。原子振盪器不會一路連續而順暢的釋放能量，然後像發條一樣萎縮下去。原子振盪器發射能量的時候，是一陣一陣「噴」出來的；每噴一次，能量水平就降低一次，一直到最後完全不再振盪為止。簡單一句話，普朗克發現自然界的變化是「爆破式的」，而不是連續的、平直的。[17]

提出「能束」（energy packet）和「量子化振盪器」（quantized oscillators）的物理學家，普朗克是第一人。他感覺到自己的發現非常重大，與牛頓的發現一樣重大。他的感覺是對的。「量子力學」從他以後雖然還要經過27

[17]　「……量子假說已經導向一種觀念，那就是，自然界的變化不是連續式的，而是爆破式的。」〈物理學知識的新途徑〉（ *Neue Bahnen der physikalischen Erkenntnis* ），馬克斯‧普朗克，1913 年。F. d'Albe 譯，《哲學》雜誌，1914 年，28 卷。

年以後才成形，可是物理學的哲學與典範本來就不曾一樣過。

時至今天，我們已經很難了解普朗克的量子論在當時是多麼大膽。哈佛大學的物理學教授維克多・吉勒明（Victor Guillemin）說：

> （普朗克）所做的必然是一個激烈的，看似荒謬的假設；因為，依照傳統的法則以及常識，大家都認為原子振盪器一旦推動之後，就逐漸的、順暢的放射能量，然後它的振盪運動才逐漸停止。可是普朗克不得不假定振盪器的放射線是一陣一陣噴出來的，他不得不設想每一個原子振盪器運動的能量既無法推建，也無法逐步減滅。振盪器的能量只能以一次一次躍動的方式改變。能量在振盪器與光波之間來回轉換的時候，振盪器必然不只釋出放射能，同時也吸收能，方式是不連續的、分立的，一「束」一「束」的……他發明量子（quanta）這個字來稱呼這種能束；講到振盪器的時候，他就說振盪器是「量子化的」。「量子」這個有力的概念就這樣的進入了物理科學裡面。[i]

普朗克不但是量子力學之父，也是普朗克常數的發現者。[18]。普朗克常數恆常不變。物理學家用普朗克常數計算各種光線頻率（色彩）的能束（量子）大小。（一種色彩，其光量子的能量等於這種光的頻率乘以普朗克常數）。

個別色彩裡面，凡是屬於同一色彩的能束，能量都一樣大。譬如紅光，只要是紅光的能束，大小都一樣大。綠光的能束都一樣大，紫光的能束也都一樣大。但是，紫光的能束比綠光大，綠光的能束比紅光大。

換句話說，普朗克發現，光的能量是一小捆一小捆吸收或放出來的。而且，低頻光（譬如紅光）的捆比高頻光（譬如紫光）小。這就說明了熱物體

18　$h=6.63×1027erg\text{-}sec$（爾格秒，譯註：爾格，計算功的單位。以一達因之力，作用於物體，使其作用點移動一釐米之功，謂之一達因釐米，以此為計功之絕對單位，稱為爾格）。

那樣放射能量的原因。

　　現在，假設我們把一個黑色物體放在低熱上面加熱。這個黑體最先亮起來的顏色將是紅色。因為，在可見光的光譜裡面，紅光的能束最小。但是，隨著熱度的增高，能量也跟著增加。這樣，這比較高的能量就能夠把比較大的能束搖下來。比較大的能束也就製造了頻率比較高的光，譬如藍光、紫光等。

　　然而，隨著溫度的增高，為什麼熱金屬亮度的增加在我們看起來是那麼穩定？熱金屬亮度的增加其實是不穩定的。亮度不論是上升或下降都有「步伐」，只是這步伐都小到無可想像，所以眼睛看不出來。所以，自然界的這一面若是大規模的——或者說，以宏觀層次來看，就隱晦不彰。然而，在次原子領域，這卻是自然界的一個性質。

　　我們這樣的討論能束的放射與吸收，如果使你想起波耳，那你就對了。然而波耳還要13年以後，才達到他的「電子有一定的軌道」的理論。這個時候，物理學家已經放棄「李子上有搖擺的電子」的原子模型，改用行星模型。這是電子環繞核子而行的模型。[19]

　　可是從1900年普朗克發現量子，到1913年波耳分析氫光譜之間，物理學界突然出現一位卓越的物理學家。很少有人具有他那種力量。這個人名叫亞伯特・愛因斯坦。26歲那一年（1905年），愛因斯坦一連發表了五篇論文，都很重要。其中有三篇成了物理學發展的軸心；在相當大的程度之上，也是西方世界發展的軸心。這三篇論文，第一篇講光的量子本質。第二篇講分子運動。第三篇開展狹義相對論。第一篇使他得到1921年諾貝爾獎。第三篇所

19　波耳認為，自然界安排的電子軌道與核子的距離都有一定；並且，電子吸收能量的時候，會從最接近核子的軌道（原子的「基態」）向外面跳，最後又回到最裡面的軌道；在這個回返的過程當中，電子釋出的能束與向外跳時所吸收的能束相等。波耳認為，供給電子的能量小（低熱），它所吸收的能束就小。譬如紅光就是。供給電子的能量大（高熱），電子吸收的能束就大，就跳得遠。回返最低能量狀態的時候，釋出的能束也就大，譬如藍光、紫光。所以，金屬在低熱狀態發紅光，在高熱狀態發藍白光

講的狹義相對論我們以後再討論。[20]。

現在先講他關於光的理論。愛因斯坦說，光是由微粒構成的；一束光就好比一連串子彈。這些「子彈」叫做光子。他的觀點與普朗克相似，但事實上超越了普朗克。普朗克發現能量是以能束來吸收和釋出的。他說的是能量吸收與釋放的「過程」。愛因斯坦則將能本身的量變得理論化。

愛因斯坦為了證明自己的理論，提到一種現象，叫做光電效應。光撞擊金屬表面的時候，會從金屬的原子上面撞出電子，電子便向外面飛出去。我們只要有適當的設備，就能夠計算這些電子的數目，及其行進的速度。

準此，他的光電效應理論是說，每一次有一顆子彈，或者說光子，撞擊到一顆電子的時候，光子就會像撞球撞到另一顆撞球一樣的把電子撞開。

愛因斯坦依據菲利普・萊納德（Philipp Lenard，1905年得諾貝爾獎）的實驗建立他的革命性理論。萊納德的實驗顯示，在光電效應裡，光一撞擊到金屬，金屬裡的電子就立刻開始流動。我們一打開光，立刻就產生電子。然而，根據光波動理論，金屬要有光波的撞擊，其中的電子才會開始振盪。然後要移動的速度夠快，才會脫出金屬表面。這就要好幾次振盪才行。這就像推鞦韆一樣，要推好幾次才可能高過橫桿。簡單的說，光波動理論預測的是電子延緩式的發射，而萊納德的實驗顯示的卻是電子立即發射。

愛因斯坦用光粒子理論來解釋光電效應裡面這種電子立即發射的現象。每次一有光的粒子——也就是光子——撞到一顆電子，就立刻把這顆電子打出它的原子之外。

除此之外，萊納德還發現，如果我們將撞擊光束的強度降低（使光束暗一點），那麼彈出的電子數目也就跟減少，但速度不變。可是，如果改變撞擊光束的顏色，速度就變了。

這一點愛因斯坦也用了一個新的理論來說明。根據他的新理論，每一種

20　這三篇論文各篇都處理一個基本的物理學常數。其一，h，普朗克常數（光子假說）；其二，k，波茲曼常數（布朗運動分析）；其三，c，光速，（狹義相對論）。

顏色——譬如綠色——的每一個光子能量都有一定。降低綠光光束的強度只是減少其中的光子數而已。剩餘的光子每一個能量仍然一樣。所以，不論是哪一個綠光光子，只要它撞擊到一個電子，就會用綠光光子該有的能量把它撞開。

關於愛因斯坦的理論，普朗克說：

> ……能的射線減少的時候，光子（能「滴」）並不會跟著變小：它的大小不變，不過彼此相隨的間隔較大而已。[ii]

愛因斯坦的理論同時也證明了普朗克革命性的發現。高頻光（譬如紫光）是由高能光子組成的；但低頻光（譬如紅光）不然。所以，紫光撞擊電子的時候，就會使電子以高速度彈出。紅光撞擊電子的時候，就會使電子以低速彈出。這兩種情形不論是哪一種，凡是增加光的強度，彈出的電子數就增加；凡是降低光的強度，電子數就減少。只有改變撞擊光的顏色，電子的速度才會改變。

簡而言之，愛因斯坦用光電效應告訴我們，光由粒子——或說光子——構成；並且，高頻光的光子能量比低頻光的光子多。他這一個發現是一項重大的成就。唯一的問題是，102年前，已經有一個英國人，名喚湯馬斯・楊（Thomas Young），證明光是由波構成。包括愛因斯坦在內，沒有人能夠證明他錯。

從這裡，我們開始講到波了。粒子之為物，它的存在只限於一個地方。波之為物，卻會傳播出去。下面我們畫出幾種波：

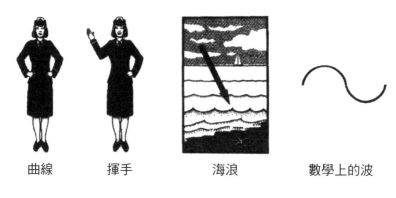

曲線　　　　揮手　　　　　海浪　　　　數學上的波

圖3-1

這幾種波裡面，我們只關心最右邊的一種。下面我們把這種波畫詳細一點：

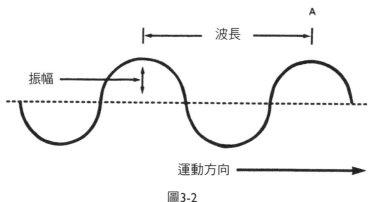

圖3-2

波長指的是兩個相鄰的波峰之間的距離。無線電波最長的超過6英里。X射線大約只有1公分的10億分之一長。可見光的波長大約都在40萬到80萬分之一公分之間。

振幅指虛線以上波峰的高度。圖3-3的三種波振幅都不一樣，中間的振幅最大。

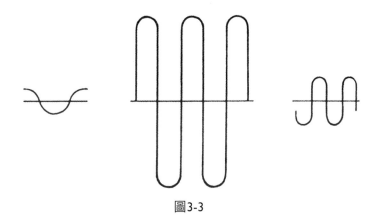

圖3-3

　　頻率是指一秒鐘之內通過某一定點（圖3-2中的A）的波峰數。假設波按照箭頭的方向前進，每1秒有一個波峰通過A，那麼這個波的頻率就是每秒一週。假設每秒有10.5個波峰通過A，那麼這個波的頻率便是每秒10.5週。假設通過A的波峰數是1萬，頻率便是每秒1萬週；依此類推。

　　波長乘以頻率即等於波速。譬如說，假設波長是2英尺，頻率是每秒1週，那麼這個波就是每秒移動一個波長（2英尺）。所以它的波速便是每秒2英尺。如果波長是兩2尺，頻率是每秒3週，因為這個波每秒移動3個波長，所以波速便是每秒6英尺。

　　這一點都不複雜。譬如說，如果我們知道一個人每秒跑幾步，每一步多長，我們就能算出他跑得多快。假設他的步伐長2英尺，每秒跑3步，他就是每秒跑6英尺（差不多每小時4英里）。我們只要把步伐換成波長，這個方法一樣可以成立。

　　但是如果說到光，雖然我們也可以將光波長乘以頻率，得出光波速。可是卻不必這樣做，因為物理學家發現，在真空裡面，光速「永遠」都是每秒18萬6000英里。其實，凡是電磁波，包括光在內都一樣。所有光波（藍、綠、紅等）的速度，都與無線電波、X射線等一切電磁射線一樣。光速是一個常數，在物理學裡用字母c來代表。

常數c（大約）是每秒18萬6000英里，永遠不變（如此才叫「常數」）。光不論是往上照還是往下照，高頻還是低頻，波長是長還是短，向我們照來還是從我們這邊照出去，速度都一樣，永遠都是每秒18萬6000英里。愛因斯坦就是根據這個事實建立了狹義相對論。這一點我們以後再討論。

只是，根據這個事實，我們只要知道頻率和波長之一，就可以同時知道另一項。因為，頻率和波長兩者的乘積恆是真空裡每秒18萬6000英里。兩者之一大，另一就小。譬如說，假設兩數相乘等於12，其中之一是6，那麼我們知道另一必然是2。如果其一是3，那麼另一必然是4。

同理，光波的頻率越高，波長必然越短。頻率越低，波長必然越長。換句話說，高頻光波長短，低頻光波長長。

現在讓我們回到普朗克發現的事情。普朗克發現的是，光量子的能量隨著頻率的增加而增加。頻率越高，能量越高。能量與頻率成正比。所以，普朗克常數是能量與頻率之間的「比例常數」。這一層關係雖然簡單，可是卻很重要。普朗克常數在量子力學裡面居於中心地位。頻率越高能量越高，頻率越低能量越低。

現在我們把波動力學和普朗克發現的事情合在一起，於是得出：高頻光（譬如紫光）波長短，能量高；低頻光（譬如紅光）波長長，能量低。

這樣，我們就能夠說明光電效應了。紫光的光子將電子從金屬表面的原子擊出，使它飛走的時候，之所以速度比紅光的光子快，是因（高頻的）紫光光子能量比（低頻的）紅光光子的能量高。

但是，以上所說的一切雖然非常合理，然而我們卻忽略了一個事實，那就是，我們是用波動的術語（頻率）在說粒子（光子），用粒子的術語在說波動。這當然一點都不合理。

現在，如果以上的幾頁你都了解，那麼，恭喜你！你已經精通本書最難的數學。其實，只要你明白波長與頻率之間的關係，與波共舞是很容易的。

波是愛玩的造物，愛跳自己的舞。譬如說，在某些情況下，波會在轉角

轉彎。這叫做繞射。

現在假想我們乘著直升機在一個海港上空飛行。這個港口可以容納兩艘航空母艦同時通過。海面並不平靜，風浪從外海向著港內直吹。這時從直升機上面往下看，就會看到海浪形成這樣的圖形：

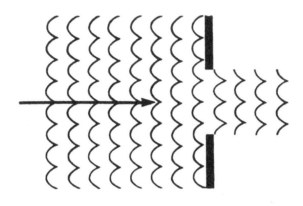

圖3-4

除了港口之外，防波堤顯然擋住了所有的波浪。通過港口的浪則繼續向港內前進，一直到消失為止。

現在再假設港口很小，只容小艇進出。這時從直升機向下看，看到的情形就大不一樣了：

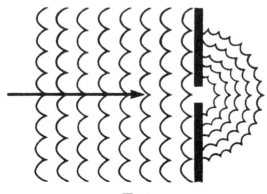

圖3-5

現在，波浪不是直直進入港口，而是進入港口以後，在港口周圍擴散出去。情形差不多就像一個池塘，而我們往池塘中央丟了一個石頭一樣。這就叫做繞射。

為什麼會有繞射？為什麼港口變小會使港內的波型成半圓形擴散出去？

將港口大小與波浪的波長做個比較就會知道答案。在第一種情況裡面，港口比波浪的波峰間的距離大了很多，所以海浪就循著直線向港內直直前進（直線傳播）。這是波的一般情況。

第二種情形，港口與海浪的波長差不多一樣大，甚或比較小。這就會造成圖3-5中的情形。這就是波在這種情形下特有的型態（繞射）。

波從一個開口通過的時候，只要這個開口很小，小到比波的波長小，波就會繞射著通過這個開口。

因為（根據光波論）光就是一種波動現象，所以光波應該一如海浪，有上面兩種情形。實際情形也是如此。現在假設我們用一張紙，如圖3-6般切一個開口，然後再在紙的後方置一個光源。這樣，它就會在牆上照出這樣的投影：

圖3-6

這種情形與海浪進入港口類似。這個實驗裡面，開口的寬度比之光的波長大上幾百萬倍，所以光就直直通過開口，循著直線投射在牆上，照成一個圖案，形狀與開口一樣。請你特別注意，投影上面亮區與暗區的界線非常清楚。

現在再做一個實驗。我們在紙上切一道縫，寬度差不多相當於光波的波長。這次實驗，光繞射了。這次亮區與暗區的界限模糊了，亮區在邊緣地帶逐漸融入暗區。這一次光束不是循直線前進到牆上，而是像扇子一樣擴散出去。這就是繞射光。

以上先說要點，下面就說故事。

圖3-7

　1803年，湯瑪斯・楊（認為自己）一舉解決了「光的本質」這個問題。他做了一個實驗，非常簡單，但也很戲劇性。他在光源（他在一張布幕上開了一個洞，讓太陽光通過這個洞作為光源）前面拉起一張布幕，上面有兩條垂直的細縫。兩條縫都可以用東西遮起來。

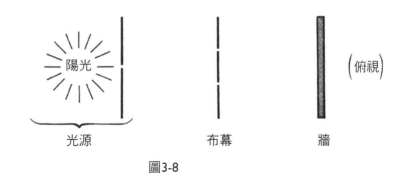

圖3-8

　布幕的另一邊是一面牆；光穿過細縫之後，會照在這一面牆上。現在，第一個實驗是，遮住一條縫，開放光源。這時光照在牆上出現了這樣的情形：

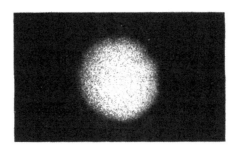

圖3-9

可是，當湯瑪斯・楊把兩條縫都打開時，他創造了歷史。原來以為牆上的光將是兩條縫的總合，可是事實不然。牆上照出來的是光帶與暗帶交替的景象。其中，中間的光帶最亮。中間光帶的兩邊是暗帶；然後又是光帶，可是比中間的光帶暗；然後又是暗帶，依此類推，如下圖：

圖3-10

為什麼會這樣？

答案很簡單。然而就是因為答案簡單，這個實驗才偉大。這種光帶與暗帶的交替出現，是波動力學裡面眾所周知的一種現象，叫做干涉。從兩條細縫繞射出來的光波彼此互相干涉，就產生干涉現象。這種波有時候彼此重疊，彼此增強，有時候互相抵銷。

波峰與波蜂重疊的地方，光就增強（這就是光帶）。波峰與波谷相遇的地方，由於彼此抵銷，所以就沒有光照到牆上（這就是暗帶）。

這就好比我們把兩塊石頭同時丟到池塘裡一樣。我們可以從石頭入水的地

方看到水波擴散的情形。這兩個石頭製造的水波會互相干擾。彼此的波峰相遇的地方，水波變大。一方的波谷與另一方的波峰相遇的地方，水波消失。

簡而言之，湯瑪斯‧楊的雙狹縫實驗顯示的是，光必然像波一樣；因為只有波才會有干涉現象。但是，這一來就造成一種情況，那就是，愛因斯坦用光電效應「證明」光像粒子一樣；湯瑪斯‧楊用干涉現象「證明」光像波一樣。然而，波不可能是粒子，粒子不可能是波。

這才剛開始呢！由於愛因斯坦已經「證明」光是由光子組成，所以我們現在就用光子來做湯瑪斯‧楊的雙狹縫實驗。（這有人做過）。[21]假設我們有一支光槍，一次只能發射一個光子。實驗一切如前，唯一的不同是這次只開一條縫。現在我們發射光子，光子穿過細縫，打到牆上。此時我們（用感光板）同時記下光打在牆上的地方。我們發現，這些地方剛好都在兩條縫一起開時的暗區。換句話說，如果兩條縫一起開，暗區裡紀錄不到光子。

為了更加確定起見，我們又做了一次實驗。可是這一次是兩條縫一起開。結果一如我們所料，在前一次實驗光打的區域中，這一次紀錄不到光子。雙縫同開，出現干涉現象時，這個地區正好在暗帶之上。

問題是，**第一次實驗的時候，光子怎麼知道另外一條縫沒有開？** 想想這個問題。雙縫同開的時候，牆上照出來的「總是」光帶與暗帶互相交替。這就是說，有一些地區光子是從來不去的（否則就不會有什麼暗帶了）。如果只開一條縫，就不會有干涉現象，暗帶也消失了。這時整面牆都是亮的，其中包括雙縫同開時的暗區。

為什麼？我們只開一條縫，然後發射光子穿過這一條縫的時候，光子怎麼「知道」自己一定會射到雙縫同開時暗帶的地方？換句話說，光子怎麼知道另外一條縫沒有開？

21　我們這樣在雙狹縫實驗裡假設粒子相（partical aspect）的時候，如果不同時假設無定點性（non-locality），那麼我們將違反其中的測不準關係（uncertainty relation）。

> 「量子論最大的奧祕，」史戴普說，在於「『情報為什麼傳得這麼
> 快？』」粒子怎麼會知道有兩條縫？不管什麼地方發生了什麼事，
> 為什麼都會有情報收集起來，用以決定此地將要發生的事？[iii]

這個問題沒有人能夠回答。但是有些物理學家，譬如沃克（E. H. Walker）認為，這可能是因為光子**有意識**。

> 一切量子力學過程可能都與意識有關……因為所有事情的發生，最
> 終都是一次或一次以上量子事件的結果。這個宇宙「住」著無數意
> 識上極為分立，通常是非思考的實體。這些實體數量幾近無限，負
> 責宇宙細部的運作。[iv]

沃克這些話不論對不對，只要真的有光子（光電效應已經「證明」有光子），那麼就能見到雙狹縫實驗裡的光子，無論如何都「知道」這兩條縫是不是開著，並且也依它所知的行動。[22]

講到這裡，我們就回到了起點：一件東西如果有能力處理情報，並據之行動，這件東西就是「有機的」。所以，說到光子，我們別無他途，我們只有承認，光子──是為能量──能夠處理情報並據之行動。所以，不管聽起來多麼奇怪，光子是有機的。這一來，因為我們自己也是有機的，所以研究光子（以及其他能量量子），就有可能使我們知道一些我們自己的事情。

波粒二象性是傳統因果論的結束。因為，根據因果論，如果我們知道事情的初始狀況，我們就可以預測事件未來的情況；因為，我們知道統御事件的法則。但是，在雙狹縫實驗裡面，我們所知道的只是，對於單個光子，我們雖然知道它的初始狀況，卻無法預測它以後會怎樣。

---

22 這種「知道」的另一種解釋可能是「共時性」，即榮格的非因果性聯繫原則（acausal connecting principle）。

譬如說實驗一（只開一條縫），光子通過細縫之前，我們已經知道它的起源（燈）、速度（每秒18萬6000英里）、方向。依照牛頓的運動定律，我們可以預測光子落在感光板上面的什麼地方。姑且假設我們已經計算出來。

然後我們再來看看實驗二（雙縫都開）。同樣的，光子通過細縫之前我們已經知道它的起源、速度、方向。並且初始條件和實驗一完全一樣。在同一地發射，以同樣的速度前進，射到同樣的地方；所以方向也與實驗一是一樣。唯一的不同只是實驗二是雙縫都開。現在，讓我們再用牛頓的運動定律計算光子落在感光板的地方。

因為在這兩個實驗裡，我們使用的數字、公式都一樣，所以我們算出來的答案也一樣，也就是說實驗一光子撞擊的地方與實驗二一樣。但問題就在這裡。因為，事實上實驗二的光子撞擊地方與實驗一並不一樣。實驗一的光子落下的地方在實驗二是黑帶。換句話說，儘管實驗一和實驗二的光子的初始條件都一樣，但這兩個光子卻落在不同的地方。

所以，我們無法預先判斷個別光子的路徑。我們的確能夠事先判斷牆上的波型。可是現在我們有興趣的是個別的光子，而非這些光子合起來的波型。換句話說，我們知道一群光子會產生什麼波型以及在波型中怎麼分布，但是我們沒辦法知道哪一個光子會落在什麼地方。關於個別光子，我們充其量只能說在某一地發現它的可能性（機率）多大。

波粒二象性是量子力學裡最棘手的問題。物理學家喜歡用有條有理的理論來說明事物，如果辦不到，他們也喜歡用有條有理的理論來解釋為什麼辦不到。波粒二象性正好不是有條有理的情況，所以事實上正是由於這種情況沒有條理，才逼迫物理學家發現嶄新的方法來知覺自然實在界。這些新的認知架構，比起舊的來說，與人的切身經驗符合多了。

對於我們大部分人而言，生活很少是黑白兼具的。但是波粒二象性是一個標幟，標示的是傳統上「只能是其中之一」這種看待世界的方法已經告終。物理學家已經不再能夠接受「光只是粒子或者只是波」這種命題。因為，物

理學家已經「證明」光兩者皆是，視我們如何看它而定。

愛因斯坦當然知道自己的光子論與湯馬斯・楊的波動說矛盾，而且自己也沒有辦法證明波動說錯誤。他認為有「陰影波」（ghost waves）在引導光子。陰影波只是一種數學的存有，實際上並沒有這種東西。現在有一些物理學家依然用這種觀點看待光的波粒二象性。可是在大部分物理學家看來，這個解釋太牽強了。這個解釋看似合理，事實上不曾說明什麼事情。

由於波粒二象性，才促成我們對於新發現的量子論有了初步的了解，1924年，波耳和克雷莫斯（H. A. Kramers）以及斯萊特（John Slater）提出了一個看法，認為波粒二象性裡面的波是一種「機率波」（probability waves）。機率波是一種數學的存有。物理學家可以利用機率波預測事件發生或不發生的機率。後來，他們三人的數學經過證明是錯誤的，可是這個觀念的本身卻很合理。這個觀念和前人提出的觀念都不一樣。後來，「機率波」這個觀念以不同的形式（formalism）發展成量子力學特有的質素。

按照波耳他們設想的來看，機率波是一個全新的觀念。機率並不新，可是機率波確是新的。機率波說的是不論如何已經在發生，可是還沒有成真的事物。機率波說的是事物發生的「傾向」。這種「傾向」即使從未成為真實事件，它的存在仍然自然天成，其存在的方式則未能闡明。機率波是這些傾向的數學目錄。

機率波與傳統的機率完全不同。在賭桌上擲骰子的時候，從傳統的機率，我們知道擲到我們要的數字的機會是1/6。可是，波耳、克雷莫斯、斯萊特的機率波絕不只是這樣。

海森堡說：

> 機率波意指事物的傾向。以往亞里斯多德的哲學裡有一個「潛能」（potentia）的概念；機率波即是這個概念一種量的講法。它引介了一種位於事件之觀念與事件之間的東西。這種奇異的自然實在正

是介乎可能與實在之間。^v

　　1924年，普朗克發現量子引發了物理學的地震效應。量子使愛因斯坦發現光子，光子造成波粒二象性，波粒二象性又導向機率波。牛頓物理學頓成昔日之物。

　　物理學家發現，他們處理的能量，不知如何總是在處理情報（這使它變成有機），然後又難以言說的用一定的型態（波）呈現自己。簡而言之，物理學家發現他們處理的是物理——也就是種種型態的有機能量。

第四章　事情是這樣的

　　量子力學是一種程序，一種看待現實特定部分的特定方法。量子力學只有物理學家才用。依循量子力學這個程序的好處在於，只要我們按照一定的方法做實驗，我們就能預測事物產生某些結果的「機率」。量子力學的目標不在於預測會發生什麼事，而在於預測發生各種結果的可能性。物理學家當然也希望自己也能夠比較準確的預測次原子事件；可是，到目前為止，在他們的能力建構範圍之內，量子力學是次原子現象唯一成立的理論。

　　但是，機率和宏觀事件一樣，仍然有一定的規律可循。道理完全一樣。我們只要對一個實驗的初始條件夠了解，就可以用嚴格的發展規律，計算發生某一結果的可能性多大。

　　譬如說，在雙狹縫實驗裡，我們沒有辦法計算單個光子將撞擊在感光板的什麼地方。但是，只要我們有適當的準備，最後又能做適當的測量，那麼我們確實能夠精確的計算光子落於某處的機率有多大。

　　現在，假設我們算出這個光子落在A區的機率是60%。那麼這是不是說這個光子還是可能落在它處？不錯，這個可能性的機率是40%。

　　（問一問津得微）在這種情況之中，到底是什麼東西在決定光子落於何處？量子論的答案是，純粹的偶然。

　　關於量子力學，這個純粹的偶然正是愛因斯坦反對的項目之一。他之所以從來就不認為量子力學是基本的物理理論，這只是其中一個理由。「量子力學令人感受深刻。」他在給玻恩（Max Born）的信中說，「……可是我相信上帝不玩骰子。」[i]

　　兩個世代以後，貝爾（J. S. Bell）證明他應該是對的。但這是另一個故事，後面再說。

　　量子力學程序的第一步是，依照一定的規格預備一個物理系統（實驗儀器）。這個系統叫做預備區（region of preparation）。

　　第二步是，預備另一套物理系統，用以測量實驗的結果。這一套系統叫做測量區（region of measurement）。理想上來說，測量區應該遠離預備區。當然，對一個次原子粒子而言，稍微一點宏觀距離已經是很遠了。

　　現在我們就依循這個程序來做雙狹縫實驗。首先，我們在桌上放置一個光源，再放一張布幕，上面有兩條垂直細縫。兩者稍微隔開一點距離。這些儀器所在的地方就是預備區。接下來我們在布幕的另一邊放一張感光板。這裡是測量區。

　　第三步是將預備區的儀器（光和布幕）以及我們知道的事情翻譯成數學術語。測量區的儀器（感光板）亦然。

　　要做這一步工作，我們必先有一些置放儀器的規格。這就表示在實作上我們必須給設置儀器的技師精確的指示。譬如說，我們必須告訴他光和布幕之間確實的距離、光的頻率與強度、布幕上兩條縫的尺寸、兩者的相對位置、相對於光源的位置等。測量區的儀器亦然。譬如說感光板要放在哪裡、要用哪一種底片、如何沖洗等。

　　這一切實驗設計的規格全部翻譯成量子論的數學語言之後，我們再把這些數字全部輸入一個方程式裡面。這個方程式表達的是一個自然因果發展的形式。請注意，這一句話只說有一個發展的形式，並沒有說什麼在發展；因為，實在從來沒有人知道是什麼在發展。量子力學哥本哈根解釋之所以說量子論是完整的理論，其原因在於量子論在每一個可能的實驗情況裡都有效（亦即可以組織經驗，建立其間的關係），而不是說它可以詳細的說明事情怎樣進行。[23]。

23　哥本哈根解釋的核心是互補論（complementarity argument）。根據互補論，當就各個可能的波函數做選擇的時候，其選擇的自由度相當於（至少是包括）一組各種可能的實驗布置的自由度。此所以量子論才能夠涵蓋每一種可能的實驗情況或安排。

（愛因斯坦不滿的就是量子論不能充分解釋事物。因為，量子論只處理群體行為，而非個別事件）。

量子論預測群體事件的時候，確實如物理學家所說的一樣有效。譬如說雙狹縫實驗，量子論在雙狹縫實驗裡就準確的預測了光子紀錄在A區或B區或C區的機率。

量子力學程序的最後一步，當然就是做實驗得出結果。

要應用量子論，物理世界必須分為兩個部分。一個是被觀察系統，一個是觀察系統。被觀察系統和觀察系統與預備區和測量區不一樣。「預備區」和「測量區」這種術語講的是實驗儀器的物理組織。「被觀察區」和「觀察區」則與物理學家分析實驗的方式有關。（順便一提，「被觀察」系統也只有與觀察系統互動的時候才能觀察。並且，就算是這樣，我們能夠觀察的也只限於測量儀器上顯示的事情）。

在雙狹縫實驗裡，光子就是被觀察系統。我們在這個實驗裡捕捉到光子從預備區進行到測量區。凡是量子力學的實驗，被觀察系統四周的環境就是觀察系統──這個環境包括研究這項實驗的物理學家。被觀察系統若是行進的時候不受打擾（「獨自傳播」），就會按照一個自然的因果律發展。這個因果發展律叫做薛丁格波方程式。薛丁格波方程式裡面所放的資料，就是將實驗儀器顯示的數據，翻譯成量子論數學語言之後的數據。

這些已經翻譯成量子論數學語言的實驗規格，每一組都相當於物理學家所說的一個「可觀測象」。只要我們所翻譯的實驗規格得到滿足，那麼可觀測象就是實驗的要點，並且在物理學家也認為是一種固定的，已經決定的性質。對於一個測量區，我們翻譯成數學語言的實驗規格可以有好幾組。每一組相應於一種可能的結果（也就是光子落於A區的可能性、落於B區的可能性、落於C區的可能性等）。

測量區與預備區裡面每一組可能的狀況，其實驗規格在數學裡都相當於

一個可觀測象。[24]。一個可觀測象，在經驗的世界裡，則是實驗規格可能（在我們的經驗中）發生的事件。

換句話說，預備區與測量區之間的被觀察系統所發生的事，要用數學來表達成兩個可觀測象（生產與偵測）之間的關聯（correlation）。然而，我們知道雙狹縫實驗裡的被觀察系統是一個粒子——光子。用另外一種說法來說就是，這兩個可觀測象之間的關係竟然是一個光子。這和「基本粒子」這種積木觀差太多了。幾百年來，科學家一直想把實在界化約成再也無法分解的實體。可是，當他們已經這麼接近目標的時候（光子的確非常「基本」），卻發現基本粒子沒有自己的存在。想一想這多麼令人驚奇！

史戴普在為原子能委員會寫的論文裡說：

> ……基本粒子不是一種獨立存在的，無可分析的實體。本質上，基本粒子是一組向外探觸他物的關係。[ii]

不只這樣而已。物理學家為這樣的「一組關係」構築出來數學圖像，反過來竟然與真正的（物理的），會運動的粒子的圖像很相像。[25]。統御這樣的一組關係運動的方程式，正是統御真實粒子運動的方程式。

史戴普說：

> 可觀測象之間的長程關聯擁有很有意思的性質。統御（長程關聯）這一種效應的傳播之運動方程式，即是自由運動粒子的方程式。[iii]

24　假設 A 和 B 各是一組實驗規格，A 和 B 皆可以翻譯成一個相應的理論描述 &A 或 &B，分別對應於一個可觀測象。可觀測象在數學裡是 &A 或 &B。在我們經驗世界裡，則是符合一定規格的情形下可能（在我們的經驗裡）發生的事情。

25　這時的粒子用波函數來表示。波函數（經過正確的平方，得到一個機率函數之後）幾乎已經具備機率密度函數（probability density function）所有的性質；獨缺一樣，那就是正（positive）性質。

其實自然界裡事物並沒有什麼「關聯」。在自然界裡，事物就是事物，沒有別的，不過週期罷了。「關聯」只是我們用來描述我們所「知覺」的事物的概念。只有人才會有「關聯」這個概念，只有人才會有「關聯」這兩個字。因為，只有人才會用概念和文字。

「關聯」是一種概念。次原子粒子即是種種關聯。如果我們不創造概念，就不會有什麼概念——其中當然包括「關聯」這個概念。一句話，如果我們不在這裡創造粒子，根本不會有粒子！[26]

獨自發展的被觀察系統是量子力學的基礎。「獨自發展」這句話所說的「獨自」指的是我們將預備區與測量區分隔之後所創造的那種「孤立」。我們說這種狀態是「孤立」，但是，事實上又有哪一樣東西是孤立的？或許只有宇宙整體例外。（它能孤立於什麼東西之外呢？）

事實上我們所創造的「獨自」只是一種理想。有的人有一種觀點，認為只有量子力學才能使我們從根本無可分割的整體裡面，將光子理想化出來，然後我們才能研究光子。然而，事實上卻是因為我們研究光子，才使光子與根本無可分割的整體孤立了。

光子不曾獨自存在。真正獨自存在的只有種種關係的網路（各行各色的型態）形成的一個無可分割的整體。個別的實體不過是一種理想，是我們創造的一種關聯。

簡而言之，依照量子力學所說，物理的世界：

……不是由獨立存在的，無可分割的實體築起的結構，而是各個要素之間的關係形成的網路。其中各個要素的意義整個來自於它自身

---

26 從實用的觀點看，除非借用概念，我們無法說世界。然而，就算在概念的世界裡面，粒子也不見得是獨立的存在。粒子只是在理論裡用波函數表示出來的東西。而波函數只有在粒子與（宏觀的）他物的關聯中才有意義。

對於全體的關係。[iv]

這樣的新物理學聽起來像極了古老的東方密教。

動態的（亦即隨著時間而變化的）顯示可能性即是預備區和測量區之間發生的事情。這種事情是根據薛丁格波動方程式產生的。只要是在這種種可能性發展的過程當中，不管是什麼時候，我們都可以判定其中一個發生的機率。

光子落在A區是一個可能性，光子落在B區是另一個可能性。然而，一個光子卻不可能落在A區同時又落在B區。諸種可能性之一成真，其他可能性成真的機率就降為0。

一個可能性怎麼樣才會成真？一個可能性之所以成真，是因為「我們去測量」的關係。因為，測量干涉了可能性發展的過程。換句話說，測量干涉了被觀察系統在孤立狀態中發展的過程。被觀察系統裡面有種種潛勢。這種種潛勢都是孤立狀態的被觀察系統的一部分。我們一干涉（由薛丁格波動方程式統御的）被觀察系統，就會使其中一種成真。譬如說，只要我們在A區偵測光子，光子落在B區等其他地方的可能性就沒了。

預測區和測量區之間種種可能性發展的過程，必須用一種特別的數學實體來表示。這種數學實體物理學家叫做「波函數」；因為，這種函數在數學裡看起來一如波動，不斷變化而又增生。要言之，薛丁格波動方程式統御了（預備區和測量區之間的）被觀察系統（這裡的例子裡是一個光子）在孤立中發展的過程。這個過程以數學的波函數來表示。

波函數是數學上虛構的東西，用來表示被觀察系統一旦與觀察系統（測量儀器）互動之後，被觀察系統的種種可能性。被觀察系統從離開預備區一直到與觀察系統互動之間，不論什麼時候，其波函數的形式都可以經由薛丁格波動方程式來計算。

波函數計算出來以後，我們可以再做一個簡單的數學運算（將其振幅平方），得出另一個數學實體，叫做機率函數（專門一點，就叫做機率密度函數）。這個機率函數告訴我們的是某一個時候各個可能性發生的機率。這種可能性以波函數表示。波函數用薛丁格波動方程式來計算；處理的對象是可能性。機率函數以波函數為基礎；處理的對象是機率。

可能與或然不一樣，譬如夏天下雪，事情可能，但不怎麼或然。若是在南極，那麼夏天下雪不但可能，而且甚為或然。

波函數與機率函數的差別在於，一個被觀察系統的波函數就是一份數學式的目錄。這一份數學式的目錄亦即一種物理描述，說明我們測量一個被觀察系統的時候，這個被觀察系統可能發生什麼事。機率函數則告訴我們這些事件真正發生的機率多大。機率函數說，「這件事（或那件事）有發生的機會。」

本來，被觀察系統一直快快樂樂的依照薛丁格波動方程式在產生各種可能性，可是等到我們一進行測量，也就是想看看有什麼事發生的時候，我們就干涉了被觀察系統獨自發展的過程。這時，所有的可能性──除了一個之外──的機率便變成0。然後，這個可能性──也就是除掉的這一個──的機率就變為1；這意思就是說，這個可能性成真了。

波函數的發展過程有一定的準則，這個發展過程我們用薛丁格波動方程式來計算。由於機率函數以波函數為基礎，所以，可能發生的事情的機率必然也是依據薛丁格波動方程式按一定的過程發展。

因為這樣，我們才能夠準確預測事件的機率。但是我們無法預測事件的本身。我們想要什麼結果，我們可以算出這個結果的機率。可是，我們一旦做了測量，真正的結果就可能是我們要的那一個，也可能不是我們要的那一個。光子可能落在A區，也可能落在B區。根據量子論，哪一個可能性成真純屬偶然。

講到這裡，我們再回到前面的雙狹縫實驗。在這一個實驗裡，我們無法預測光子會落在什麼地方。我們只能計算光子最可能落在何處，第二可能落

在何處，依此類推。[27]

　　現在假設我們在第一條縫和第二條縫都放一個光子偵測器，然後再從光源發射光子。發射以後，第一條縫或第二條縫早晚總會有一個光子通過。這時這個光子有兩個可能，一個是通過第一條縫，第一個偵測器起動。另一個是通過第二條縫，第二個偵測器起動。這兩個可能性不論是哪一個，每一個都已經包含在這個光子的波函數裡面了。

　　姑且讓我們說我們檢查偵測器以後，發現第二個偵測器起動了。我們一知道光子在第二條縫通過，也就同時知道它不在第一條縫通過。換句話說，那個可能性已經不再存在。這樣，這個光子的波函數也就變了。

　　測量之前，這個光子的波函數的圖示有兩個隆起。一個表示光子通過第一條縫，第一個偵測器起動。另一個表示光子通過第二條縫，第二個偵測器起動。

　　我們一偵測到光子通過第二條縫，光子通過第一條縫的可能性即不再存在。這時，圖示裡面表示這個可能性的隆起遂變為直線。這種現象叫做「波函數塌縮」（collapse of the wave function）。

　　照物理學家這麼說，波方程式似乎表現了兩種發展模式，很不一樣。一種是順暢的，動態的。我們可以預測這種發展，是因為這種發展符合薛丁格波動方程式。另一種是突兀的，中斷的（又來了，這三個字）。這種發展模式就是波函數塌縮。波函數的哪一個部分會塌縮純屬偶然。從第一種模式轉移到第二種模式叫做量子跳躍（quantum jump）。

　　量子跳躍不是舞蹈。量子跳躍是，除了實現的那一個之外，波函數其餘的發展象全部塌縮。情形如此，被觀察系統數學上的表示，遂如實的從一種

27　符合規格──只要是可以規畫為密度函數的規格──的機率我們都可以預測。不過，嚴格說來，我們並不能完全的預測機率。我們只能預測兩個狀況（一開始的預備狀況和最後的偵測狀況）之間的轉移機率（transition probabilities）。這兩個狀況都用一個連續函數 x 及 p（位置與動量）來表示

情況跳到另一種情況。此時我們看不到介乎這兩種情況之間的發展過程。

在量子力學實驗裡，被觀察系統從預備區進行到測量區而完全不受干擾的時候，是依照薛丁格波動方程式發展的。這期間，凡是其中可能發生的事都會顯示為發展中的波函數。但是，被觀察系統一旦與測量儀器（觀察系統）互動，這種種可能性之一便實現為真，其餘的則完全消失，不再存在。從這種多面的潛勢轉為單單只有一個實現，就是量子跳躍。

量子跳躍也可以說是從一個理論上無限維度的實在，躍向一個三維的實在。因為，被觀察系統在受到觀察以前，事實上它的波函數一直向著許多數學維度增生。

以雙狹縫實驗裡的光子的波函數來說好了。這個光子有兩個可能性。一個是通過第一條縫，第一部偵測器起動。一個是通過第二條縫，第二部偵測器起動。這些可能性，每一個都要用一個存在於三個維度與一個時間的波函數來表示。這是因為我們的世界本來就有三個維度——長、寬、高——和一個時間的緣故。描述物理事件而想要準確，我們就必須說它在何時何地發生。

要說明一件事情何處發生需要三個「坐標」。假設有一間空房子，裡面飄浮著一個隱形氣球。現在，如果我們想指出這個氣球的所在，我們就必須說，「從某一個角落，沿著某一面牆走5英尺（一維），接著背牆向外走4英尺（二維），那個地方向上3英尺（三維），氣球就在那裡。」每一個可能性都存在於三個維度和一個時間裡。

所以，如果一個波函數說的是兩個粒子的可能性，一個粒子三個維度，那麼這個波函數便存在於六個維度裡。如果一個波函數說的是12個粒子的可能性，那麼這個波函數便是存在於36個維度裡！[28]

28　「一個系統包含 n 個粒子」這種狀態每次都用一個 3n 維度空間的波函數表示。個別觀察這 n 個粒子的每一個，它的波函數便化約成一種特殊形式——亦即 n 個波方程式的產物；這 n 個波方程式每一個都是三維空間。所以，波函數裡面維度的數量是由系統裡面的粒子決定的！

但是，36維空間我們的眼睛是看不到的，因為我們的經驗僅限於三維空間。不過，36個維度是這種情況的數學表達。

此處我們思考的要點在於，在量子學實驗裡，我們一旦做了測量——也就是，被觀察系統一旦與觀察系統互動——我們就會將多維度的實在化約成三維的實在，以便與我們的經驗相容。

譬如說，假設我們計算一個從四個點偵測光子的波函數，這個波函數便是一個四件事同時存在於12個維度的數學實在。原則上，就算是表示無限事件同時存在於無限維度的波函數都是可以計算的。但是，一個波函數不論多麼複雜，只要我們一做測量，我們立刻就會把這個波函數化約成一種與三維現實相容的形式。這種形式也就是經驗現實的唯一形式，瞬間不離，隨時可見。

現在，我們就要問問題了，「波函數到底是在**什麼時候**塌縮的？」所有為被觀察系統而發展的可能性，除了一個之外，其餘的到底是什麼時候消失的？

一直到目前為止，我們都說波函數是有人看著被觀察系統的時候塌縮的。不過這只是種種看法之一（只要討論到這個問題，任何主張都是一種看法）。有人說，波函數是在「我」看著被觀察系統的時候塌縮的。還有人說，波函數是在我們做測量（即使是用儀器）的時候塌縮的。照這個說法，我們在不在現場觀看都不要緊。

假設若實驗的當時沒有人牽涉其中，整個實驗完全自動進行。光源發射光子以後，這個光子的波函數包含光子通過第一條縫，第一部偵測器起動的可能性，也包括通過第二條縫，第二部偵測器起動的可能性。

現在姑且假設第二部偵測器紀錄到光子。

若是根據古典物理學，光源發射的光子確實是一個粒子。這個光子從光源行進到第二部偵測器偵測到它的那一條縫。我們雖然不知道這個光子轉移

時的位置，可是只要我們知道方法，我們自可斷定。

然而根據量子力學，事情不然。光源和布幕之間並沒有一種叫做光子的真實粒子在行進。光子要到第二條縫實現了一個光子，才有所謂光子。那個時候之前，有的只是一個波函數。換句話說，在這之前，有的只是光子在第一條縫實現或者在第二條縫實現的可能性。

依照古典的觀點，光源和布幕之間確實是有一個粒子行進，通過第一條縫的可能性是50/50，通過第二條縫的可能性也是50/50。但是依照量子力學，偵測器起動以前沒有光子，有的只是一個潛勢在發展。光子在這個潛勢裡面會走向第一條縫，也會走向第二條縫。這就是海森堡所說的「介乎可能與實在之間的一種奇異的物理實在。」v

這樣說已經是最清楚的了。將數學翻譯成白話的確不再那麼精確，可是這不是問題。把數學學好一點，依循薛丁格波動方程式，我們看這個現象會比較清楚。不過，不幸的是，看清楚以後反而傷腦筋了。

問題在於我們已經習慣於簡單的看世界。我們習慣於認為一件東西要不就是在那裡，要不就不在。不管我們看著或者沒看著都一樣。我們的經驗告訴我們物理的世界是堅固的、真實的，與我們相互獨立。不過，量子力學卻（輕描淡寫的）說不是這樣。

假設有一個實驗者，他完全不知道實驗是全自動的。他走進屋子裡想看看哪一部偵測器記錄了光子；他看著觀察系統（偵測器）的時候可能看到兩件事情。一個是他可能看到第一部偵測器偵測到光子。另一個是他可能看到第二部偵測器偵測到光子。所以，觀察系統（現在的觀察系統是實驗者）的波函數有兩個隆起，分別屬於兩個可能性。

若從量子力學上來說，這兩種情況在實驗者觀看偵測器之前都是存在的。不過一旦他看到第二部偵測器起動，第一部起動的可能性就消失了。這時，測量系統的波函數上面的這一個部分也就跟著消失。於是，對實驗者而言，第二部偵測器紀錄了光子就是他的實在。換句話說，原來的觀察系統因為實

驗者的關係變成了被觀察系統。

　　現在，假設主控實驗的物理學家進來核對實驗者的觀察所得。他想知道實驗者在偵測器上面看到什麼東西。於他，這時就有兩個可能性。一個是實驗者看到第一部偵測器紀錄了光子，一個是實驗者看到第二部偵測器紀錄了光子。依此類推。[29]

　　到了這一地步，波函數分裂為兩個隆起（每個各代表一個可能性）的情形，已經從光子發展到偵測器、到實驗者、主控者身上。這種可能性的增生便是薛丁格波動方程式統御的發展過程。

　　若是沒有人的知覺，這個宇宙便循著薛丁格波動方程式不斷發生極多的可能性。然而，有了人的知覺，這知覺的效應就立即而且巨大。有了人的知覺，代表被觀察系統的一切可能性，除了一個之外，立刻全部崩潰。而這例外的一個便實現為實在。沒有人知道為什麼所有的可能性會有一個成真而其餘的消失。這種現象只有一個規律，而這個規律卻是統計的規律。換句話說，這個現象純屬偶然。

　　光子、偵測器、實驗者、主控者等的波函數分裂為兩部的情形，叫做「測量問題」（Problem of Measurement），有時候又叫做「測量理論」。[30]假設光子的波函數有25個可能性，那麼，測量系統、實驗者、主控者的波函數也就都有但是25個隆起。這以後我們才有一個知覺，然後波函數才塌縮。從光子到偵測器，到實驗者，到主控者……，我們可以一直這樣持續下去，到最後就是整個宇宙。又是誰在看著宇宙呢？換句話說，宇宙是如何實現的呢？

　　這個問題的答案不過是在繞圈子。誰在實現這個宇宙？答案是：我們在

29　若要看數學上對這種情況簡明的表達，在測量理論（Theory of Measurement）裡，從光子（系統，S）到偵測器（測量儀器，M）到實驗師（觀察者，O）這整個過程可以用一個數學的「句子」表達如下：

$$(\Psi_S^1 + \Psi_S^2) \otimes \Psi_M \otimes \Psi_O \rightarrow \Sigma(\overline{\Psi_S^1} \otimes \overline{\Psi_M^1} \otimes \overline{\Psi_O^1}) + \Sigma(\overline{\Psi_S^2} \otimes \overline{\Psi_M^2} \otimes \overline{\Psi_O^2})$$

30　這裡提出的測量理論主要是紐曼（John von Neumann）1932 年所討論的測量理論。

實現這個宇宙。因為我們是宇宙的一部分，所以宇宙（和我們）都在自我實現。

這樣的思想方向與佛教心理學的某些層面實在很接近。物理學對未來的意識模式必然會有重大的貢獻，這就是其中之一。

量子力學哥本哈根解釋也說了，只要量子力學在所有可能的實驗狀況裡成立（正確的組織經驗，建立其間的關係），我們就不必「躲在後面偷窺到底發生什麼事」。我們沒有必要知道光是如何顯示為粒子又顯示為波。我們只要知道光是這樣，利用這種現象預測機率就夠了。換句話說，量子力學已經統一了光之為粒子與波的這兩種性格。可是這是有代價的，那就是，量子力學不描述實在。

凡是想描述「實在」，這種努力到最後都會轉移到形上思惟的領域。[31]這並不是說物理學家不做形上思惟。很多物理學家都做形上思惟，譬如史戴普就是。

他們是這樣推論的，波函數是量子力學基本的理論量。波函數對可能發生什麼事做一種動態的（波函數會隨著時間改變）描述。不過，波函數到底描述了什麼東西？

根據西方思想，這個世界基本上分為兩面，一是物質，一是觀念。物質面與外在世界有關。外在世界大部分皆視為由堅硬而無反應的材料構成，譬如岩石、金屬等。觀念面則是我們主觀的經驗。歷史上，調和兩者便是宗教的一個課題。主張這種種看法的哲學有唯物論（這是說，儘管我們有一些別的什麼印象，可是這個世界是物質的世界）、唯心論（雖有種種表象，可是這個世界是觀念的世界）。問題是，波函數呈現的是哪一面？

依照史戴普闡釋的正統量子力學觀，答案是，波函數呈現的東西既有觀

31　其實，波函數就是物理學家對於實在界的描述。唯一的問題在於如何解釋波函數，以及波函數是否是所有可能的描述裡面最好的（或者只是唯一適合物理學家用語的一種）。

念的性格，也有物質的性格。[32]

譬如說，波函數所代表的被觀察系統在預備區和測量區之間獨自傳導的時候，會依照一定的規律（薛丁格波動方程式）發展。符合因果律的時間性發展（temporal development）都是物質性格。所以不論波方程式代表的是什麼東西，這個東西就有物質相。

然而，波函數代表的被觀察系統一旦（在我們做測量的時候）與觀察系統互動，就會頓然跳到一種新的情況。這種「量子跳躍」式的轉移都是觀念性格。觀念（譬如事物的知識）的變化可以是中斷式的，並且實際上也是中斷式的。所以不論波方程式代表的是什麼東西，這個東西就有個觀念相。

嚴格說來，波函數代表的是量子力學實驗裡的被觀察系統。用普通話來說就是，波函數所描述的，已經是物理學家所能探索的最根本層次（次原子）的物理現實了。依據量子力學，波函數已經是那個層次的物理現實「完整」的描述。大部分物理學家都認為，除了波函數之外，想對經驗之下的次結構有更完整的描述已經不可能了。

「等一下！」津得微說（他是從哪裡冒出來的？），「波函數的描述由坐標（三、六、九等）和時間構成。這怎麼會是現實的完整描述？我的女朋友跟一個吉普賽人跑去墨西哥，想想看我有什麼滋味？這種事波函數要怎麼說？」

這種事波函數什麼都不說。量子論所謂的波函數是「完整的描述」指的

32　波函數既然是我們了解自然界的工具，當然就是我們思想裡的東西。波函數代表物理系統的某些規格。就科學家與實驗者所同意的，規格是客觀的。然而規格卻離不開思想。再說，一個物理系統可以符合許多組規格；一組規格亦有多個物理系統符合。這些性格都是觀念的性格。這時，波函數雖說是客觀的，可是也以同樣的程度表現了觀念。

可是，這些規格翻譯成波函數之後，波函數卻是依循一定的規律（薛丁格波方程式）發展的。這就是物質面了。那發展的東西所描述的只是機率而已。你可以認為機率描述的是存在於思想之外的事物，也可以認為是只存在於思想之內的事物。因為這樣，所以波函數呈現的就兼具觀念與物質的性格了。

是物理現實的描述。不論我們怎麼看，怎麼想，感覺又如何，波函數只有盡可能完整的描述我們是何時何地做這件事的。

由於我們認為波函數是物理現實的完整描述，又由於波函數描述的東西既近似物質，又近似觀念，所以物質現實必然又近似物質，又近似觀念。換句話說，這個世界必然不是表面上看起來的模樣。不論聽起來多麼不可置信，正統量子力學的觀點得到的正是這個結論。物理世界「看起來」是完全的實存（Substantive，意即由「材料」構成）。但是，就「實存」這兩個字通常的意義（100%物質，0%觀念）而言，物質世界既然有觀念相，就不是實存的。史戴普說：

> 量子力學堅決的認為，對於經驗之下的次結構，要有比量子力學更完整的描述是不可能的。如果這個態度是對的，那麼就實存這一個詞通常的意義而言，實存的物理世界是沒有的。這裡的結論並不是一個保守的結論，說什麼「可能」沒有實存的物理世界；這裡的結論是，根本沒有實存的世界。[vi]

可是這意思也不是說這個世界完全都是觀念。量子力學哥本哈根解釋並沒有走到「幕後才是現實」的地步。不過哥本哈根解釋的確是說這個世界不是表面所見的模樣。哥本哈根解釋說，我們所知覺而認為是物理現實的，實際上是我們對它的認知構造。這個認知構造看起來或許是實存，但是講到物理世界的本身，量子力學哥本哈根解釋則直接了當的下結論說「不是」實存。

這個說法乍看之下實在違背常理，偏離經驗，於是我們便想斥之為象牙塔知識份子的產物。但是，我們實在不應該這麼魯莽。道理如下：

第一，量子力學是一個合乎邏輯，前後一致的體系。它不但內部一致，而且也與一切已知的實驗一致。

第二，我們平常對於現實的觀念與實驗證據不合。

　　第三，這樣看世界的不只物理學家。很多人都有這種看法，物理學家不過是新來乍到。印度教和佛教徒大部分看法近似。

　　所以，就是排斥形上學的物理學家顯然也難以規避。講到這裡，我們與最先下海描述「現實」的物理學家接頭了。

　　到目前為止，我們的討論都是根據量子力學哥本哈根解釋進行的。但是，無可避免的，這個解釋也有瑕疵。它的瑕疵在於測量問題。一個觀察系統進行的那種偵測，必須先使被觀察系統的波函數塌縮，變成物理的現實之後，才能進行。否則「被觀察系統」就只是一大堆不斷繁殖的，依照薛丁格波動方程式所產生的可能性，而不會有物理的存在。

　　但是，艾弗雷特（Hugh Everett）、惠勒（John Wheeler）、葛拉罕（Neill Graham）提出一個理論，用最簡單的方法解決了這個問題。[vii]他們說，波函數是真正的東西。波函數所代表的可能性全都是真的，「全部都會發生」。但是，依照量子力學正統的解釋，一個被觀察系統的波函數所含的可能性只有一個會實現，其餘的則全部消失。但是艾惠葛（艾弗雷特／惠勒／葛拉罕）理論說，這些可能性其實「全部」都實現了，只是在與我們並存的其他世界實現罷了！

　　講到這裡，讓我們再回到雙狹縫實驗。光源發射光子，光子可能通過第一條縫，可能通過第二條縫。第一條縫和第二條縫各置一個偵測器。不過我們這次再加一個實驗程序。這個程序是，如果光子通過第一條縫，我就上樓。如果光子通過第二條縫，我就下樓。這一來就有兩個可能，一個是光子通過第一條縫，第一部偵測器起動，我上樓。一個是光子通過第二條縫，第二部偵測器起動，我下樓。

　　根據哥本哈根解釋，這兩個可能性是互相排斥的。因為，我不可能同時上樓又下樓。

　　但是，根據艾惠葛理論，波函數「塌縮」的時候，宇宙便分裂為二。我

在其中一個上樓，在另外一個下樓。我有兩個版本；各幹各的事，不知彼此。他們（也就是我們）的路途不會交會；因為這兩個世界從原來的世界分裂為二之後，就永遠各成現實的一個分支了。

換句話說，若是根據量子力學哥本哈根解釋，薛丁格波動方程式的發展，產生了無數不斷繁殖的可能性。但是，若是根據艾惠葛理論，那麼薛丁格波動方程式的發展則產生了無數不斷繁殖的「現實的分支」。這個理論要說得恰當的話，就叫做「量子力學的多世界詮釋」（Many World Interpretation of Quantum Mechanics）。

理論上，多世界詮釋的好處是它不需要一個「外在的觀察者」來使波函數其中所含的一個可能性「塌縮」成物理的現實。根據多世界理論，波函數是不會塌縮的。波函數只有根據薛丁格波動方程式發展，不斷分裂而已。這樣的一次分裂裡面，如果有一個意識在場，那麼這個意識也就跟著分裂。它的一部分與現實的一支產生關係，另一個（或者說，其他的）部分與另一支（或者說其他的）現實產生關係。在經驗上，其中每一支現實對另一支現實而言，都是不可接近的。所以其中的意識也就認為自己所在的現實是現實的整體。所以，意識（設若與測量行為有關的話）雖然在哥本哈根解釋裡面居於中心角色的地位，可是在多世界理論裡面，卻是隨便發生的。

然而，對於物理現實各分支之間關係的結構，「多世界」這種描述聽起來有若一種神祕統一觀的定量性翻版。一個集成的系統裡面，每一個次系統的狀態與其他的次系統的狀態都有一個獨特的關聯。（在這一種情形之下，所謂「集成的系統」意指觀察系統與被觀察系統兩者的一種結合。換句話說，被觀察系統的每一個系統的狀態都與觀察系統的某一個狀態有關聯）。

這種情形換一種說法就是，不管是現實的哪一個分支，只要是作為觀察系統與被觀察系統互動的結果而可能向我們「實現」，在多世界理論都只界定為「將代表觀察系統與被觀察系統的波函數解組（decomposing）的一個途徑。根據這個理論，除了實現的這一個之外，其他「可能」由同一個互動產

生的狀態事實上都「真的發生」了，不過只是在其他現實的分支發生罷了。這些現實的分支每一個都是「真的」。我們將全體的波函數解組的一切途徑都是由這些分支組成的。

既是如此，測量問題就不再是問題了。究竟而言，測量問題就是「誰在看這個世界？」不過多世界理論卻說，要使宇宙實現，並不需要先使波函數塌縮。被觀察系的波函數所含的一切互相排斥的可能性，在波函數塌縮的時候，（根據哥本哈根解釋）雖說只有一個實現，但事實上其實都實現了，不過不在宇宙的這個分支罷了。譬如說，在我們的實驗裡，波函數所含的一個可能性在宇宙的這個分支實現（我上樓），另一個可能性（我下樓）則在另一個分支實現。我在這一個分支裡上樓，在另一個分支裡下樓。兩邊的「我」都不知道對方，兩邊的「我」都認為他的分支就是全體宇宙。

多世界理論說，宇宙是有的；凡是能夠將自己解組為可能實在的途徑，這個宇宙的波函數都已經呈現。我們全部已經在一個大箱子裡面，不必再從外面看這個箱子來使它實現。

在這一點上面，多世界理論實在耐人尋味。因為，愛因斯坦的廣義相對論也說我們的宇宙就像一個大箱子；而且，如果真是如此，我們永遠不可能來到「外面」。[33]

「薛丁格的貓」（Schrodinger's Cat）總結了古典物理學、量子力學哥本哈根解釋、量子力學多世界詮釋三者的差異。「薛丁格的貓」是很久以前那個發現薛丁格波動方程式的名人設下的困境：

33　「我們如何將傳統的量子力學公式用在時空（spacetime，譯註：這是指相對論所說的四維空間，不是各別指時間與空間）幾何學之上？這個問題在封閉的宇宙這個情形下特別尖銳。封閉的宇宙這個系統之外沒有一個地方可以讓我們站著來看它。」——艾沫瑞，(Reviews of Modern Physics，29，3，1957，455）

有一個箱子，裡面關了一隻貓。裡面還有一部儀器，可以放出瓦斯，立即將貓殺死。決定這部儀器會不會放瓦斯的是一個隨機事件（一個原子的衰減）。除了向箱子裡面看之外，我們無從知道裡面發生什麼事。箱子現在封起來；實驗開始。一會兒之後，我們知道儀器要不就是已經放出瓦斯，要不就是沒有放出瓦斯。問題是，如果我們不看裡面，那麼裡面到底會發生什麼事。（這使人想起愛因斯坦那打不開的手錶。）

　　若是根據古典物理學，貓要不就是死了，要不就沒死。我們只要打開箱子看看就知道了。可是根據量子力學，事情就沒有那麼簡單。量子力學哥本哈根解釋說，此時貓的情況是一種過度狀態。呈現這種狀態的波函數包含貓死的可能性，也包含貓不死的可能性。[34]我們看箱子以後，這兩個可能性就一個成真，一個消失。這就叫做波函數的塌縮；因為，波函數裡面代表那個未發生的可能性的隆起塌縮了。我們必須向箱子裡面看，才會有一個可能性發生。這之前有的只是一個波函數。當然這樣說其實毫無意義，因為，經驗告訴我們，我們放進去的是貓，實驗之後，裡面還是貓，不是波函數。唯一的問題是貓是死的還是活的。但是，不論我們有沒有看箱子裡面，裡面都是貓。我們就算跑去渡假以後再回來看箱子，對貓而言並沒有差別，它的命運早在實驗開始的時候就決定了。

　　這是一種常識觀。這種常識觀也是古典物理學的觀點。根據古典物理學，我們觀看一件東西因而得知一件東西。但是根據量子力學，我們觀看一件東西，因而才「有」一件東西！所以，貓的命運是我們向箱子裡面看時才決定的。

34　事實上，由於熱力學不可逆轉過程的強大力量，貓這麼大的宏觀物體能不能由波函數呈現是一個問題。不過長久以來「薛丁格的貓」一直都是用來向物理學生說明量子力學那令人心智動搖的一面

　　量子力學哥本哈根解釋和量子力學多世界詮釋都說，對我們而言，貓的命運要到我們向箱子裡面看時才決定。可是看箱子以後會怎樣，兩者的說法卻不一樣；要看我們遵循哪一個解釋而定。

　　若是根據哥本哈根解釋，就在我們向箱子裡面看的那一刻，代表貓的那個波函數所含的可能性之一實現，其餘的消失。貓不是死就是活。若是根據多世界詮釋，就在原子衰減（或者根本就不衰減，看我們說的是現實的哪一個分支而定）的那一刻，這個世界便分裂為兩個，每一個各有一個貓的版本。代表貓的波函數並不塌縮；因為貓既死又活。除了這個之外，就在我們看箱子的那一刻，我們的波函數也分裂為二。一個與貓死的現實分支相連，一個與貓活的現實分支相連。兩者的意識都不知道對方。

　　要言之，古典物理學認為世界是有的，看起來是什麼樣子就是什麼樣子。量子力學則容許我們保留一個可能性，說這個世界不是這樣。量子力學哥本哈根解釋規避了「這個世界真正是什麼樣子」，不做描述，但是卻下結論說，這個世界不論真正是什麼樣子，總不是實存的（一般所說的意思）就是了。量子力學多世界詮釋則說，我們有許多版本同時活在許多個世界，數量無從算起，全部都真的。

　　除了以上這些，關於量子學還有種種解釋。不過都過於乖違。

　　量子物理學實在比科幻小說還要詭異。

　　量子力學是一種理論，也是處理次原子現象的一種程序。一般來說，除了有機會使用精密（而又昂貴）設備的人之外，其他人絕無可能接觸次原子現象。但是，即使是用最昂貴、最精密的設備，我們看到的也只是次原子現象的效應而已。次原子領域超越感官知覺的限度之外（眼睛適應黑暗之後，可以察覺到個別的光子。除此之外，其他的次原子粒子都只能用間接的方法偵測），也超越理性了解的限度之外。當然，關於次原子粒子我們已經建立了理性的理論，不過這個「理性」已經延伸，把以前認為無理或者（至少）

是非難解的理論包括在內了。

　　我們生活的世界，我們這個高速公路、浴室、各種人……的世界，看起來離所謂波函數、干涉的確甚為遙遠。簡言之，量子力學的形上學是從微觀跳躍到宏觀，不過這個跳躍卻沒有證據支持。那麼，這樣的次原子研究的內涵可以應用到大體的世界嗎？

　　答案是，不可以。只要每一個案例我們都必須提出數學證明就不可以。因為，證明又是什麼？證明只證明我們照規矩在玩（規矩到底還是我們定的）。就此處我們討論的事情而言，我們提出的物理現實的性質(1)在邏輯上前後一致，(2)符合經驗，就是規矩。這些規矩並沒有說我們提出的必須有像「現實」的東西。物理學是對經驗做自我一致的解釋。因為要滿足物理學這種自我一致的要求，證明才變成那麼重要。

　　《聖經》新約全書的觀點不一樣。基督復活之後，給多馬（後來便是俗語所說的「多疑的多馬〔Doubting Thomas〕」）看他的傷痕；證明他就是「祂」，已經從死裡復活。但是基督隨即將他的寵愛加在「不看證據」就信他的人身上。[35]

　　沒有證據就接受是西方宗教的基本性格。沒有證據就排斥是西方科學的基本性格。換句話說，西方將宗教歸於心靈，科學歸於心智。但是這個令人遺憾的情形並沒有反映一個事實，那就是，在生理上，心靈與心智缺乏對方都無法存在，兩者人都需要。心靈與心智不過是我們的不同面相而已。

　　這樣說來，誰對呢？耶穌的門徒應該沒有證據就信嗎？科學家還要堅持要證據嗎？這個世界是沒有實質的嗎？這個世界是真的，只不過一直在分裂為無數的分支嗎？

　　物理師父知道，「宗教」和「科學」只是舞碼，人不論相信宗教還是相信科學，都只是舞者。舞者可以說他在追求「真理」，也可以說他在追求「現

35　譯註：「耶穌對他說，……那沒有看見就信的，有福了。」《新約聖經》約翰福音第20章。

實」。不過物理師父比較清楚，他知道，跳舞才是所有舞者的真愛。

部三　吾理

第五章 「我」的角色

　　哥白尼發現地球繞日以前，一般人都認為是太陽——連帶整個宇宙——繞地球而行，地球是一切事物的中心。在這之前，印度人也說人是中心；也就是說，就心理上而言，每個人都是宇宙的中心。聽起來這好像是自我中心，但事實不然。因為，印度的說法認為「每個人」都是神聖的顯化。

　　印度神話有一幅美麗的圖畫，畫的是克里希那王（Lord Krishna）在亞穆納河岸跳舞。月光下，他在中間，一群普羅遮的美好女子在他身邊圍成一圈。她們與克里希那共舞，都愛著他。他在與世界上所有的靈魂共舞——也就是說，人在與自己共舞。與神共舞，與萬事萬物的創造者共舞就是與我們自己共舞。這是東方文學中不斷出現的主題，也是新物理學——量子學與相對論——趨進的方向。

　　相對論的概念是革命性的，量子力學的詭譎則對邏輯構成挑戰，但一個古老的典範就在兩者之間再度現身。我們開始瞥見一個概念的架構。這個架構的形式雖然還很模糊，可是我們每個人都在這個架構裡，對物理現實的創造享有一份生身父母的身份。我們以往那個無能的旁觀者，那個只能看不能做的形象逐漸在消失。

　　我們現在看到的可能是歷史上最吸引人的一項行動。以往，（舊）科學曾經給我們這麼多東西，其中包括在種種的「龐大」事物那看不見的力量之前感到無力感。可是，在粒子加速器有力的低鳴當中，在電腦印表機嘎嘎作響當中，在儀器的移轉跳動當中，舊科學的根基逐漸在崩潰。

　　我們曾經賦予科學高度的權威，可是現在科學卻用這個權威告訴我們說，我們的信仰事實上是誤導了。我們把自己的權威讓渡給科學家了。關於造物、事物的變化、死亡的奧祕，我們把探索的責任全部推給科學家。至於我們自

己，我們給自己的是單調的，不用心的日常生活。我們一直想要否認我們在宇宙中所占的角色，可是這是不可能的。

科學家做好了他們的工作，我們也做好了我們的工作。我們的工作就是在日益複雜的「現代科學」之前，在現代科技越來越蔓延的「專門」之前扮演無能的角色。

可是，經過了300年以後的今天，科學家帶著他們發現的東西回頭了。他們現在跟我們（這些想過到底是怎麼一回事的人）一樣的疑惑。

「我們不確定，」他們說，「但是我們已經累積了一些證據，知道了解宇宙的關鍵就是『你』。」

這個說法和我們300年來看這個世界的方式不只不一樣，而且是完全相反。科學建立在「心」（in here）和「物」（out there）的區別之上。可是這種區別現在模糊了。科學家利用「心」和「物」的區別發現「心」和「物」這種區別是不存在的。這真令人迷惑！不但是在哲學指向，而且也在嚴格的數學指向之上，「物」的事情顯然要依靠我們「心」的決定來進行。

新物理學告訴我們，觀察者不可能看到事物而不改變事物，「觀察者與被觀察者相關」是真實而且根本的。這種相關的本質到底如何並不清楚，不過有越來越多的證據顯示，「心」與「物」的區別是一種假象。

量子力學的概念架構有大量的實驗資料支持。這樣的概念架構使現代物理學家講起話來好像在說神祕學語言，即便是對物理學毫無所知的人聽起來還是有這種感覺。

接觸物理世界的途徑是經驗。一切經驗的總支配者是「我」。經驗事物的就是這個「我」，簡單的說，我們經驗的不是外在的現實，而是我們與外在現實的「互動」。這就是基本的「互補」（complementarity）假說。

互補是波耳發展出來的概念，用以說明光的波粒二象性。到目前為止還沒有人想出比他更好的概念。互補論說，波性與粒子性是互相排斥的，或者說，是光的互補相。兩者雖然總是互相排斥，可是要了解光卻缺一不可。兩

者之所以總是互相排斥，是因為光一如其他任何東西，不可能是波同時又是粒子。[36]

　　為什麼同樣一個光，卻兼具波行為和粒子行為兩種互相排斥的屬性呢？是因為，這兩種屬性就是我們與光互動的屬性。看我們做的是哪一種實驗，我們便使光顯現哪一種屬性。如果我們想使光顯示波性，我們就做產生干涉的雙狹縫實驗。如果我們想使光顯示粒子性，我們就做產生光電效應的實驗。我們如果想使光同時顯示波屬性和粒子屬性，我們可以做亞瑟・康普頓（Arthur Compton）的實驗。

　　1923年，康普頓玩了全世界第一次次原子粒子撞球遊戲。他在這個過程中證明了愛因斯坦建立17年之久的光粒子論。他的實驗在概念上不難，只要對電子發射X射線就可以。我們都知道X射線是一種波，可是令人驚奇的是，它卻像粒子一樣敲擊出電子。換句話說，它的行為就像粒子一像。譬如說X射線射出去以後，若是與電子只是擦撞，那麼這個X射線就只是稍微偏離路徑而已；可是若是與電子正面相撞，那麼就會偏離得很嚴重。這時的X射線就要喪失大量的動力能。

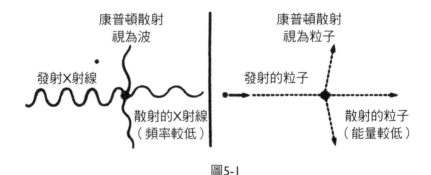

圖5-1

36　若看個別事件，光一直都是粒子。至於波的行為，我們偵測到的總是統計型，也就是干涉。但是，用狄拉克的話來說，即使是單個次原子粒子——譬如電子——也會「與自己互相干涉」。為何會「與自己互相干涉」，這是量子的一個基本難題。

康普頓只要測量X射線碰撞前和碰撞後的頻率，就可以告訴我們X射線喪失多少能量。差不多正面相撞的射線撞擊後的頻率比之撞擊前低到令人注意。這就表示射線撞擊後的能量比撞擊前少。所以，康普頓的射線撞擊電子就好比撞球互撞一樣。

康普頓的發現與量子論有密切的關係。如果普朗克未曾發現頻率越高能量越高的基本規律，康普頓就無法揭露X射線的粒子行為。這個規律使康普頓得以證明X射線在粒子式的撞擊下失去了一些能量（因為，X射線的頻率撞擊後比撞擊前低）。

康普頓實驗概念上的疑難，使我們知道波粒二象性是如何的深入量子力學裡面。他測量電磁放射線——譬如X射線——的頻率之後，證明電磁射線具有粒子性格。當然，「粒子」是沒有頻率的，波才有頻率。為了紀念X射線所發生的這些事，康普頓發現的現象就叫做康普頓散射（Compton scattering）。

簡單的說，我們可以用光電效應顯示光是粒子，可以用雙狹縫實驗顯示光是波，也可以用康普頓散射顯示光既是粒子又是波。這兩者是光的互補相，要了解光，缺一不可。如果你只問光是粒子還是波是沒有意義的。光的行為是粒子還是波，要看我們做的是哪一種實驗而定。

把粒子的光和波的光結合起來的是做實驗的「我們」。我們在雙狹縫實驗裡所見光的波的行為並不是光的屬性，而是我們與光互動的屬性。同理，我們在光電效應裡看到的粒子性格也不是光的屬性，而是我們與光互動的屬性。不論是波行為還是粒子行為，都是「互動」的屬性。

既然粒子行為和波行為只是我們賦予光的屬性，又既然我們認識到，（如果光的互補性正確的話）這些屬性並不屬於光，而是屬於我們與光的互動，那麼事情就變成獨立於我們之外的屬性是沒有的。這一來，因為通常我們說一件東西沒有屬性，就等於說它不存在，所以接下來下一個邏輯就無法避免，那就是，沒有我們，光就不存在。

把我們通常歸之於光的屬性轉移到我們與光的互動，這就剝奪了光的獨

立存在。沒有我們，或者從含義上說，若不與事物互動，光就不存在。不過這只是事情的一半，故事還沒有說完。故事的另外一半是，同理，如果沒有光，或者從含義上說，若不與事物互動，我們就不存在。波耳說：

……一般物理意義之下的獨立現實既不能賦予現象，亦不能賦予觀察機關。[i]

所謂「觀察機關」，他指的可能是儀器，而不是人。但是：從哲學上來說，互補性將導向一個結論，那就是，這個世界不是由事物組成的，而是由種種互動組成的。屬性屬於互動，不屬於獨立自存的事物——譬如「光」。波耳以這樣的方法解決了光的波粒二象性問題。等到波粒二象性發現是一切事物的特質之後，這種互補性的哲學意義就更加彰顯了。

從我們一開始講量子力學的故事以來，故事是這樣進行的：1900年，普朗克研究黑體輻射之後，發現能量的吸收和釋放都是成捆的。這成捆的能量，他稱之為量子。在這之前，科學家一直認為放射能——譬如光——是波。那是因為，湯瑪斯·楊1803年的實驗（雙狹縫實驗）顯示光產生干涉，而只有波才會產生干涉。

愛因斯坦受到普朗克發現量子的激勵，便運用光電效應闡明了他的理論，也就是，不但能量吸收和釋放的過程是量子化的，就是能的本身也是以某種大小的包裝出現。這一來，物理學家便是面臨了兩組互相排斥的實驗（可以一再重複的經驗），似乎彼此證明對方錯誤。這就是量子力學基本的波粒二象性，非常有名。

可是當物理學家還在想辦法解釋為什麼波會是粒子的時候，一個年輕的法國王子德布羅意（Louis de Broglie）丟下了一個炸彈，一舉掃平了古典觀點的殘餘。他說，不但波是粒子，而且粒子也是波！

德布羅意（包含在他的博士論文裡）的觀念是說，凡是物質皆有與之「對應」（correspond）的波。這個觀念不只是哲學的思惟，而且已經是數學的思惟。德布羅意運用簡單的普朗克方程式和愛因斯坦方程式，構成了他自己的方程式。[37]這個方程式決定「對應」於物質的「物質波」的波長。這個方程式說的事情很簡單，粒子的動量越大，其對應波的波長就越短。

這個方程式說明了宏觀世界之所以看不到物質波的原因。以我們眼睛所能見的最小物質為準，這樣的物質雖然那麼小，可是其相應的物質波與它相較之下還是小到難以想像，所以其物質波的效應可以不計。可是，話說回來，我們一旦深入次原子——譬如電子——這麼小的東西的時候，它的大小比起它的對應波的波長仍然還是小了很多！

在這種種情況之下，物質的波行為應該會很清楚，物質的行為與我們習慣上所想的「物質」的行為應該也不一樣才對。事實也是如此。

德布羅意提出這個假說才不過兩年，實驗者戴維森（Clinton Davisson）與他的助手格默（Lester Germer）就在貝爾電話實驗室以實驗證明了這個假說。戴維森和德布羅意雙雙榮獲諾貝爾獎，不過物理學家仍然不只得解釋為什麼波是粒子，而且還得解釋為什麼粒子是波。

戴維森－格默實驗很有名，不過卻是事出偶然。這個實驗顯示電子由晶體表面反射回來的一種情形。這種情形只有在電子是波的情況下才能解釋。不過，電子當然是粒子。

電子繞射（electron diffraction）從字面上看顯然予盾，不過在今天已經是一個平常的現象。一束電子從小孔——譬如金屬箔片上面原子之間的空隙——射過的時候，會像光束一樣的產生繞射。這些空間都和電子的波長一樣大，或者比較小。（說來荒謬，「粒子」本來是沒有波長的。）若是照傳統的說法，電子不可能產生繞射，可是實情卻是產生繞射了。下面就是電子繞射的照片。

---

37 普朗克方程式：$E=h\nu$，愛因斯坦方程式：$E=mc^2$，德布羅意方程式：$\lambda=h/mv$

圖5-2[38]

由波組成的光行為開始像粒子的時候，我們已經夠手足無措了，等到本來是粒子的電子行為開始像波的時候，事情就無法忍受了。

不過，量子力學對這件事情所作的揭示仍然是一齣高度懸疑的戲；以前是，現在還是。海森堡說：

> 我還記得我與波耳（1927年）討論的情形。我們討論了好幾個小時，一直到深夜才在幾近絕望中結束。我一個人走到公園裡散步，心裡一直在想一個問題，那就是，自然界於我們還有比這些原子實驗更荒謬的嗎？[ii]

然而後來的實驗卻顯示不只次原子粒子有對應的物質波，連原子和分子都有。唐納‧休斯（Donald Hughes）有一本開拓先鋒的著作，叫做《中子光學》（*Neutron Optics*）。他先為粒子與波的合併提出有力的宣言，然後德布羅意王子的論文才使它誕生。其實，理論上，每一種東西——棒球、汽車、人

38　把這張照片拿在你的正前方，你所看到的，就是一股電子束（這是一股「觀點束」）從中間的亮處直直朝著你射來。繞射物質就在亮處這個地方。（這張照片的電子束是經由微小的黃金顆粒射出來的；也就是說，電子束是由一片很薄的多晶體線〔polycrystalline〕金箔射過來。）照片上的光環是電子束撞擊到底片的地方。底片位於金箔的一邊，電子的來源位於另一邊。照片中間的亮處是沒有繞射的電子造成的。這些未繞射的電子在透射束裡通過金箔直接撞擊在底片上面。

等——都有一種波長，只不過因為這些波長太小，看不見而已。

德布羅意自己也沒辦法詳細說明自己的理論。他先預言物質——譬如電子——有波的一象，而後戴維森－格默實驗才證實他的預言。他的方程式甚至還預言這些物質波的波長。可是，這些波到底是什麼東西，沒有人知道（現在還是沒有人知道）。他說這些波是與物質「對應」的波，可是到底何謂「對應」，他也沒說。

這樣說來，一個物理學家預言了一件事情，並且還建立了一個方程式來說明這件事情，可是卻不知道自己說的是什麼東西，這樣行得通嗎？

行得通。羅素（Bertrand Russell）說：

數學可以界定為不知道在說什麼，也不知道說的對不對的學科。[iii]

因為這個道理，所以量子力學雖然不曾說明世界「到底」是什麼樣子，而且只預測機率而不預測真實事件，可是哥本哈根的物理學家還是接受量子力學，認為它是完整的理論。他們之所以接受量子力學，認為它是完整的理論，是因為量子力學能夠將經驗組織起來，建立正確的關係。量子力學是經驗關聯之學。甚至，依照實用主義的看法，一切科學莫不如是。這其中，德布羅意的方程式正是把經驗組織起來，建立了正確的關係。

德布羅意藉湯馬斯・楊（雙狹縫實驗）和愛因斯坦（光子論）兩位天才合併波和粒子，使「波粒二象」這個難題見光（噓！）。換句話說，他整合了能量的量子本質與波粒二象性這兩個最具革命性的物理現象。

德布羅意是在1924年提出物質波理論的。量子力學就在此後的三年之內具體發展為今天的樣子。牛頓物理學、單純的想像、常識等，這樣的世界消失了。一個新的物理學已經成形，它的原創性與強大，震撼人心。

有了德布羅意的物質波，接下來就是薛丁格波動方程式。

薛丁格（Erwin Schrodinger）是維也納的物理學家。他覺得，同樣是看待原子現象的方式，德布羅意的物質波比起波耳的行星模型要自然的多了。波耳的模型比較僵硬，球形的電子在幾個一定的層次上繞著核子旋轉；由一個層次跳到另一個層次時便放射光子。波耳的模型可以解釋很簡單的原子的色彩光譜，可是為什麼每一層殼所包含的電子數都有一定，不多也不少，他卻不著一言一語。除了這一點之外，他也未曾說明電子是如何跳躍的（譬如說，電子在殼與殼之間是什麼樣子）。[39]

德布羅意的發現激勵了薛丁格，於是他便假設電子並非球形物體，而是種種型態的駐波（standing waves）。

玩過晒衣繩的人都知道駐波。（見圖5-3）把繩子的一端綁在柱子上面，另一端拿在手上，拉緊這條繩子，這時繩子就不再有任何波動，不論行波（traveling wave）還是駐波都沒有。現在，我們的手飛快的抖一下，這時繩子上便出現一個向下的隆起向繩子的另一端傳去，到達另一端的柱子以後便倒轉過來，變成向上，再傳回來。這個行走的隆起就是行波（圖5-3A）。把幾種隆起陸續加在繩子上面，我們便能夠建立駐波的種種型態。圖示所見只是其中幾種。

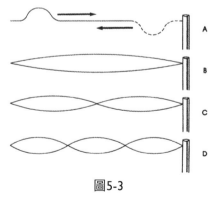

圖5-3

39　不過，正確一點說，薛丁格的理論也沒有說明電子跳躍的情形。事實上他並不喜歡「跳躍」這個觀念。

最簡單的駐波是圖圖5-3B的一種。這種駐波是由兩個行波重疊而成。這兩個行波一個是直接的,一個是反射的,兩者進行的方向相反。繩子會動,可是駐波的型不會。駐波最寬之處的兩點是「固定」的,兩端的點亦然。這兩端的點叫做波節(node)。最簡單的駐波有兩個波節,一個在我們手上,一個在繩子所綁的柱子上面。這些固定的型態——也就是行波的種種重疊方式——就是駐波。

繩子不論是長是短,它的駐波數量一定是整數的。這就是說,繩子的駐波型會是一個駐波,會是兩個駐波,會是三個、四個、五個……,可是不會是1.5個或者2.25個。駐波必然將繩子分成等長的幾段。換句話說,如果我們想增減繩子的駐波數,只能以整數為之。這意思就是說,繩子的駐波數只能片斷式(又來了!)的增減。

甚而,駐波的大小也不是隨隨便便的。駐波的大小很嚴格,只限於把繩子等分的長度。駐波的實際大小當然要看繩子多長而定。但是,不論繩子多長,能把它等分的長度還是那幾個。

不過這些都是1925年的故事了。播吉他弦會在弦上產生駐波,向風管裡面吹氣會在裡面產生駐波,這些都是老生常談了。新的故事是薛丁格發現,駐波和原子現象一樣,都是「量子化」的。事實上薛丁格根本就說電子就是駐波。

這種話乍聽之下很神奇,細心想來卻不然。不過在當時的確是天才手筆。這裡請先想像一個電子循軌繞核子而行。電子每繞一週,就前進(離開核子)一段距離。這個距離的長度是一定的,正如繩子的長度是一定的一樣。同樣的道理,這個距離長度之上形成的駐波的數量一定是整數,不會是分數。(至於這個距離是什麼東西的距離,則依然無解。)

薛丁格認為,這些駐波每一個都是電子!換句話說,他認為,電子就是一段一段的振盪,兩頭由波節拘住。(見圖5-4)

但是,到目前為止,我們所說的駐波只是直線上的駐波;譬如晒衣繩、

吉他弦等。可是，事實上，駐波也會發生在他種媒介上面，譬如水。現在假設有一個水池，這個水池是圓的。我們將一個石頭投到水池中央。這時從石頭入水的地方就會有波放射出來，水池的邊再把這些波反射回去（有時不只一次）。這時這些反射的行波就會互相干擾，造成一種很複雜的駐波型；這就是我們的老朋友——干涉。

一個波的波峰和另一個波的波谷相遇的時候，兩者會互相抵銷，因此互交線上的水面也就很平靜。這些平靜的地帶就是分隔駐波的波節。在雙狹縫實驗裡，光帶與暗帶交替出現的圖形當中，暗帶就是波節。光帶就是駐波的波峰。

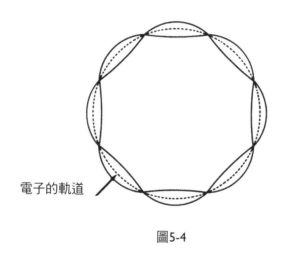

電子的軌道

圖5-4

薛丁格用水盆做模型來解釋原子的性質。水盆裡的水干涉現象錯綜複雜。他說，若有一個原子相當於水盆大小，這個水盆便是這個原子裡面電子波的「類比」。

（波耳的原子模型）這個富於天才而又有點人為的假設由德布羅意
波現象的一個比較自然的假設取代了。波現象構成了原子真正的
「體」。在波耳的模型裡，電子擁簇在原子核四周，德布羅意的波

現象則取代了這些點狀的電子。[iv]

　　晒衣繩的駐波有長和寬兩個維度。水或者——譬如——康加鼓這種媒介有長、寬、高三個維度。氫是最簡單的原子，只有一個原子，可是當薛丁格用他的方程式分析氫原子時，單單氫原子他就計算出一大堆可能發生的，各種形狀的駐波。繩子上所有的駐波形狀都一樣，可是原子的駐波不然。原子的駐波都是三個維度，形狀都不一樣。有的像幾個同心圓放在一起，有的像蝴蝶，有的像曼陀羅[40]。見圖5-4。

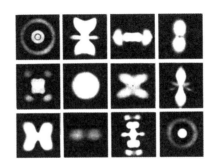

圖5-5

出自哈維・懷特的《現代大專物理學》（*Modern College Physics*，1972）。[41、42]

　　薛丁格發現這些之前不久，另外一個奧地利物理學家保利已經發現原子裡的電子都不一樣。一個原子之內，一個電子若帶有某一組屬性（量子數），這個電子便排除其他帶有相同一組屬性（量子數）的電子的存在。因為這個

40　譯註：mandala，梵語，義為平坦。表平等，周遍十法界之意。此處指畫成圖畫的曼陀羅。

41　這些照片都是氫原子各種電子狀態的機率密度分布（probability density distribution）的機械擬樣。換句話說，這些機械擬樣表示的是，當電子在其中一種狀態（這裡列出的只是一小部分）時，若想尋找點狀的電子，我們最可能在什麼地方找到。其實一開始的時候，薛丁格根本認為電子是假裝成這種種形態的核成子雲。

42　「量子跳躍」可以說就是由其中一種圖像轉移到另一種，而沒有任何介乎其間的東西。

道理，保利的發現就叫做保利相斥原理（Pauli exclusion principle）。用薛丁格駐波論的話來說，保利相斥原理意思就是，一個原子裡面一旦形成一種駐波型，其他的駐波型便悉數排除。

用保利的發現修正之後，薛丁格波方程式告訴我們，波耳的能量層（能階）或外殼上面，最低的一層只會有兩種波型，所以也只會有兩個電子。第二能階會有八種駐波型，所以第二能階只會有八個電子，依此類推。

這些電子數與波耳的模型賦予能階的電子數完全一樣。在這一點上，波耳的模型與薛丁格的完全一致。然而，除此之外，兩者卻有一個重大的差異。

波耳的理論完全是經驗的。這就是說，他依據實驗上觀察到的事實建立理論來解釋這些事實。薛丁格不一樣，他依據德布羅意的物質波假說建立他的理論。他的理論不只提出一些數學值，後來都經實驗證實；而且還為這些數學值提出了前後一致的解釋。

譬如說，因為每一個能階的駐波型（種類）數量都有一定，所以每一個能階的電子數也都有一定。一個原子的能階只會從一定的值跳到另一個一定的值，因為只有具有某些一定維度的駐波會在這個原子形成，其他的不會。

不過，薛丁格雖然確定電子就是駐波，卻不知道是什麼東西在波動。不過他確信是有東西在波動。這個東西，他以希臘字母「Ψ」（psi）代稱。（所以，「波函數」和「Ψ函數」是一樣的東西。）[43]。

使用薛丁格波方程式的時候，只要將我們所研究的原子的性質輸入其中，我們就會知道這個原子的駐波型在時間中演化的情形。假使我們依照初始狀

---

[43] 薛丁格起初將電子解釋為駐波時未能經得起檢驗，最後只好放棄。然而，過不了多久，「以波函數代表被觀察系統（並按照薛丁格波方程式發展），再以這個波函數為基礎建立機率」的概念卻變成研究原子的基本工具；他的波方程式也成為量子論不可或缺的一部分。但是，由於薛丁格波方程式不是相對論性的，所以對高能狀態無效。因此，高能粒子物理學家都用 S 矩陣（S Matrix）計算轉移機率。（S 矩陣理論將在後面討論）。

態準備一個原子，然後讓它獨自傳導。這時，這個初始狀態就會在時間中發展成種種駐波型。這些駐波型發展的秩序是可以計算的。物理學家計算駐波型的秩序的時候，使用的工具就是薛丁格波方程式。換句話說，一個原子裡面駐波型的發展過程都是一定的。有什麼初始狀態，就有什麼駐波型依照薛丁格波方程式一個接一個出現。[44]

薛丁格波方程式對於氫原子的大小也有前後一致的解釋。依照薛丁格波方程式，一個具有一個電子和一個質子——我們所說的氫就是這樣——的系統，在其最低能量狀態時，它的波型只有在一個與最小波耳軌道的直徑相等的球形上，才會有一個可知道的量。換句話說，這一個波型的大小正好與氫原子的基態相等！

但是，薛丁格波動力學儘管已經成為當今量子力學的支柱，可是，當波理論無法產生恰當的結果的時候，物理學家仍然還是要利用波耳次原子現象模型幾個有用的層面。一有這種情形，物理學家就重新用「粒子」思考，不再用「駐波」思考。在這件事（波）上面，沒有人可以說物理學家不隨「波」逐流。

薛丁格相信他的方程式說到了真正的事情，而不只是數學的抽象。他認為電子是隨著波型向外散播為稀薄雲狀。不過，這種景象如果僅限於一個電子的氫原子，還容易想像；因為氫原子的駐波只有三個維度（長、寬、高）。可是，如果是兩個電子的原子，它的駐波就存在於六個數學維度。如果是四個電子的原子，它的駐波便存在於十二個維度；依此類推。這樣的圖像想像起來就傷腦筋了。次原子現象這個新的解釋遇到了這樣的困難。

就在這個時候，德國物理學家玻恩（Max Born）為這個解釋補上了最後一筆。根據他的看法，這種波我們必須用想像，也有可能想像。因為，這種波**不是**真正的東西，而是**機率波**（probability waves）。

44　這個過程要到這個傳導系統遭遇到測量工具，與之互動之後才會停止。這種互動會使這個傳導系統突然的、預料之外的轉移到另一個狀態（這就是量子跳躍）。

116

> ……事件的整個過程都由機率律決定。在那樣的空間狀態上有一個
> 明確的機率對應著。這個機率是與這個狀態相關的德布羅意波賦予
> 這個狀態的。ᵛ

要獲得一個狀態的機率（機率），我們應該將與這個狀態相關的物質波的振幅平方。

至於德布羅意方程式和薛丁格方程式到底是真的表示了真實事物，還是只表現了抽象，對玻恩而言很清楚。對他而言，想到一件真實事物而卻認為它存在三維以上的空間，實在毫無意義。

> 我們只有兩個可能性，一個是採用三維空間的波……一個是留在三
> 維空間，但是放棄「作為正常物理量的振幅」這個簡單的圖像，代
> 之以純粹抽象的數學概念……而這個概念我們是進不去的。ᵛⁱ

他其實正是這麼做的。「物理，」他說，

> 其本質是不定的，所以也就是統計學的。ᵛⁱⁱ

其實，波耳、克拉瑪、斯萊特以前所想的正是同樣的觀念（機率波）。但是，這一次，用德布羅意和薛丁格的數學，算出來的數字就對了。

玻恩對於薛丁格理論的貢獻在於，他使量子力學能夠預測機率。由於將相關於一個狀態的物質波的振幅平方便得以建立該狀態的機率；又由於只要知道初始條件，用薛才格方程式便得以預測這些物質波的演化過程，所以，兩者相合便可以斷定機率的演化過程。只要設定初始狀態，不論這個狀態是什麼，物理學家都可以據此預測我們在某一時間與某一地方觀察到一個被觀

察系統的機率；不論這個「某一時間」、「某一地方」是什麼時間、什麼地方皆然。不過，雖然如此，我們會不會在這個狀態觀察到被觀察系統仍然純屬偶然——就算這個狀態是當時最可能的狀態亦復如是。換句話說，量子力學的「機率」是在一種初始狀態（而非他種初始狀態），在一時一地（而非他時他地）觀察到一個被觀察系統的機率。[45]

　　量子力學的波象（波的一面）就是這樣發展的。波有類粒子性格（普朗克、愛因斯坦）；同理，粒子也有類波性格（德布羅意）。事實上粒子確實可以用「駐波」來理解。只要知道初始條件，用薛丁格波方程式就可以計算各種型態的駐波的演化過程。將物質波（波函數）的振幅平方，就可以得出對應於這個物質波的那個狀態的機率（玻恩）。所以，只要運用薛丁格波方程式和玻恩的很簡單的公式，我們就可以由初始條件計算出一連串的機率。

　　講到這裡，從伽利略的落體實驗出來，我們已經走了一段很長的路。這條路上，每一步都使我們走到更為抽象的層次。起先是創造沒有人見過的東西（譬如電子），到最後是根本放棄一切希冀想像我們的抽象的企圖。

　　然而，問題是，就人性而言，我們無法停止想像抽象。我們會一直問，「這些抽象講的是什麼？」然後，不論這些抽象是什麼，我們便開始用視覺來想像。

　　前面，我們摒棄了波耳用以描述原子的行星模型，答應說後面會來看看「當今的物理學家怎麼想原子」。好的，是時候了。可是這個工作實在棘手。因為，我們之所以輕易的放棄原子的舊圖樣，是因為我們認為代替這個舊圖樣的，會是一個同樣清晰，但比較有意義的圖樣。可是，事情發展至今，我們的新圖樣已經完全沒個樣子。我們的新圖樣是一個無法視覺化的抽象。這

45　假設我們在 $\Psi(t)$ 狀態準備一個初始狀態，那麼，我們在 $\phi(t)$ 狀態觀察到它的機率是 。在 $\triangle \; |\langle\Psi(t)|\phi(t)\rangle|^2$ 區於時間 t 觀察到它的機率是 $\Delta \int_{\triangle}^3 \times \Psi^*(x,t) \times \Psi(x,t)$

就叫人難過了。因為，這提醒我們，原子決計不是「真實的」事物。從來就沒有人——沒有任何人——看過原子，原子是假設的實體。物理學家構造這個實體為的是要能夠理解實驗的觀察所得。然而，我們已經習慣於「原子是一種東西」這種觀念，所以我們已經忘記原子只是一種觀念。不過現在物理學家告訴我們，原子不只是一個觀念，而且還是一個無法想像（成畫面）的觀念。

但是，物理學家用英文（或德文、丹麥文）講數學實體的時候，對不懂數學的行外人而言，他們的話總是因為有限度，而使人心裡產生圖像。所以，這樣嘮叨的說明為什麼原子無法想像之後，我們終究還是要來說明今天的物理學家如何描繪原子了。

原子包含核子和電子。核子位於原子的中央，體積只占原子的一小部分，可是質量幾乎占原子的全部。這樣的核子與行星模型的核子沒有兩樣。至於電子，電子一般都在核子的總區域裡面運動，這一點與行星模型也一樣。不過，在今天物理學家的模型裡，電子卻可能在「電子雲」（electron cloud）的任何地方。電子雲是核子四周種種駐波做成的。這些駐波並不是物質；而是「能」（potential）的種種型態。物理學家由構成電子雲的駐波的形狀，就知道在電子雲裡某一處發現電子的機率。

簡而言之，現在的物理學家一樣認為原子是中間有核子，核子四周有電子環繞。不過情形已經不再像一個「小太陽系」那麼簡單。電子雲是一種數學的概念。物理學家建造這個概念為的是組織經驗，使經驗產生關係。原子裡面可能存有電子雲，可能沒有，這一點誰都不知道。可是我們確實知道從電子雲的概念可以產出在核子各處發現電子的機率；並且，這些機率也由經驗斷定為正確。

就這一點而言，電子雲好比波函數。波函數也是一種數學的概念。物理學家建造這個概念為的是要組織經驗，使經驗產生關係。波函數可能「真的存在」，也可能不「真的存在」。（這種說法是假設思想與物質之間有一種

「質」的差別來說的，這種假設不見得好。）可是波函數的概念無可否認的產出了以一種狀態預備一個系統之後，在某一時間，於某一狀態觀察到該系統的機率。

電子雲和波函數一樣無法想像。因為，一個電子雲若是含有一個電子（譬如氫原子的電子），這個電子雲便是存在於三個維度。但是，除了氫原子之外，其他的電子雲都不只一個電子，所以也不只存在於三維中。譬如說，碳原子是很簡單的，只不過6個電子。可是，環繞其核子的電子雲便存在於18個維度。鈾有92個電子，所以鈾的電子雲存在於276個維度。（同理，一個波函數就其代表的每一個粒子而言皆有三個維度。）這種情形若要用心來想像，顯然想不清楚。

這種紛亂是想用有限的概念（語言）描述沒有局限的狀態的結果。此外，這種紛亂也表示「我們實在不知道」隱形的次原子領域到底有什麼事在進行。用愛因斯坦的話來說就是，這些模型都是「人類心靈自由創造出來的」。我們創造這些模型為的是要滿足我們內心理性的組織經驗的要求。這些模型無非都是在猜測那打不開的手錶裡面「到底」有什麼事在進行。如果我們真認為這些模型說出了什麼事實，那就誤人了。

事實上，年輕的德國物理學家海森堡早就認定我們「絕對」不可能知道隱形的次原子領域到底有什麼事在進行；所以，我們應該「放棄所有的念頭，不要想再建立什麼模型來認知原子的過程」了。[viii]根據他的理論，只有能夠直接觀察的事物處理起來才會正確。一個實驗，我們只知道它的開頭和結果。至於這兩個狀況——這兩個可觀測象——之間到底發生什麼事，則純屬思惟。

1925年，25歲的海森堡開始發展一套將實驗數據組織成表列式的方法。他和德布羅意以及薛丁格差不多同時各自發展了這種方法。他很幸運。因為，早在66年以前，愛爾蘭數學家漢彌耳頓（W·R·Hamilton）就已經發展了一套將實驗數據組織成列陣（array）的方法。這種方法叫做矩陣（matrix）。當時大家認為他的矩陣不過屬於純數學的邊緣。可是又有誰知道，他的矩陣會

像預鑄的模板一樣，在20世紀一舉契入一個革命性物理學的結構當中？

使用海森堡這些數學表的時候，只要查閱或者由其中計算，就能夠知道相關於什麼初始狀態會有什麼機率。

這個方法海森堡稱之為矩陣力學（matrix mechanics）。不過，我們只用這個方法來處理物理的可觀測象。可觀測象指的是一個實驗上我們所知的開頭與結果的事情，至於開頭與結果之間有什麼事我們則不臆測。

這樣，25年來物理學家一直努力在追求一個新的理論，以代替牛頓的物理學，可是這時候卻突然發現自己面對了兩個截然不同的理論。兩者處理的事物一樣，可是各自都是一種獨特的方法。其一是薛丁格波動力學，以德布羅意的物質波為基礎；另一是海森堡的矩陣力學，以次原子現象的無可分析為基礎。

海森堡發展了矩陣力學之後不到一年，薛丁格就發現矩陣力學在數學上其現實當於他的波動力學。由於這兩個理論都是研究次原子很有價值的工具，所以物理學家便將兩者結合，成為一支新的物理學，是為量子力學。

海森堡後來將矩陣力學用在高能粒子物理學的粒子碰撞實驗上。由於這種碰撞的結果總是產生粒子的散射，所以物理學家又稱之為散射矩陣（Scattering Matrix），簡稱S矩陣。

今天的物理學家在做量子力學實驗的時候，可以有兩種方法來計算實驗的開頭與結果之間的轉移機率。第一個是薛丁格的波動方程式，第二個是S矩陣。薛丁格波動方程式描述機率在時間上的發展。在一個量子力學實驗中，我們一旦做了測量，這種種機率裡面的一個便突然實現，這是薛丁格波動方程式。至於S矩陣，S矩陣是直接指出實驗的兩個可觀測象之間的轉移機率，不說時間上的發展，也不說沒有時間的發展等，什麼都不說。這兩個方法都有效。[46]

---

46 不過，由於薛丁格波動方程式是非相對論的，所以在高能無效，在低能有效。所以，大部分粒子物理學家有時候會將 S 矩陣與局部相對論性量子場（local relativistic quantum fields）

　　但是，海森堡將矩陣力學引進新物理學固然重要，可是他的第二個發現卻是動搖了「精準的科學」的基礎。他證明，在次原子領域裡，所謂「精準的科學」這種東西是沒有的。

　　海森堡這個重大的發現是，我們人有一些限制，無法在同一時之間測量自然的過程而都很準確。這種限制並不是我們的測量儀器在本質上很笨拙，或者我們所要測量的實體太小而產生的，而是自然界呈現的方式有以致之。換句話說，我們一旦跨過那樣一個曖昧不明的障礙，就只有進入不確定的領域。因為這個道理，海森堡的發現後來就叫做「測不準原理」（uncertainty principle）。

　　測不準原理告訴我們，我們只要一步一步的深入次原子領域，最後必然會到達一個點，在這個點上，我們對於自然界所建立的景象其中一部便開始混亂；想把這一部弄清楚，就必然把另一部弄混亂。這種情形絕對無法避免。這就好比調整一張動來動去，稍微逸出焦點之外的照片一樣。我們以為調整好了，可是卻發現照片右邊雖然清楚了，左邊卻模糊了。把左邊調清楚，右邊又模糊了。想在兩邊取一個平衡，結果是兩邊都看不出是什麼東西，原先的模糊不清就是除不掉。

　　我們就用這個例子來說明測不準原理。在測不準原理原始的構造裡，照片的右邊就相當於一個運動粒子的空間位置，左邊就相當於這個粒子的動量。這樣，根據測不準原理，我們沒有辦法同一時間準確的測量這個粒子的位置與動量。這兩個屬性我們越是準確斷定其中之一，另外一個就越不清楚。如果我們準確的斷定了粒子的位置，我們對它的動量便「一無所知」。如果我們斷定了它的動量，我們便無法斷定它的位置。這話聽起來真奇怪，可是確實是如此。

―――――――

　　併用，以了解夸克（quark）與粒子。

　　為了要說明這種奇怪的情形，海森堡建議我們假設我們有一部超解析度的顯微鏡，這一部顯微鏡的解析度好到可以看到電子在循軌運動。由於電子實在太小了，所以我們的顯微鏡不能使用普通的光線照明。因為，普通光線的波長太長，所以「看」不到電子。這就好比插在水中的一根細柱子影響不了很長的海浪一樣。

　　譬如說，我們抓著一根頭髮在燈光下對著牆壁照的時候，牆上不會有清楚的黑影。這是因為相對於這個光的波長而言，頭髮實在太細了，所以光便不受頭髮的阻礙，繞過去了。所以，如果我們想看見一個東西，我們就必須擋住我們用來看這個東西的光。換句話說，我們必須用波長比這個東西小的光來照這個東西。因為這個道理，所以在我們想像的顯微鏡裡，海森堡便用伽瑪射線來代替普通的可見光。伽瑪射線是已知光線裡面波長最短的，用來看電子最好。與伽瑪射線那麼短的波長相比，電子就變得很大。這樣電子就能夠擋住一些伽瑪射線。於是（我們假想它）在牆上形成一個影子。以上，我們找到了電子的位置。

　　問題在於，根據普朗克的發現，伽瑪射線既然波長比可見光小很多，那麼所含的能量必然也比可見光大很多。我們用伽瑪射線撞擊這個想像的電子的時候，固然是將電子照出來了，可是不幸的是，照出了電子也就將它撞出軌道之外了。撞出軌道之外，也就改變它的方向與速度（兩者總和就是動量），而改變的情形無可預料也無可控制。（一個是粒子，一個是波。兩者彼此彈射的角度沒辦法計算的。）簡而言之，我們只要是用波長短到可以照出電子的光來照出電子的位置，也就同時改變了它的動量，而它改變的情形是無法判斷的。量子物理學就在這種情形下進場了。

　　唯一的方法可能是使用低能光。可是，低能光卻使我們回到了原來的問題。凡是光的能量低到不會打擾粒子動量的，波長也都長到無法照出電子的位置。所以說，對於一個運動的粒子，我們無法「同時」知道它的位置與動量。凡是想觀察電子，這種舉動都會改變電子。

在次原子領域，我們無法觀察一件東西而不改變這件東西，這就是測不準原理的根本意義。所謂獨立的觀察者站在旁邊看著自然界按著過程走過去而不影響它，這種事情是沒有的。

就一種意義而言，這種話無足驚奇。要一個人回頭看我們，盯著他的背後看就得了。這沒什麼好驚奇的。這是一個好方法；我們都知道。可是往往我們雖然知道一件事，可是如果別人告訴我們有一件事可能與這件事相抵觸，我們常常就開始不相信自己知道的這件事。古典物理學是以這樣的假設為基礎，那就是，現實獨立於我們之外，在時間與空間之內，嚴格的依照因果律走著它的過程。我們不只能夠悄悄的觀察現實，而且還可以應用因果律從初始條件預測現實的未來。就這一點而言，海森堡的測不準原理十足令人訝異。

如果沒有初始位置與動量，我們便不能把牛頓的運動定律用在個別的粒子上面。但是，測不準原理告訴我們的，正好就是我們無法斷定粒子的位置與動量。換句話說，牛頓的運動定律300年來一直是物理學的基礎；可是，在次原子領域裡，我們對粒子永遠沒有辦法了解到可以運用牛頓運動定律的方式，連在原則上都沒辦法。牛頓的運動定律不適用於次原子領域（連他的概念都不適用）。[47]假設現在有一束電子，那麼，量子論可以預測這些電子在某一個時候，在某一空間可能的分布情形。但是量子論沒有辦法預測其中單個電子的方向；連在原則上都沒有辦法。準此，「因果的宇宙」（causal universe）這個觀念遂在測不準原理之下整個崩潰。

47　其實嚴格說來，他的運動定律在次原子領域裡面並沒有完全消失；作為運算方程式用的時候還是有效的。另外，在某些次原子粒子的實驗裡，要描述其中所發生的情況時，他的運動定律亦可以視為相當接近。

在相關的文字裡面，波耳曾說，由於其本質的關係，量子力學使我們：

> ……最後不得不放棄古典的因果理想，大幅度的修正我們對於物理現實問題的態度。[ix]

然而，測不準原理還有一個令人驚訝的意義。因為，位置、動量這些概念都與我們所謂的「運動粒子」這個觀念有密切的關係。我們一直以為我們能夠斷定運動粒子的位置與動量，但如今知道我們事實上沒有辦法。這時候我們便不得不承認，所謂的運動粒子，不論事實上是什麼東西，都不會是我們心目中的「運動粒子」。因為，如果真是運動粒子，就會有位置與動量。

玻恩說：

> ……假設這兩個屬性（擁有明確的位置與明確的動量）我們永遠只能決定一個，又假設我們決定了一個以後，對另一個卻毫無主張，（我們目前為止的實驗都是如此），那麼我們就沒有道理下結論說，我們所檢視的「東西」可以按「粒子」這個名詞通常的意義說它是粒子。[x]

不論我們是在觀察什麼東西，這個東西都可以斷定是動量，或者位置可以斷定。但不論是前者還是後者，我們要在某一時要哪一個清楚顯示，都必須經由我們選擇。這意思就是，說到「運動粒子」，我們永遠看不到它們「真正」的樣子，我們只能看到我們選擇的樣子！

海森堡說：

> 我們觀察的不是真正的自然界，而是顯現在我們問問題的方法之下的自然界。[xi]

　　測不準原理冷酷的使我們明白與我們周遭的世界隔離的「吾理」是沒有的，測不準原理質疑「客觀」現實的存在，「互為關聯的諸粒子」的概念以及互補性等也都在質疑。

　　桌子現在翻了。「精確的科學」原本研究的是客觀的現實；這個客觀的現實放著我們盡人事聽天命，不管我們關心不關心，一概照著既定的方向走去。可是現在不了，科學，在次原子層次上，不再「精確」。主觀與客觀的區別已經消失。我們自始就知道，展示宇宙的窗口事實上就是這些弱小的，被動的「我」。譬如我們──無足輕重的我們──就是。我們是證人，看著宇宙顯現。「大機器的齒輪」現在變成了「宇宙的創造者」。

　　新物理學要是會把我們帶到什麼地方，那就是把我們帶回到我們自己身上。這也是當然，因為，我們只有這個地方能去。

部四　無理

第六章　初心

　　無理的重要性再怎麼說都不誇張。我們經驗的事情越是「無理」，我們就越清楚的體驗到我們自設的認知結構界限。我們對現實總是施加種種預定的模式，凡是不符合這些模式的，我們就認為「無理」。但是，事實上除了這個說「無理」無理的心智之外，實在別無「無理」之物了。

　　真正的藝術家和物理學家都知道，所謂無理只不過是事物從現在的觀點看起來無可捉摸罷了。無理之所以無理，只不過是因為我們還沒有找到使事物有理的觀點而已。

　　一般而言，物理學家不會無理的處理事情。他們過的職業生活是以精心建立的思路思考事物的。不過，他們一方面精心建立思考途徑，一方面並不懼於闖入無理，闖入連傻瓜都會說是有理的事物。這就是創造的心靈的記號。可是，事實上這根本就是創造的過程。創造的過程，特徵在於一種堅定不疑的信心，相信總有一個觀點可以看到「無理」事實上完全不無理——觀諸事實還真是如此。

　　在物理學界——其他領域亦然——對創造過程感到最快活的，就是徹底掙脫已知事物限制的人。他們掙脫已知事物的限制，越過已知事物的障礙，深入尚未探索的領域。這種人有兩個特徵，其中一個是擁有小孩子一般如實的看世界的能力。他不照我們對世界所知的來看世界。（童話？）故事「國王的新衣」講的就是這個。故事裡面，國王裸體騎馬從街上走過的時候，只有一個小孩子說他沒有穿衣服，其他的大臣因為別人告訴他們國王穿著新衣，所以就一定要自己認為國王穿著一件上好的新衣。

　　我們心中的這個小孩子永遠都很天真，感覺很單純。明治時代的南院師父有一次泡茶招待一位教授。這位教授來問師父禪宗的問題。他往教授的杯

子倒茶，滿了還一直倒。教授在旁邊看著，終於按捺不住。

「滿了，不要倒了！」

「你就像這個杯子一樣，」師父說，「裝滿了自己的看法和理論。如果你不先倒光你的杯子，我又怎麼讓你懂禪呢？」

我們的杯子往往都裝滿了「常識」、「明確的」，所謂「自明的」東西，一直裝到杯緣。

美國的第一所禪學中心是鈴木老師創立的（當然，他毫不刻意，這一點很禪宗）。他告訴門徒說，悟道不難，維持初心才難。「初學者心裡有很多可能性，」他說，「專家心裡的可能性就少了。」他死後，他的門徒出版了他的言論集，書名就叫作《禪心，初心》。美國的禪師貝克老師在引論中說：

> 初學者的心是空的，沒有專家的種種習慣，隨時都可以接受，懷疑；隨時向一切可能性開放……[i]

在科學上，愛因斯坦和他的相對論最能夠說明初心。本章的主題即是相對論。以上是創造心靈的第一個特徵。

真正的藝術家和科學家第二個特徵是對自己信心堅定不移。這種信心是一種內心力量的表現，這種內心力量使他們把話說出來，使他們確信自己「是世人搞不清楚，不是他們搞不清楚」的認識沒錯。最先把人類懷抱了幾百年錯覺看穿的人當然是孤獨的。從洞察的一刻開始，他——只有他——看到了那個明確無疑的事物；而那個明確的事物在不解者（除了他之外的世人）看來，依然是無理，瘋狂，或者竟是異端邪說。他這種信心不是傻蛋的固執。他肯定自己知道的東西，也知道自己可以用一種有意義的方式把這個東西傳達給別人。

作家亨利・米勒（Henry Miller）說：

> 我就是隨著我的本能和直覺走，事先什麼都不知道。事情我要是不
> 懂，我就放著。我知道不久我就會了解，我會明白其中的意義。我
> 相信的是那個寫的人，那個作者，那個我自己。[ii]

民歌手包布・狄倫（Bob Dylon）有一次在記者招待會上說：

> 我連自己要說什麼都不知道。但是我就是把歌寫出來，心裡知道不
> 會錯。[iii]

這種「信」，在物理學界，量子理論就是一個例子。1905年那個時候，光是一種波現象是公認的光理論。可是，雖然如此，愛因斯坦仍然提出論文說光是一種粒子現象。海森堡這樣描述當時這一個令人迷惑的情形：

> （1905年的時候）光既可以依照馬克士威的理論解釋為由電磁波組
> 成，也可以（依照愛因斯坦）解釋為由光量子——高速通過空間的
> 能束——組成。可是，如果說兩者都成立，可能嗎？愛因斯坦當然
> 知道眾所皆知的繞射現象和干涉現象只有用波才能解釋。這種波與
> 「光量子」觀念之間完全矛盾他無從爭論，他連這一個解釋的前後
> 不一都不想消除。他就是認為這個矛盾過一些時候就能夠了解。[iv]

後來事情果然是這樣。愛因斯坦的論文最後導出波粒二象性，然後從波粒二象性才出現量子力學。就是因為量子力學——我們已經知道——才出現一種看待現實和我們自己的方法，與我們習慣的大大不同。愛因斯坦以相對論著稱，不過得諾貝爾獎卻是因為討論光的量子性質的論文。這就是相信無理的好例子。

這樣的話，有理無理或許只是觀點的問題吧！

「且慢。」津得微打斷我的話說，「我叔叔魏喬志老是認為自己是足球。我們當然知道這沒道理。不過他卻說我們瘋了。他很肯定自己是足球。一直在說。換句話說，他對自己的無理很有信心。這樣他會成為大科學家嗎？」

不會。魏喬志有一個問題。首先，只有他自己有這種觀點。再來，沒有其他觀察與他的觀點有關。而只有這個與其他觀察者相關的觀點，才能使我們探觸到愛因斯坦狹義相對論的核心。（愛因斯坦創造了兩個相對論，一個是狹義相對論，一個是廣義相對論。廣義相對論是後來者。本章和下一章討論的是狹義的相對論。）

狹義相對論更多是關於什麼是絕對的，而不僅僅是相對的。它描述了物理現實的相對面向如何隨不同觀察者的觀點而變化（實際上是根據它們相對於彼此的運動狀態而變化），但在這過程中，它也定義了物理現實中不變的絕對方面。

狹義相對論並不是說一切事物都是相對的。狹義相對論說的是「外觀」（appearance）相對。一把尺（物理學家說是「桿」）在我們而言是1英尺長，在（很快）從我們面前通過的觀測者而言卻只有10英寸長。一個小時對我們而言是一個小時，對（很快）從我們面前通過的觀測者而言卻是兩個小時。我們只要知道我們相對於這個觀測者的運動，就可以用狹義相對論判斷我們的桿和時鐘對他而言是怎樣。同理，這個觀測者只要知道他相對於我們的運動，就可以用狹義相對論判斷我們的尺和時鐘對我們而言是怎樣。

假設我們在這個觀測者通過我們面前的時候做實驗，那麼，我們和他都會看到這個實驗。不過，因為我們用我們的桿和時鐘，他用他的桿和時鐘，所以我們和他紀錄的時間和距離都不一樣。然而，我們可以運用狹義相對論將這些實驗數據置換到對方的參考架構當中。這樣，我們得到的數字最後就都一樣。所以，在本質上，狹義相對論說的不是相對事物，而是絕對事物。

不過，狹義相對論的確告訴我們事物的外觀如何要視觀測者的運動狀態而定。狹義相對論告訴我們，（一）一個運動體在它的運動方向上，速度越

高，量起來就越短；等到到達光速，就完全消失。（二）一個運動物體速度越高，它的質量量起來越高；等到到達光速，它的質量就變為無限。（三）一個時鐘運動的速度越快，就走得越慢；等到到達光速，就完全不再走動。

不過這一切都是對一個對他而言這物體是運動的觀測者而說的。若是對一個隨著這個物體運動的觀測者而言，那麼這個時鐘就走得很準，一分鐘滴滴答答60秒；沒有什麼東西變短，什麼質量變高。除了這些之外，狹義相對論還告訴我們，時間和空間並不是有所分別的兩件東西。時間和空間兩者合成時空（space-time）。質量和能量實際上也不是不同的東西。質量和能量是質能（mass-energy）這種東西不同的形式。

「這是不可能的！」我們叫了，「說什麼物體的速度增加，它的質量就會增加；長度變短，它的時間就慢下來。這是胡說八道。」

我們的杯子滿出來了。

事實上這些現象在日常生活裡面是看不出來的。因為，要看見這些現象，速度必須到達接近光速（每秒18萬6000英里）。所以，這些效應在宏觀世界的緩慢速度當中實際上是偵測不到。假如偵測得到的話，那麼我們就會發現高速公路的汽車走的時候比停止的時候短，比停止的時候重，車上的時鐘比停止的時候慢。事實上，如果是一個熨斗，我們還會發現這個熨斗熱的時候比冷的時候重（因為能量有質量，而熱就是能）。

至於這一切愛因斯坦是怎麼發現的，這是另一個「國王的新衣」了。

面對當時的兩大疑難，只有愛因斯坦用初心來看。其結果就是狹義相對論。這兩個疑難，一個是光速的恆定。一個是不論在物理還是哲學上，我們都不確定所謂移動或不移動是什麼意思。[48]

---

[48] 愛因斯坦狹義相對論的起點是由古典相對論與馬克士威所預測的光速 c 兩者的衝突開始的。大家常常愛說一個故事，說愛因斯坦想像以光波的速度前進會怎樣。譬如說，愛因斯坦看到以光速前進的時候，時鐘的指針看起來是靜止的。因為，指針的光波趕不上他的速度。

　　「等一下，」我們說，「這有什麼好不確定的？假設我坐在椅子上，一個人從我面前走過。那麼，這個人在運動，我不在運動，這有什麼好不確定的？」

　　「不錯，」津得微應聲而出，說，「可是事情沒有那麼簡單。假設你是坐在飛機上面，從你面前走過的是空中小姐。又假設我在地上看著你們兩個。在你看來，你是靜止的，空中小姐是運動的。可是在我看來，我才是靜止的，你們兩個都在運動，事情要看你的參考架構而定。你的參考架構是飛機，我的參考架構是地球。」

　　不錯，津得微找問題還是很準。不過，遺憾的是他還是沒有解決問題。因為，地球根本就不是靜止的。地球不但像陀螺一樣在軸心上自轉，而且地球和月亮還沿著一個重力中心，以每秒18英里的速度繞日而行。

　　「當然，這樣說沒錯，」我們說，「不過這不公平。因為，對我們住在地球上的人而言，地球並沒有在動。地球只有在我們把參考架構改到太陽的時候，才是在運動。如果我們要玩這個遊戲，那麼整個宇宙就找不到『靜止』的東西。從銀河系的觀點看，太陽在動。從另一個銀河的觀點看，我們的銀河系在動。再從另一個銀河系的觀點看，這兩個銀河系都在動。事實上從以上任何一個的觀點看，其他幾個都在動。」

　　「說的好，」津得微笑著說，「說到要點了。絕對靜止，毫不含糊不動的東西是沒有的。運動或不運動總是相對於別的東西來說的。我們是不是在運動端看我們用什麼參考架構而定。」

　　但是，我們現在討論的並不是狹義相對論，我們現在討論的是伽利略相對論原理（relativity principle）的一部分。伽利略相對論原理已經有300年以上的歷史。不管什麼物理理論，只要和津得微一樣承認偵測絕對運動與絕對非運動有困難，就是相對論。相對論認為，相對於他物的運動或不運動是我們唯一能夠判斷的運動。除此之外，伽利略的相對論原理還說，力學定律在所有一致相對的參考架構（物理學家說是「坐標系」）之上都成立。伽利略的相對論原理認為，在宇宙另一處，存有一個力學原理完全成立的參考架構；

也就是說，存有一個實驗與理論完全相符的參考架構。這一個參考架構叫做「慣性」參考架構。所謂慣性參考架構，意思只是其中力學定律完全成立的參考架構。然而，相對於一個慣性參考架構而運動一致的其他參考架構，也都是慣性參考架構。那麼，既然力學定律在所有的參考架構都成立，這就表示我們沒有辦法用力學實驗分別出一個參考架構與另一個參考架構。

　　彼此相對而一致運動的參考架構就是以恆定的速率和方向運動的坐標系；換句話說就是以一個恆定的速度運動的參考架構。譬如說，假設我們不小心在書架上掉下一本書，這本書依照牛頓重力定律直直往下掉，掉在它落下處的正下方。這時我們的參考架構就是地球；而地球是以一個神奇的速率在它繞日而行的旅行中運動著，但是這個速率是恆定的。[49]

　　再假設我們是在一列走得相當平滑的火車上掉了一本書，這列火車以恆速前進。這樣的話，書本掉落的情況完全一樣。這本書依照牛頓的重力定律直直落下來，落在它掉落之處的正下方。當然，這一次我們的參考架構是火車。因為這一列火車在與地球的關係上速率前後一致，既不增加也不減少；又因為地球在與火車的關係上運動情況亦然，所以這兩個參考架構相對於對方都是一致運動，所以力學定律在這兩個參考架構裡面都成立。在這一情況下，哪一個參考架構在「運動」就沒有關係了。一個人不管在哪一個架構裡，他可以認為自己在動，另一個架構靜止（火車在動，地球靜止），也可以認為自己靜止，另一個架構在動（火車靜止，地球在動）。就物理學的觀點而言，兩者沒有差別。

　　可是，如果我們做實驗的時候，火車突然加速，那會怎樣？這樣的話，當然一切都變了。書本還是會掉在地板上，可是落點會在稍微後面的地方。因為，就在書本還在空中的時候，火車已經在它下方向前運動了。這種情形，火車在對地球關係上並非一致運動，所以就不適用伽利略的相對論原理。

49　不過，雖然我們無法直接經驗，可是地球的軌道運動一直在加速。

　　假設所有牽涉到的運動都一致的相對，那麼我們便可以把一個參考架構裡知覺到的運動，換算為另外一個參考架構的運動。譬如說，假設我們站在海岸邊，有一艘船以30英里的時速從海上駛過。這個時候，這艘船是一個相對於我們的，一致運動的參考架構。現在假設這艘船上有一個乘客站在甲板上，由於他是站在甲板上不動，所以他的速度跟船一樣，也是時速30英里。（從他的觀點看，我們亦是以30英里的時速從他身前經過。）

　　現在假設這個人以3英里的時速向船頭走去，這樣的話，相對於我們而言，他的速度就變成每小時33英里。因為，船以每小時30英里的速度載著他向前走，他自己走路時速3英里，加起來就是33英里。（我們生活中實際的例子就是，坐手扶梯的時候一邊同時向上走，上樓上得比較快。）

　　現在反過來假設這個人在甲板上向船尾走，他的速度相對於船而言還是3英里，這樣的話，他的速度相對於海岸而言就變成27英里。換句話說，要計算這個人相對於我們速度多少，方法就是，如果他在船上與船同方向前進，我們就把他的速度加在他的坐標系（船）的速度上面。

　　如果是反方向，我們就從他的坐標系的速度減去他的速度。這種計算法叫做古典轉換（伽利略轉換）。我們只要知道我們的兩個參考架構的一致相對運動，就可以把這個乘客在他的坐標系的速度（時速3英里），轉換成他在我們的坐標系的速度（時速33英里）。

　　這種參考架構對參考架構的伽利略轉換，高速公路上面實例所在多有。假設我們從高速公路上開著車子以75英里的時速前進，另外一部卡車以相同的速度從對面開過來。這時來做一個伽利略轉換的話，我們就可以說，相對於我們，這部卡車是以150英里的速度向我們接近。正面相撞的車禍往往這麼慘烈就是這個道理。

　　現在假設有一部汽車追過我們，與我們同方向前進，時速110英里（這是一部法拉利）。那麼，做個伽利略轉換的話，我們就可以說，相對於我們，這部法拉利正以35英里的時速離開我們。

古典力學的轉換規則是一種常識。這樣的轉換規則說，我們即使無法斷定一個參考架構是不是絕對靜止，但是，只要參考架構之間相對於對方是一致運動，我們就可以把一個參考架構的速度（和位置）換算為另一個參考架構的速度（和位置）。除此之外，伽利略相對論原理（伽利略轉換是由這裡產生的）還說，力學定律只要在一個參考架構成立，那麼在任何一個相對於它一致運動的參考架構也就成立。

不過，此中有詐。因為，很不幸的，到目前為止，還沒有人發現力學定律在哪一個坐標系成立。[50]

「什麼啊！沒有道理！不可能！」我們叫了。「那地球呢？」

不錯，最先研究力學定律的，伽利略是第一人。他無意識的用了地球做參考架構。（「坐標系」觀念一直到笛卡兒才出現。）然而，我們現在的測量儀器比起伽利略當時準確多了。當時的伽利略有時候還用脈搏做測量呢！（這就表示，如果測量的時候他很興奮，他的測量就不準了。）我們重做伽利略的落體實驗的時候，不管什麼時候，我們總是發現實際結果與理論上應有的結果有出入。這種出入是由地球的轉動而起的。坐標系只要是緊緊貼在這個地球上的，力學定律在它就不成立。這是冷冰冰的真理。地球不是慣性參考架構，從來沒有人發現古典力學定律完整彰顯的坐標系。開端如此，貧乏的古典力學定律遂無家可歸了。（就這麼說吧！）

就物理學家的觀點而言，這種情況使我們亂成一團。一方面，古典力學定律在物理學不可少的。可是在另一方面，這些定律卻是依據一個連不存在都有可能的坐標系測定的。

這個問題與「相對」有關。「相對」就是如何以精密的方法斷定絕對非運動（absolute non-motion）。如果我們能夠偵測到絕對非運動這種東西，那麼，緊搭於其上的坐標系就是我們尋覓已久的慣性參考架構。力學定律在這

50　但是，固定的星辰因為遠到可以界定為不轉動，所以提供了這一種參考架構。

個坐標系裡面將完全成立。這樣的話，那一團亂就全部釐清了。因為，既然有一個參考架構古典力學定律成立，那麼不管這個參考架構是哪一個，古典力學定律終究有了一個永久地址。物理學家不喜歡沒有最後肯定的理論。在愛因斯坦之前，偵測絕對運動（或絕對非運動——先發現哪一個，就會發現另外一個），以及尋找慣性坐標系的問題，至少可以說是無法最後肯定。古典力學的結構整個是以這一個事實為基礎，那就是，「在某處」「總會」有一個參考架構古典力學定律成立。由於物理學家找不到這一個參考架構，所以古典力學一直像沙灘上的城堡。

　　包括愛因斯坦在內，都沒有人找到絕對非運動，但是找不到絕對非運動確實是當時的物理學家關切的一件大事。當時另外一個大問題（普朗克發現量子姑且不論）是光那種難以理解的、不合邏輯的性格。

　　物理學家在光速實驗的過程中發現一件很奇怪的事情。那就是，光速完全不受古典力學轉換定律的影響。當然，這毫不合理。可是，一次又一次的實驗卻證明是這樣沒錯。光速是物理學家遭遇過的最無理的事情。因為，光的速度從來不變。

　　「光速永遠以相同的速度前進，」於是我們問了，「這有什麼好奇怪的？」

　　「天啊，天啊，」一個憂憤的物理學家大約在1887年說了，「你們就是不了解。問題在於，不管是什麼測量條件，觀測者怎樣運動，光的速度永遠是每秒18萬6000英里。」[51]

　　「這有什麼不好嗎？」我們開始感覺事情奇怪了。

　　「不只不好而已，」物理學家說，「因為這根本不可理喻。你看，」他

51　這是在真空而言。在其他物質裡面，光速依照物質的折射指數而變化，公式是：

$$C\,物質 = \frac{C}{折射指數}\text{。}$$

讓自己鎮靜下來說話。「假設我們站著不動，我們前方有一盞燈，也不移動。這盞燈一次一次的亮起來。然後我們測量這個光的速度。你認為我們測到的光速是多少？」

「每秒，」我們說，「18萬6000英里。」

「沒錯！」物理學家說，他那看穿一切的表情讓人不安，「現在假設這盞燈還是靜止不動，但是我們以每秒10萬英里的速度向這盞燈走去。這樣，我們測出來的光速會變多少？」

「每秒28萬6000英里，」我們回答，「那是光速再加上我們的速度。」（這就是典型的伽利略轉換。）

「錯了！」物理學家叫說，「問題就在這裡。事實上這一次光速還是每秒18萬6000英里。」

「等一下，」我們說，「這不可能。你是說如果這盞燈靜止，我們向這盞燈走去，這時候我們測到的光子的速度跟兩者都靜止的時候一樣？這不成立啊！光子發射的時候，速度是每秒18萬6000英里。如果我們向這盞燈走去，它的速度量起來應該更快。換句話說就是它發射的速度加上我們的速度，也就是18萬6000加10萬，等於每秒28萬6000英里。」

「不錯，」我們的朋友說，「可是沒有。光的速度量起來還是每秒18萬6000英里，就好像我們還是靜止不動一樣。」

沈靜了一會以後，他說：「現在假設一種相反的情況。假設這盞燈還是靜止不動，但我們反方向以每秒10萬英里的速度離開這盞燈，這時光子的速度量起來是多少？」

「每秒8萬6000英里？」我們心裡抱著希望說，「也就是光的速率減去我們離開光子的速率？」

「又錯了！」我們的朋友說，「應該是，可是沒有。光子的速度量起來還是每秒18萬6000英里。」

「這叫人無法相信。你的意思是，不論燈和我們都靜止的時候，或是燈

不動而我們向燈走去，還是燈不動我們反方向走開，燈發射出來的光子的速度量起來都一樣？」

「沒錯！」物理學家說，「都是每秒18萬6000英里。」[52]

「你有證據嗎？」我們問他。

「真不幸，」他說，「我有。美國物理學家亞伯特・邁克遜（Albert Michelson）和愛德華・莫雷（Edward Morley）剛剛完成了一次實驗，證明光速恆定，完全不受觀測者運動狀態的影響。」

「不能發生這種事，」他歎口氣說，「可是卻發生這種事。完全不合理。」

邁克遜－莫雷實驗匯合了絕對非運動和光速恆定這兩個問題。邁克遜－莫雷實驗（1887年）是一個殘酷的實驗。所謂殘酷的實驗，意思是說，這個實驗決定了一個科學理論的生死。當時，這個實驗檢證的是以太理論。

以太理論是說，整個宇宙充滿了一種看不見的、無臭無味、沒有任何屬性的物質；這種東西之所以存在，純粹只是為了讓光有東西可以傳導。這個理論說，既然光像波一樣的進行，那麼必然就有一樣東西波動，這種東西就是以太（ether）。以太理論是人類最後一次企圖用解釋一種「東西」來解釋宇宙。用東西（譬如「大機器」）來解釋宇宙是機械觀的特性。我們說機械觀，指的就是牛頓以降一直到19世紀中葉全部的物理學。

---

52 相反的情況（觀測者靜止不動，光源移動）可以用前相對論物理學（pre-relativistic physics）來解釋。事實上，如果把光認為是一種波現象，由波方程式統御，那麼我們可以「期待」量出來的速度是獨立於光源的速度之外的。譬如說，從噴射機發出的聲波就不受它的影響。聲波不管飛機的運動（聲源移動的時候，頻率會變——此即都卜勒效應），從起點以一個速度在媒介（大氣）中傳導。前相對論物理學假設的是波是在一個媒介（在聲波是大氣，在光波是以太）中傳導。問題在於，我們已經測出光速不受觀測者移動影響（邁克遜－莫雷實驗）。換句話說，如果假設光波是在一個媒介中傳導，那麼我們又如何能夠通過這個媒介，向傳過來的光波前進而又不增加它測得的速度？

照以太理論所說，以太四處皆有，物物皆有。我們在以太之海生活，也在以太之海做實驗。對於以太而言，即使是最堅硬的物質也像海綿一樣；海綿多孔質而易於吸水，而即使是最堅硬的物質也像海綿一樣易於吸收以太。但是我們找不到什麼門路進入以太。我們在以太海中運動，可是以太海自己並不運動。以太的不運動是絕對的、毫不含糊的。

所以，以太之所以必須存在，主要的理由固然是要讓光有一樣東西在其中傳導，但是這樣的存在也就解決了原始坐標系的問題。力學定律在這個原始坐標系裡面將完全成立。如果以太真的存在（但以太必須存在），那麼我們就可以用搭附在上面的坐標系來對比所有其他的坐標系，看這些坐標系是運動或是不運動。

邁克遜和莫雷的發現判了以太理論的死刑。[53]不過同樣重要的是，他們的實驗導出了愛因斯坦革命性新理論的數學基礎。

邁克遜－莫雷實驗的想法在於斷定地球通過以太海的運動情形。不過問題在於怎麼做？如果是兩艘船在海上航行，兩者都可以斷定彼此的相對運動。可是，如果只是一艘船在平靜的海上航行，那麼這艘船就沒有參考點來測定自己前進的情形。若是以前，水手會從船邊放一個測速儀在海面上，然後在測船相對於測速儀的運動。邁克遜和莫雷的方法一樣，只是他們丟在船邊的不是測速儀，而是一束光線罷了。

他們的實驗在概念上實在很簡單，不需要什麼天才。他們說，如果是地球動而以太海靜止，那麼地球在以太海中的運動必然會造成以太風（ether-breeze）。這樣的話，如果有一束光在以太風中逆向前進，那麼這束光的速度必然比橫向穿越以太海的光束慢。邁克遜－莫雷實驗的要旨就在這裡。

每一個飛行員都知道，如果來回飛行的行程裡面有一趟是逆風，那麼（即使另一趟是順風）如果飛行一樣遠的距離，這趟飛行耗費的時間會比較久。

53　不過量子場論卻復興了一種新的以太，這就是說，場的平常基態（真空狀態）的激動態就是粒子。真空狀態非常平常，高度對稱，所以我們無法在實驗上配給它一個速度。

同理，如果以太海理論正確，那麼一束光先在以太風中逆流而上，然後再折回順流而下，回到起點，所耗費的時間必然比橫向來回穿越以太風的光束多。

　　邁克遜和莫雷製造了一部儀器來偵測這種速度的差異。這種儀器叫做干涉儀。這部儀器可以在這兩個光束回到同一個地方時，偵測兩者的干涉型。

　　這種干涉儀工作的情形是這樣的，一個光源對著一面半反射鏡（和那種從外面看像鏡子，從裡面看是透明的太陽眼鏡很像）射出一束光（━━▶）。半反射鏡把這一束分為透射光（━━▶）與反射光（┅┅▶）。兩者互成正角行進一段相同的距離然後折回。折回之後，經由同一面半反射鏡再恢復為原來的光（━━▶），然後射進干涉儀裡面。我們只要觀察這兩股光聚合之後在干涉儀裡面產生的干涉型，就可以斷定兩者速度的差值。

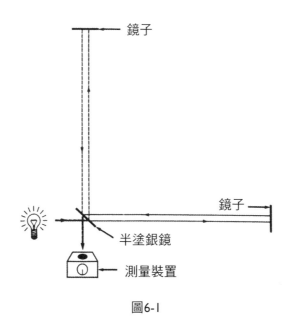

圖6-1

　　但是，做完這個實驗之後，我們卻測不到兩者的速度有何不同。將干涉儀方位調整90度，使原來逆以太風的光變為橫越以太風，原來橫越以太風的光轉為逆以太風，然後再測量兩者的速度，結果發現兩者速度依然一樣。

　　換句話說，邁克遜－莫雷實驗沒有辦法證明以太的存在。這樣，物理學家若無法找到合理的解釋，便不得不面對兩種令人不安的選擇，一個是，地球不動（而哥白尼錯誤），再一個是，以太不存在。但是兩者都令人難以接受。

　　邁克遜和莫雷認為，既然地球通過太空時上面帶著一層大氣層，那麼通過以太海時，或許也帶著一層以太，所以地表一帶也就測不到以太風。不過這只是或許。這種無解一直要到1892年，愛爾蘭人菲次吉拉德（George Francis FitzGerald）提出一個驚人的解釋之後，才算有了一個比較好的假說。

　　菲次吉拉德說，也許以太風的壓力會壓縮物質，好比有彈性的物體在水中前進會在前進的方向上變短一樣。果真如此的話，那麼干涉儀上正對以太風的指針，必然比不正對的指針短了一些。所以光在以太風中進行而後再折回如果速度減慢，干涉儀也就測不出來，因為這個時候光行走的距離也縮短了。事實上，干涉儀上面指向以太風的指針變短的量，如果與光速減慢以後通過這支指針的量相當，那麼實驗中的兩束光將同時回到干涉儀。因為，速度快的光束走了比較長的距離，速度慢的光束走了比較短的距離。

　　菲次吉拉德的假說比起其他假說有一個很有利的地方，那就是，他的假說不可能反證（亦即證明為假）。他只說到運動方向上一種單維度的收縮，這種收縮隨速度的增加而增加。不過要點在於所有的東西都會收縮。如果有一個物體以差可比擬光速的速度運動，而我們想測量這個物體的長度，這時我們必須先趕上這個物體。但是，根據菲次吉拉德的理論，這個時候帶在我們身上的儀器的指針也縮短了。這一來，假設這個物體靜止時是17英寸，那麼現在量起來也還是17英寸。這個時候反正沒有一樣東西看起來會是縮短的，因為，這時我們的眼睛的眼球等也縮短了，於是把每一件東西都扭曲到看起來很正常。

　　菲次吉拉德提出這個假說之後，隔一年荷蘭物理學家勞侖茲（Hendrik Antoon Lorentz）在處理另外一個問題的時候，證明了菲次吉拉德的假說。不

過，勞侖茲卻是用嚴格的數學語言來表達他的發現，這當然就把菲次吉拉德的假說提升到值得尊敬的地步。這個假說於是開始為人接受。這種接受的程度，如果我們想想這個假說當初的幻想氣質，是要覺得驚訝的。關於菲次吉拉德－勞侖茲收縮，勞侖茲定出來的公式後來就叫做勞侖茲變換（Lorentz transformation）。

　　講到這裡，舞臺已經布置好了，布景全部就緒。偵測以太失敗，邁克遜－莫雷實驗，光速恆定，菲次吉拉德－勞侖茲收縮，勞侖茲變換。凡此一切事實，本世紀初一直困擾著物理學家，不過愛因斯坦除外。看到這些布景，他的初心看到了狹義相對論。[54]

---

54 據說當初愛因斯坦發現狹義相對論的解理過程中，並不包括邁克遜－莫雷實驗在內。然而其實這個廣受矚目的實驗，它的結果「飄在空中」足足 18 年以後，愛因斯坦才提出狹義相對論的論文（1905 年）。而且，這些結果也引導出勞侖茲變換，而勞侖茲變換正是狹義相對論數學形式的中心。

第七章　狹義無理

　　檢視過諸般事實之後，愛因斯坦的第一個專業行動等於是說，「國王什麼衣服都沒穿！」他的言外之意就是，「以太不存在。」[i]狹義相對論的第一個訊息是，既然以太偵測不到，而且也沒有什麼用處，我們就沒有什麼道理再找它。以太之所以偵測不到，是因為我們每一次偵測以太及判斷其性質的努力，都徹底失敗。這種努力以邁克遜－莫雷實驗為最，但還是找不到以太的存在。其次，以太之所以沒有用，是因為如果光的傳導可以看作以太介質的騷動，那麼同樣也就可以看作是能量依照馬克士威場方程式在真空中傳導。在馬克士威還只是暗含的事情，到了愛因斯坦就說的很清楚了。（發現電磁場的就是馬克士威。）「電磁場，」愛因斯坦說，「並不是一種介質（以太）的狀態，也不隸屬於什麼承載者。電磁場是獨立的實在，無法再化約成任何東西……」[ii]這種主張因為物理學家無法偵測到以太而受到支持。

　　愛因斯坦以這樣的主張結束了力學虛幻的歷史。力學一向以為物理事件可以用「東西」的說法來說明。古典力學就是物體以及物體之間力的故事。然而，在1900年代那麼早的時候就突破這個300年的傳統，大膽宣稱電磁場與任何物體無涉，不是以太介質的狀態，是「最後的，不可化約的實在」[iii]實在非比尋常。物理學理論自此而後就再也沒有具體的形象，量子力學即是如此。

　　相對論和量子論宣告了一種前所未有的距離，一種與向來的物理理論特有的經驗遙望的距離。不過，事實上這股趨勢目前依然持續不墜。現在的物理學好像受到一個斷然不移的規律統御，涵蓋經驗面越來越廣，可是也越來越抽象。如今只有時間才能告訴我們這個趨勢會不會倒轉。

　　由於愛因斯坦看不到國王的新衣而產生的第二個受害者是絕對非運動。因為，我們憑什麼單單由於說一個參考架構絕對不運動，就使它比其他參考

架構「優先」？[iv]這種架構在理論上也許要得；但是，因為這種參考架構並非我們經驗的一部分，所以應該排除不計。在理論結構裡面擺上一個特質，而我們的經驗體系裡面卻沒有一個特質與之對應，這是「不可忍受的」。[v]

愛因斯坦一舉推倒了這兩塊物理學與哲學的大積木（以太與絕對非運動），創造了一種嶄新的方法來知覺實在界。現在，沒有了以太和絕對運動來混淆視聽，情況就單純多了。

這樣，愛因斯坦的下一步就是面對一個在邁克遜－莫雷實驗之下見光（非雙關語）的問題。這個問題就是光速的恆定。光的速度，不管觀測者的運動狀態如何，永遠都是每秒18萬6000英里；為什麼？

愛因斯坦靈機一現，就把這個問題轉變為一項命題。一開始，他暫時不煩惱光速為何恆定。光速恆定既是實驗上無法反駁的事實，他就接受。清楚的認識清楚的事實乃是一個邏輯程序的第一步。這個邏輯程序既然已經開始，那麼它說明的就不只是光速恆定，而且還旁及其他許多東西。

光速恆定的難題在愛因斯坦手下變成了光速恆定原理，而光速恆定原理便是狹義相對論的第一個基石。

光速恆定的原理是說，不管什麼時候，不管我們相對於光源是運動還是靜止，只要我們測量光速，結果都完全一樣。光速每秒18萬6000英里，一概不變。[55]邁克遜－莫雷實驗發現的就是這些。

從古典力學而言，光速恆定原理毫無意義。因為，事實上光速恆定完全違背常識。在愛因斯坦之前，「常識」的壟斷總是把光速恆定劃歸為「悖論」。只有愛因斯坦那樣純潔的初心才能認識到，既然光速恆定的確沒錯，那麼錯的就是常識。

愛因斯坦的初心最大的受害者就是古典（伽利略）轉換的整個結構。這個結構是常識黏貼在宏觀維度與速度之上的一顆甜蜜的水果。這顆水果是虛

55　這是就真空裡的光速而言。光在物質裡速度會變。變動的情形依物質的折射密度而定。

幻的。但是，要丟棄常識是很不容易的，做到這一點的，愛因斯坦是第一人。他的方式是「全盤」的放棄，所以他對時間與空間之性質的知覺也就非常的不一樣。甚至，在該說該做的都說都做了以後，他的時間觀與空間觀最後證明是比常識有用。以上，我們討論了狹義相對論的第一個基石，亦即光速恆定。

狹義相對論的第二個基石，是相對論原理。愛因斯坦一旦排除了「絕對非運動」這個觀念，就這個事實而言，他的理論自然就成為相對論。因為，既然除了伽利略的相對論原理之外沒有更好的相對論原理，愛因斯坦就直接了當的借過來。不過，當然，他把它變成了現代的東西。

伽利略的相對論原理是說，凡是在一個參考架構成立的力學定律，在其他與之相對一致運動的參考架構中也都成立。換上另一種講法就是，我們沒有辦法用力學定律的實驗，來斷定我們的參考架構相對於力學定律也成立的其他參考架構，是運動還是靜止。

愛因斯坦把伽利略相對論原理擴大，使它不只包含古典力學定律，而是包含一切物理定律。其中尤其重要的是統御電磁放射線的定律。伽利略當時，還沒有人知道電磁放射線。

愛因斯坦的新相對論原理是說，所有的自然定律在一切相對一致運動的參考架構中完全一樣；所以，我們無從分辨絕對一致運動（或非運動）。

簡而言之，狹義相對論有兩個基石，一個是光速恆定原理（邁克遜－莫雷實驗），一個是相對論原理（伽利略）。標明了來說的話，狹義相對論是建立在這兩個命題上面：

（1）凡是相對於彼此是一致運動的參考架構，光在其間的真空中速度都一樣。

（2）凡是相對於彼此是一致運動的參考架構，所有的自然定律都一樣。

可是，第一個命題簡直就是在找麻煩。因為，這個命題或是古典轉換律都不可能為真。根據古典轉換律（以及常識），光速等於光從光源射出的速度加上或減去觀測者運動的速度。但是，根據實驗，光速不管觀測者運動狀態如何，永遠都一樣。常識與實驗結果完全不一樣。

愛因斯坦的初心告訴他，既然我們無法和事實（實驗證據）爭辯，那麼必然是我們的常識錯了。他決定丟棄常識。他只看到國王以前穿的那件衣服（光速恆定和相對論原理），因此決心把他的新理論建立在這件舊衣服上。這樣，他一腳跨進了未知的領域——但事實上是不可想像的領域。他在新的領域裡面探索從來沒有人來過的土地。

不論觀測者的運動狀態如何，光速永遠一樣。為什麼會這樣？要測量光速要一個時鐘和一把尺（一支桿子）。如果相對於光源是靜止的觀測者測出來的光速與相對於光源是運動的觀測者測出來的光速一樣，那麼，不論如何，這必然是因為觀測者使用的測量儀器，從一個參考架構轉變到另一個參考架構的時候，它轉變的方式使光速量起來完全一樣。

光速量起來之所以恆定，是因為測量用的桿和鐘依照自己的運動轉換了參考架構。簡而言之，對靜止的觀測者而言，移動的桿長度會變，移動的時鐘節拍會變。但同時，對一個隨著移動的桿和時鐘一起運動的觀測者而言，桿的長度和時鐘的節拍都不會有什麼變化，所以這兩個觀測者量出來的光速都一樣，兩者在測量過程和測量儀器上都偵測不到任何不尋常的事物。

這種情形跟邁克遜－莫雷實驗很接近。根據菲次吉拉德和勞侖茲的說法，干涉儀的指針正對以太風時，會因為以太風的壓力而變短。所以，從正對以太風的指針通過的光，比起從另一支指針通過的光，走的距離就比較短，花的時間也比較少。所以，兩者測出來的光速都一樣。勞侖茲變換說的就是這一回事。想一想，勞侖茲變換既然可以說明虛構的以太風造成的收縮，也就可以用來說明運動造成的收縮。

在菲次吉拉德和勞侖茲的想像裡，桿是在以太風的壓力下收縮的。可是依照愛因斯坦的看法，造成收縮——以及時間膨脹——的卻是運動的本身。

這裡要講的是看待物體收縮的一種方式。如果一把運動中的量桿變短了，一個運動中的時鐘跑得比較慢了，那麼「光速恆定」就是必然的結果。因為，觀測者如果是運動的，那麼比起靜止的觀測者，他的量桿比較短，他的時鐘比較慢，所以他量起來的結果還是一樣。這兩個觀測者量出來的光速都是每秒18萬6000英里。但是，不論是運動還是靜止，他們都不會認為自己的量桿和時鐘不準。如果他們還執著古典轉換律，他們只會驚訝光速都一樣而已。

愛因斯坦的基本設定（光速恆定原理和相對論原理）初步產生了兩個果實，第一，一個運動的物體會隨著運動速度的增加而逐漸變短，到達光速以後便完全消失。第二，一個運動的時鐘會隨著運動速度的增加而越走越慢，到達光速以後便完全停止。

不過，這種情形只發生在「固定」的觀測者身上，也就是相對於運動的桿和時鐘是靜止的觀測者身上。觀測者如果是隨著這些桿和時鐘一起運動，就不會發生這種情形。愛因斯坦為了要說明這一點，特別引用了「固有」（proper）和「相對」這兩個講法。他說，如果我們本身是固定的，這時觀察我們那固定的量桿和時鐘，我們所看到的長度和時鐘便是「固有」長度和「固有」時間。固有長度和固有時間看起來永遠都很正常。如果我們固定，而量桿和時鐘相對於我們是快速運動，這時這支量桿的長度便是「相對」長度，這個時鐘的時間便是「相對」時間。相對長度永遠比固有長度短，相對時間永遠比固有時間慢久。

你在自己的手錶上看到的時間是固有時間，一個人在你面前經過，你在他手錶上看的時間是相對時間。你在自己的量桿上看的長度是固有長度，一個人從你面前經過，你在他的量桿上看到的長度是相對長度。他的相對時間在你看來比較慢，他的相對長度在你看來比較短。不過，若是從他的觀點看，則他是靜止的，你是運動的，於是整個情況便倒轉過來。

　　現在假設我們在一艘太空船上面，我們規定每15分鐘按一次鈕把一種訊號傳回地球。我們的速度逐漸加快，這時我們地球上的人員發現，我們的訊號不再每15分鐘到達一次，而是17分鐘，然後是20分鐘。幾天以後，我們的訊號每2天才到達一次，弄得他們很沮喪。我們的速度依然在增加，於是我們的訊號變成幾年才到達一次。最後，在兩次訊號之間，地球上已經過了好幾代。

　　但是，在這同時，太空船上的我們對地球上的這種情況卻毫無所知。就我們所知，雖然每15分鐘按一次鈕變得很無聊，但是一切都照計畫進行。不過幾年（我們的固有時間）以後我們回到地球才發現，依照地球時間，我們已經去了好幾個世紀。至於到底多久，要看我們的太空船飛得多快。

　　上面說的並不是科幻小說，這是有根據的。這個根據就是物理學家都知道的一種疑難現象，叫做「狹義相對論的雙胞胎」。這一對雙胞胎一個留在地球上，一個上了太空船去太空航行。等到他回來的時候卻發現他比他的兄弟年輕。

　　固有時間和相對時間實例多的是。假設我們在太空站上觀察一艘太空船，以相對於我們每秒16萬1000英里的速度在太空中前進，這時我們會發現太空船裡面的太空人動作有點呆滯。那種呆滯好比我們平常所見的那種慢動作。除此之外，太空船裡面所有東西的動作也都沒有不緩慢的。譬如說，他的雪茄燒的時間就是我們的兩倍久。

　　當然，他的呆滯有一部分是因為他正在迅速的拉長他和我們的距離，所以隨著逝去的每一刻，他船上的光要到達我們的眼睛也越來越慢。但是，把這一切額外的因素扣除之後，我們發現太空人動作的速度依然比平常慢。

　　可是，對這個太空人而言，卻是我們以每秒16萬1000英里的速度從他面前飛過。等到他扣除額外的因素之後，他發現我們的動作很呆滯，我們的雪茄燃燒的時間是他的兩倍久。

　　青草總是另外一邊比較綠，這大概就是最後的原因吧！每個人的雪茄都比我的燒得久。（不幸的是，如果要去看牙醫也要走兩倍遠。）

　　我們自己經驗和測量的時間是我們的固有時間，我們的雪茄燒的時間就

是我們正常的時間，但我們測量到的太空人的時間是為相對時間。因為他的時間走起來慢一半，所以他的雪茄燒起來有我們的兩倍久，這是就時間而言。至於固有長度和相對長度也是一樣。從我們的觀點看，太空人的雪茄如果是正對太空船前進的方向，那麼他的雪茄就比我們的雪茄短。

換到錢幣的另一面看，那麼就是太空人看他自己是固定的，他的雪茄很正常。但他看我們一樣也是以相對於他每秒16萬1000英里的速度前進，我們的雪茄也比他的短，燒得慢。

愛因斯坦的理論已經由種種方面的證實。結果總是非常正確。

關於時間的膨脹，最普通的證明是高能粒子物理學。緲子（muon）一種很輕的元素粒子。這種粒子是在大氣層上空因為質子（一種「宇宙射線」）與空氣分子的撞擊而產生的。若是從加速器製造緲子，這樣的緲子的生命很短。它們的生命短到無法從大氣層上飛到地球。它們等不及穿越這一段行程，早就衰變為別種粒子。但是，情形又好像不是這樣。因為，我們在地球表面就偵測到很多緲子。

為什麼宇宙射線製造的緲子生命比較長？宇宙射線製造的緲子生命比加速器製造的長七倍，為什麼？答案在於，宇宙射線與空氣分子撞擊之後所產生的緲子，比用實驗技術製造出來的緲子速度快了很多。宇宙射線製造的緲子速度大約是光速的99%，時間的膨脹在這樣的速度已經非常明顯。在這些緲子自己而言，它們的生命不曾有一瞬間延長。不過就我們的觀點而言，它們的生命卻比慢速的時候延長了七倍。

這種情形不只緲子是這樣，就是別的次原子粒子差不多都是這樣。譬如 π 介子。π 介子的速度約為光速的80%。所以它的生命平均為慢速 π 介子的1.67倍。狹義相對論告訴我們，這些高速粒子本有的生命其實並沒有延長，不過是時間的相對流動率慢下來罷了。

這種現象在當時僅止於可能。狹義相對論對這些現象只能作一些數學計算。我們是一直到晚近才有技術上的能力創造這種現象。1972年，科學家把

四座當時最準確的原子鐘放在飛機上環繞地球飛行。行前這四座鐘已經和另外四座留在地面的原子鐘對過時。結果飛行回來以後發現，飛機上的四座鐘都比地面的四座鐘慢了一些。[56]下一次再坐飛機，記得你的手錶會走慢一些，你的身體會有比較多的質量，如果你坐的是正前方，你會瘦一點。根據狹義相對論，一個運動的物體會隨著速度的增加而在運動的方向上收縮。物理學家特勒爾（James Terrell）曾經以數學顯示這種現象很像一種視覺上的錯覺，跟真實世界投射在柏拉圖洞穴牆壁上的影子一樣。[vi]

　　柏拉圖這個很有名的比喻是說，一個洞穴裡有一群人用鐵鍊鎖著，他們只能看到牆壁上的影子。這些人知道的世界就是這些影子。有一天，有一個人逃到了外面的世界，耀眼的陽光使他睜不開眼睛。等到他習慣了以後，他也明白了這才是真正的世界，以前他所知的世界只是真實世界的投影。（不幸的是，等到他回到洞裡以後，其他人都認為他瘋了。）

　　圖7-1A畫的是從頭頂和球形上方俯視下來的情形，虛線連接球形兩側的兩點和我們的眼睛。

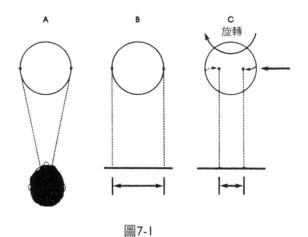

圖7-1

<hr>

56　這些原子鐘有向東飛的，也有向西飛的。這次實驗科學家不但發現狹義相對論效應，也發現廣義相對論效應。（J. C. Hafele and R. E. Keating, Science, vol. 177, 1972, p.168ff.）

　　特勒爾說明的第一個步驟就是從球形側邊兩點對著球形正下方的一張布幕畫線。換句話說，假設這個球是在你的正前方，這兩條線就好比從球的側邊兩點垂直掛下來一樣。把這本書拿在你的正前方看圖7-1B就是這種情形，這時你的眼睛就相當於圖7-1A人物眼睛的位置。

　　現在假設這個球以相對於光速算是很快的速度，從右邊向左邊運動。因為這個速度夠快了，所以便發生了很有意思的事情。譬如說，本來，球會擋住球左後側的光線，使我們看不到。右邊的情形剛好相反，發出光訊號的地方通常是在球的「後面」。球就在這些點和我們之間由右向左運動。但是，因為球現在是向左運動，所以來自球的前緣各點的光訊號都被球擋住了。這樣，由球「後面」發出的光訊號我們便都全部看見了。這種情況造成的結果就是一種視覺的錯覺。那就是，我們看到的這個球好像有人順著軸心在轉它一樣。

　　現在我們再來看看球兩側的點投射在布幕上面的距離。從圖7-1C我們可以看到，這兩點投射在布幕上的距離比球剛開始運動的時候短了很多。狹義相對論裡面的方程式（勞侖茲變換）說到由運動產生的收縮，也就是在說這些投影。（這是否開始聽起來像柏拉圖的洞穴？）

　　球因為快速運動，所以一方面跑進自己的一部分光訊號裡面，一方面又同時跑出自己的另一部分光訊號之外，這種事使球看起來像在旋轉。這就是使球上面任何與運動方向成直線排列的兩點的投影距離變短，好比有人在旋轉這個球一樣。球的運動速度越快，看起來越像是在「轉動」，布幕上投射的兩點也就越短。所以，收縮的其實是投影。現在，只要把「布幕」代換成「從我們的參考架構看到的球」，我們就得到了特勒爾對相對論收縮的解釋。

　　但是，運動中的時鐘產生的時間膨脹，以及運動中的物體產生的質量增加，迄今還未有類似的解釋。這一方面的努力，比較上說來，還很稚嫩。

　　狹義相對論說，一個運動的物體，其質量隨著運動速度的增加而增加。

牛頓對這一點會毫不猶豫的駁斥胡說。可是牛頓的經驗其實很有限，僅限於和光速比較起來很慢的速度。

古典物理學告訴我們說，一個運動的物體若要增加速度——譬如每秒1英尺——必須施加某一個量的力。我們只要知道這個量是多少，那麼不論什麼時候，只要我們想使這個物體增加每秒1英尺的速度，我們只要將這麼多量的力施加在上面就可以了。如果物體現在的速度是每秒100英尺，那麼這個量就會使它的速度增加為每秒101英尺。根據牛頓物理學，如果這個量可以使物體速度由每秒100英尺增加到101英尺，也就可以使同一物體的速度由每秒8000英尺增加到8001英尺。

但是事實上牛頓物理學錯了。要使一個運動速度每秒8000英尺的物體速度增加每秒1英尺，所需要的力比從100英尺增加每秒1英尺多。

這是因為物體運動越快，動力能越多，這些多出來的能量使物體彷彿多了一些質量。這道理就好比對一部卡車在一段時間之內施加一個量的力，這部卡車增加的速度比對一列火車在同樣時間之內施加同量的力增加的速度多，這當然是因為火車的質量比卡車大的緣故。

因為這個道理，所以粒子在高速運動的時候，它的動力能使它比慢速的時候彷彿有比較多的質量。在實際上，狹義相對論已經告訴我們，一個運動的物體，其實際質量並不會隨速度的增加而增加。

大部分次原子粒運動速度並不一定，所以各自皆有多個相對質量。因此，物理學家計算的粒子質量是「靜止質量」（rest mass）。靜止質量就是粒子不運動時的質量。當然，次原子粒子從來不曾真正靜止過，但是這些計算數字提供了一個統一比較粒子質量的方法。這種統一的方法是必要的；因為，粒子的速度一旦到差不多光速那麼快時，它的相對質量就要看它的速度多快而定。

愛因斯坦發現運動中的時鐘節拍會改變，這個發現使我們看世界的方式

做了重大的修正。我們自此知道，宇宙並沒有「宇宙時間」，有的只是各個觀察者自己的固有時間。觀察者的固有時間每一個都不一樣，除非有兩個觀察者相對於彼此都是靜止。如果宇宙有心臟的話，它心跳的速度要看聽的人而定。

狹義相對論告訴我們，在一個參考架構看來是同時發生的兩件事，從另外一個參考架構看來可能就不是同時發生。愛因斯坦用他很有名的思想實驗來解說這一點。

思想實驗就是不用儀器只用思考的實驗，這種實驗的好處在於不受實驗設備的限制。大部分物理學家只要知道思想實驗的結果會和真正實驗的結果一樣，都能接受思想實驗，認為思想實驗確是有效的理論工具。

愛因斯坦的思惟實驗是這樣的。假設我們人在一個房間之內，而這個房間是運動的。房間的正中央有一盞燈泡，定時發出亮光。房間四壁是玻璃的，所以外面的觀察者可以看到房間裡面的事情。

現在假設，房間內的燈泡就在房間通過外面的觀察者的時候亮了。我們的問題是，我們在房間內所見和外面的觀察者所見有沒有不同？根據狹義相對論，答案非比尋常，打破概念的「有」——兩地所見差別甚大。

在房間裡面，我們看到燈亮，光以同速向四面八方散布。由於四面牆皆與燈泡等距，所以我們看見的是光同時打在前壁和後牆。

外面的觀察者呢？外面的觀察者同樣也看到燈亮，也看到光以同速向四面八方傳播。但是，跟我們不一樣的是，他除了看到這些之外，還看到房間運動。從他的觀點看，房間前壁一直在逃開光的接近，後牆則一直在趕上去迎接光。因此，在他看來，光是先到後牆，後到前壁。如果和光速相比房間運動的速度算慢的，那麼光到達前後牆的時間差別也就不大。但不論如何總有先有後，不是同時。這就是愛因斯坦關於狹義相對論的思想實驗。

由這個實驗我們知道，我們和外面的觀察者雖然都看到了同樣的兩件事——也就是光打在前壁和光打在後牆，可是我們說出來的故事卻不一樣。

對我們來說，這兩件事是同時發生。但是對外面的觀察者而言，這兩件事卻是一前一後發生。

在這裡，愛因斯坦的革命性發現就是，對一個觀察者同時發生的事情，在另外一個觀察者看來卻是不同時發生；其差別看各人的相對運動而定。換一種講法，從一個觀察者的參考架構看來一前一後發生的兩件事，在另一個觀察者的參考架構看來卻是同時發生。兩個觀察者說的雖然是同樣的兩件事，可是一個會說「前」、「後」，另一個觀察者會說「同時」。

換句話說，「前」、「後」、「同時」都是局部用語，沒有宇宙全體的意義。在一個參考架構「前」的事，在另一個參考架構可能是「後」，在第三個參考架構可能是「同時」。[57]

將一個觀察者在一個參考架構所見轉譯成另一個觀察者在另一個參考架構所見的數學，是勞侖茲變換。勞侖茲變換是一組方程式，愛因斯坦對這一組方程式是照單全收。

在愛因斯坦之前，從來沒有人從思想實驗這麼簡單的理論工具得出這麼驚人的結果。這是因為沒有人像他一樣，膽子大到敢提出來。之所以沒有人敢提出光速恆定原理這麼驚世駭俗的東西，是因為光速恆定原理完全違背常識，尤其違背以古典轉換律為代表的常識。由於古典轉換律這樣的深入我們生活的經驗，所以沒有人會懷疑。

即使到了邁克遜－莫雷實驗做出的結果不合古典轉換律，也只有愛因斯坦的初心才會認為可能是古典轉換律錯誤。所有的人裡面，只有愛因斯坦想到古典轉換律可能在極高速度的時候不成立。這並不是說古典轉換律不正確，而是說，在（相對於每秒18萬6000英里）低速時，我們沒有辦法透過感官偵測到物體的收縮和時間的膨脹。在低速這種有限的情況下，古典轉換律確實

57　不過這一點只有類空間區隔的事件才是這樣。至於類時間區隔的事件，則前後（earlier-later）關係皆保留給每一個觀察者。不論是什麼參考架構，只要是運動速度低於 c，其中類時間區隔的事件就不會同時發生。

是生活經驗很好的指南。沒錯，搭手扶梯時，邊搭邊走上去確實比較快到樓上。

如果前面那個思想實驗我們用聲音（不用光）來做，我們就不會得到狹義相對論的結果。我們反而會證實古典轉換律。聲音的速度不是恆定，所以聲音沒有聲速恆定原理。聲速會依照觀測者的運動狀態而改變，而觀測者是受常識主宰的。在這裡，重要的是「主宰」這兩個字。

聲音的速度雖然好像很快（時速700英里），可是我們的確生活在慢速的有限世界裡。我們的常識是依據這個有限環境的經驗建立的。如果我們想超越這個有限的環境，拓展我們對事物的理解，那麼我們就必須徹底重組我們的概念結構。愛因斯坦做的就是這一回事，是他最先知道，我們必須重組我們的概念結構，才能使每一個測量光速的人，不論運動狀態如何，都能在光速恆定這種難以理喻的實驗發現中看出意義。

他就是因為這樣，所以能夠將光速不變的難題轉變為光速恆定原理。這一來又使他得到一個結論，那就是，如果光速真的在每一個觀測者偵測之下恆定的話，那麼不同運動狀態的觀測者，其測量儀器必然也有不同的變化，這樣他們測出來的結果才會一樣。愛因斯坦運氣很好，他發現荷蘭物理學家勞侖茲建立的一些方程式也表達了這種變化，所以他就整個借用。最後，運動的時鐘會改變節拍這個事實使他無可避免的得到一個結論，那就是，所謂「現在」、「前」、「後」、「同時」等說法都是相對的，全部要看觀測者的運動狀態而定。

這個結論正好與牛頓物理學的假設完全相反。牛頓認為（我們也都認為），宇宙有一個時鐘，分秒滴答過去，整個宇宙也就跟著逐漸老去。宇宙的這個地方過去一秒，其他的地方也就過去一秒。

但是根據愛因斯坦的看法，其實不然。什麼時候才是整個宇宙的「現在」，有誰講得出來呢？如果我用兩件事同時發生（譬如我到了診所，這時我的手錶指著三點）來講「現在」，我們發現另一個參考架構的人看這兩件事卻是一前

一後。牛頓說，絕對時間「穩定的流動著」[vii]。可是他錯了，這個宇宙並沒有一個穩定流動的時間以待每一個觀測者。這個宇宙沒有絕對時間。

我們原來都默認這個宇宙存有一個終極的時間之流，不過這個終極的時間之流到最後卻證明並不存在。國王從來不曾穿過這件衣服。

不過牛頓的錯誤不止於此。他說，時間和空間是分開的。可是，愛因斯坦說，時間和空間是在一起的。一件東西存在於一個地方而不同時存在於一個時間之內是不可能的。

我們大部分人之所以認為時間和空間分開，是因為我們認為我們經驗的就是這樣。譬如說，我們能夠控制我們在空間裡的位置，而時間裡的位置就不行。對於時間的流動，我們無法改變它一絲一毫。我們可以在空間裡站著靜止不動，位置絕不改變，可是卻沒有辦法在時間中靜止不動。

不過，雖然如此，「空間」，尤其是「時間」，還是有一種十分詭異的東西，一種「想把我們的理由建立在上面還言之過早」的東西。主觀上看起來，時間很像溪流，有一種流動性質。有時候湍急不已，有時候無聲無息。到了水深的地方，又緩慢得近乎停滯。空間也一樣。空間有一種無所不在的性質，一般人以為空間只不過是隔離事物而已，但是空間無所不在的性質證明大家的觀念是錯誤的。

威廉・布萊克（William Blake）有一首詩論及這種難以理解的性質：

> 一沙一世界
> 一花一天堂
> 無限掌中置
> 剎那成永恆[58]

58　編註：徐志摩譯。

（這首詩叫做〈純真的預兆〉〔*Auguries of Innocence*〕。這絕非巧合。）

狹義相對論是一個物理學理論，關切的是可以用數學計算的自然現實。這個理論不是一個主觀理論。這個理論雖然告訴我們物理現實表象會隨參考架構的改變而改變，可是事實上這個理論探討的是物理現實不變的一面。不過，話說回來，狹義相對論探討的領域在以前根本是屬於詩人掌管的；而狹義相對論是第一個用嚴格數學探索這個領域的物理學理。凡是扼要而深刻的呈現現實的，於數學家和物理學家而言無非皆是詩。狹義相對論亦然。然而，愛因斯坦之所以那麼有名，一部分原因可能卻是因為大家都直覺到他有一件和時間、空間關係重大的事情要說。

愛因斯坦到底想說什麼？關於時間和空間，他說的是時間「或」空間這種東西是沒有的，有的只是時空。時空是一個連續體。所謂連續體，指的是一件東西，其中各個部分非常接近，間隔「任意小」（arbitrarily small），所以其間毫無插足的餘地。連續體天衣無縫，因為連續流動，所以叫做連續體。

譬如說牆壁上畫了一條線，這條線就是一個一維連續體。也許理論上我們可以說線是由一連串的點構成。可是，這些點彼此卻是無限接近，因此結果就是線由一端連續的流向尾端。

牆面是二維連續體。牆面有兩個維度，一個是長，一個是寬。同理，牆面上所有的點全部都緊密相連，所以是一個連續的面。

至於三維連續體，我們平常所說的「空間」就是三維連續體。飛行員駕駛飛機就必須在三維連續體中導航。譬如說，要報告位置的時候，他不只要說出他在向北和向東多遠的一點，還要說出自己的高度。除了這種導航之外，飛機本身與所有的自然事物一樣，都有長、寬、高，所以也是三維的，此所以數學家才說我們的現實是三維的。

本來，根據牛頓的物理學，我們的三維現實與一維的時間是分開的；然後空間在時間中前進。可是不然——狹義相對論如是說。狹義相對論說，我

們的現實是四維的；時間即是第四個維度。我們是在一個四維時空連續體中生活、呼吸、存在。

　　牛頓的時間觀與空間觀是一種動態的景象。事情會隨著時間的通過而發展。時間是一個維度，並且（會向前）動。過去、現在、未來按著秩序發生。然而，狹義相對論卻說，把時間和空間想成靜態的，非運動的景象比較好，也比較有用。這就是時空連續體，在時空連續體這個靜態景象裡，事情就是事情，不會有什麼發展。如果我們能夠用四維的方式來看我們的實在界，我們就會發現，我們一向以為事情是隨著時間的進行而一件一件揭露，其實並不是如此。一切事情事實上從「小寶寶」時期就已經存在；好比圖畫一般，早就畫在時空的布匹上了。這個時候，我們會看到所有的事情。過去、現在、未來我們將一覽無遺。當然，到目前為止，這只是一個數學命題。（是嗎？）

　　如果你沒辦法用視覺想像四維的世界，別煩惱：因為物理學家也沒有辦法。目前，因為所有的證據都顯示愛因斯坦是對的，所以我們暫時只要認為他對就可以了。他給我們的訊息是時間和空間有緊密的關係，這一層關係由於沒有更好的方法來講，所以他只好稱之為四維空間。

　　所謂「四維空間」事實上是從一種語言翻譯出來的話。這一種語言是數學，然後翻譯成英語，才有所謂「四維空間」。問題在於，數學所說的東西用另一種語言不論如何就是沒辦法準確表達。是故，「第四維空間的時間」只不過是一個標籤，一個我們加給這一層關係的標籤。而這一層關係就是相對論裡面用數學表達的時間與空間的關係。

　　愛因斯坦發現的時間與空間的關係與畢達哥拉斯（與孔子同代）發現的直角三角形諸邊線的關係很像。

　　直角三角形是含有一個直角的三角形。兩條互相垂直的線相交即成直角。正對直角的邊線叫斜邊。斜邊一定是直角三角形最長的邊。

　　畢達哥拉斯發現，我們只要知道直角三角形兩股（即比較短的兩邊）的長度，就可以算出最長一邊（即斜邊）的長度。這一層關係用數學表達出來，

就是畢氏定理。畢氏定理說，一個股的平方加另一個股的平方等於斜邊長的平方。

　　這兩個比較短的股的任何組合都可以算出斜邊的長度。換句話說，這兩個股的長度可以有許多許多組合，但是算出來的斜邊長度永遠一樣。

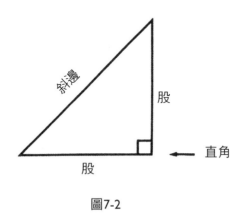

圖7-2

　　譬如說，一個直角三角形可能一股很短，一股很長。如圖：

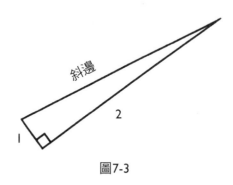

圖7-3

　　或者反過來，

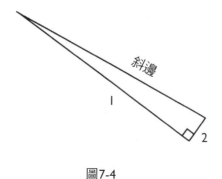

圖7-4

或者任何一種情形。

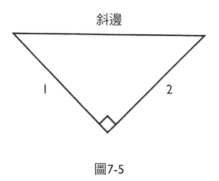

圖7-5

　　現在，我們用「空間」代替直角三角形的一個股，用「時間」代替另一個股，再用「（事情的）時空間隔」代替斜邊。這樣，我們得到的一個關係就和狹義相對論所說的時間、空間以及時空間隔很相像。[59]兩件事情的時空間隔是一種絕對，從來不變。它可以是觀測者運動狀態不同看起來就不一樣，但它本身絕對不變。狹義相對論告訴我們的就是觀測者對同樣的兩件事在不

59　畢氏定理是 $c^2 = a^2 + b^2$。狹義相對論的時空間隔方程式是 $S^2 = t^2 - x^2$。畢氏定理說的是歐基里德空間的屬性。時空間隔方程式說的是閔可夫斯基的平直時空。（歐基里德空間和非歐基里德空間我們會在下一章討論。）兩者當然還有別的差異。不過時間、空間和時空間隔的基本關係確實和畢氏定理表達的直角三角形三邊的關係很像。

162

同的參考架構看起來如何不一樣，以及如何計算兩者之間的時空間隔。每一
個觀測者在這種計算中都會得到相同的答案。

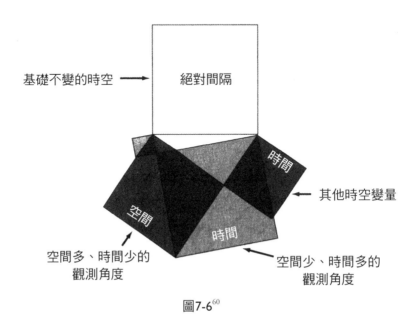

圖7-6[60]

　　就一個觀測者而言，他的運動狀態可能使他看兩件事有一個距離和一個
時間。但是，對這兩件事，另外一個觀測者的運動狀態可能使他的測量儀器
告訴他另一個距離，另一個時間。可是不論如何，這兩件事之間的時空間隔
絕對不變。譬如說兩個爆炸的星球好了，這兩個星球的時空間隔——也就是
絕對間隔——不論是從緩慢如行星那樣的參考架構看，還是從快如火箭那樣
的參考架構看，完全一樣。

　　如果回到前面的思想實驗，我們就知道，雖然我們在房間內看到的是光
同時到達前壁和後牆，而外面的觀測者看到的是光先到達後牆再到前壁，可

60　這幅插圖的原圖出自蓋‧莫崎（Guy Murchie）之手。最先出現在他的大作《天體音樂》
（*Music of Spheres*, New York, Dover, 1961.）裡面。謹在此致謝。

是，我們只要將我們的時間和距離數字輸入一個類畢氏方程式，我們就會得到相同的時空間隔。

事實上，這一層類畢氏關係是愛因斯坦的數學老師閔可夫斯基（Hermann Minkowski）發現的。愛因斯坦是他最有名的學生。他的靈感來自於這個學生的狹義相對論。1908年閔可夫斯基說：

> 從今以後，單單的時間，以及單單的空間，都已經注定要化為純然的影子。惟有兩者結合才能維繫一個獨立的現實。[viii]

閔可夫斯基對時間和空間所做的數學探討既充滿革命性而又奇妙。這裡面出現了一個簡單的時空圖像，圖像裡表現了過去、現在、未來三者的數學關係。這個圖像充滿了太多的訊息。可是，其中最令人驚奇就是，所有過去的一切，以及所有未來的一切，對每一個個體而言，都在一個點上相會並且是永遠相會——這個點就是「現在」。除此之外，每個個體的「現在」都有一定的地方。（不論觀測者身在何方）除了「這裡」之外，他處尋覓不著。

閔可夫斯基證明，在物理現實裡，我們對事物根本無從選擇。不過，不幸的是，對物理學家而言，理解並非即是經驗。但是，正是由於閔可夫斯基受到狹義相對論的啟發，產生了靈感，因而以嚴格的數學證明了「當下」是成立的，才使西方科學接受了「當下」。可是「當下」作為禪定的第一步，在東方宗教卻已經實行了2000年。閔可夫斯基以後的63年，朗姆‧達思（Ram Dass）以名著《活在當下》（*Be Here Now*）創造了一個覺醒運動的口號。

不過，狹義相對論最後也有最有名的一點，是因為它向我們揭示質量是能量的一種形式，而能量擁有質量。用愛因斯坦的話來說就是，「能量擁有質量，質量代表能量。」[ix]

就一種意義而言，這種話聽起來令人驚異；因為，我們向來都認為物質

與能量之不同，正如身體不同於心靈。可是就另一種意義而言則又自然得叫人驚訝。因為，質能的二分至少可以追溯到舊約時代。〈創世紀〉說人是由泥土做出來的，上帝抓了一把泥土（質量），吹一口氣（生命，能）就成了人。此外，舊約也是西方世界的產物，物理學也是西方的產物。

在東方，宗教和哲學（這兩者在西方是分開的）對於質和能不會有什麼混淆。在東方，物質的世界是相對的世界，亦是虛幻的世界。之所以虛幻，並不是說這個世界不存在，而是說找不到這個世界的真相。這個世界的真相不可說，但是因為還是想說，所以東方經典經常說到躍動的能量，即起即滅無常的種種形式（色相）。這一切都和高能物理學裡面出現的情景相像到令人驚訝。佛經從來不說我們從現實可以學到什麼新東西。佛經只說如何才能除去無明（類似無知）的蒙蔽，看到我們自己的真面目。或許要由這一點，我們才能了解「質量只是能量的一種形式」這種違反常理的講法，為什麼卻令人意想不到的愉悅的原因了。

全世界最有名公式就是表達質能關係的公式：$E=mc^2$，物質的能量等於物質的質量乘以光速平方。因為光速數字極大，所以這就表示，即使是最小的物質粒子，其中都濃縮了非常多的能量。

愛因斯坦也發現了恆星能量奧祕。可是他自己當時並不知道。恆星一直在將質量轉換為能量，因為有極高比例的能量釋放給消耗的質量，所以恆星可以燃燒無數個千年之久。

恆星的中心有物理世界的原始「材料」氫原子。這些氫原子因為恆星的高密度質量，所以受到極大重力的擠壓其結果便是氫原子發生聚變（fusion，俗稱熔合）。於是產生一種新的元素，叫做氦（helium）。這時是每四個氫原子變成一個氦原子。可是，一個氦原子的質量卻不等於四個氫原子。氦原子的質量略輕。原來這些少掉的質量已經釋放為輻射能——光或熱。比較輕的元素熔合成比較重的元素的過程，當然，就叫做熔合。氫熔合為氦造成了氫爆。換句話說，一個（年輕的）燃燒的恆星就是一顆巨大的、不斷爆炸的氫

彈。[61]

　　原子彈也是$E=mc^2$這個公式產生的結果。原子彈和原子反應爐是由分裂的過程從質量得到能量。分裂是熔合的反面。分裂的過程不是把小原子變成大原子，而是把很大的原子——譬如鈾——分解成小原子。

　　分裂的方法是，對鈾原子發射一個次原子粒子——中子。中子一擊中鈾原子，鈾原子就分裂成小原子。但這些小原子的總質量要比原來的鈾原子小。原來這些少掉的質量已經爆發為能量。除此之外，這個過程還會產生別的中子去撞擊別的鈾原子，因而造成更多分裂，以及更多輕原子，更多的能量，更多的中子……這整個現象叫做鏈鎖反應。原子彈就是已經控制不了的鏈鎖反應。

　　（熔合的）氫彈是在氫氣中引爆（分裂的）原子彈產生的。原子爆炸產生的熱（代替因重力造成摩擦而產生的熱）將氫原子熔合成氦原子，同時放出熱。這些熱又熔合更多氫原子，放出更多的熱……如此反覆不斷。一個潛在的氫彈大小是沒有限度的，而且用的又是宇宙間最多的元素。

　　狹義相對論不論是好是壞，它給我們最大的啟示就是質量和能量不過是一個東西的不同形式而已。質量與能量和時間與空間一樣，都不是分開的實體。質量和能量之間並沒有質的（qualitative）差異。質能（mass-energy）是唯一的東西。這種發現，從數學上來說，意味著質量守恆（一般說「不滅」，下同）和能量守恆這兩個定律，可以用質能守恆定律代替。

　　守恆定律是一種簡單的講法，這個講法說的是，不管是什麼東西，它的量，不論發生什麼事都不會變。譬如說，假設一個派對參加的人數有一個守恆定律在決定，這時你就會看到只要有一個客人到，就有一個客人走。只要有一個客人走，就有一個客人到。客人轉換的比率可能大可能小，可能個別轉換，也可能集體轉換，不過客人的數量總歸一樣就是了。

61　恆星的氫耗盡之後，就開始在核心熔合氦。氦熔合比氫熔合還熱，也產生更重的元素——譬如氖（heon）、氧、碳等。等到氦用完，這些元素就相繼成為太陽燃料。

　　準此，能量的守恆律就是說，宇宙中的總能量從來不變，以後也不會變。我們可以把能量由一種形式轉變為另一種形式（譬如由摩擦將機械能改變為熱能），但不論怎麼變，宇宙的總能量永遠不變。同理，質量守恆定律就是說，宇宙間的總質量從來不變，以後也不會變。我們可以將質量從一種形式轉變為另一種形式（譬如將冰變為水，水變為蒸汽），可是宇宙的總質量不變。

　　這就是質量守恆定律和能量守恆定律。狹義相對論將質量與能量結合成質能，也就將質量守恆和能量守恆定律結合為質能守恆定律。質能守恆定律就是說，宇宙間的質能總量從來不變，以後也不會變。質量可以變為能量，能量也可以變為質量，可是宇宙間的質能總量永遠不變。

　　太陽、恆星，乃至於壁爐裡燃燒的木材，都是質轉變為能的例子。研究次原子粒子的物理學家因為太熟悉「質換能」和「能換質」的概念，所以通常都用所含能量的多寡標示粒子質量的大小。

　　總的說來，物理學現在大約有十二個守恆律。這些守恆律如今越來越重要，尤其對高能粒子物理學更為重要。因為，這些守恆律都是從當今物理學家認為是決定物理世界的最終原理（最後的舞碼）推衍而來。這些最終的原理就是不變性原理，亦稱對稱性原理（laws of symmetry）。

　　不變性原理聽起來就是這麼一回事。一個東西如果某些情況改變，可是它的某些面依然不變，這個東西就是不變（對稱）的。譬如說圓圈好了，圓圈的一半永遠反映另一半。不論我們怎麼切這個圓圈皆然。又，不論我們如何轉這個圓圈，左半邊永遠反映右半邊。圓圈的位置變了，可是仍然對稱。

　　中國人有一個觀念與此類似。（甚至一樣？）圓圈的一邊叫做「陰」，另一邊叫做「陽」。有陰就有陽，有高就有低，有晝就有夜，有死就有生。「陰陽」雖然是古老的對稱性原理，不過也是「宇宙是一個整體，一直在追求自我平衡」的另一種說法了。

不過，現在看來諷刺的是，狹義相對論談的顯然不是現實相對的面向，而是非相對的面向。狹義相對論對牛頓物理學的衝擊和量子力學一樣，使人頓為齏粉。但是，狹義相對論並不是證明牛頓物理學錯誤，而是證明牛頓物理學有很大的限制。狹義相對論和量子力學把我們推進現實廣袤得難以想像的領域。這個領域我們向來毫無所知。

牛頓物理學就相當於我們向來認為國王穿著的衣服：一個穩定前進的宇宙時間，平等的影響著宇宙的每一個部分。還有一個分開的空間，雖然空虛，可是獨立。此外，宇宙有一個絕對靜止，安靜的地方。

狹義相對論證明上列的諸種假設都不真實（都沒有用）。這些衣服國王一件都沒穿。自然宇宙唯一的運動是相對於他物的運動，分開的時間和空間是沒有的。質量和能量同是一種東西，不過名稱不同罷了。

狹義相對論提出了一個新的、統一的物理學來代替牛頓物理學的種種假設。在這個統一的物理學裡，距離、時間的測量數字可能每個參考架構都不一樣，可是事情的時空間隔永遠不變。

可是，縱有以上種種勝場，狹義相對論還是有一個缺點，那就是，狹義相對論是依據一種很特殊的情況成立的。換句話說，狹義相對論只適用於相對於彼此穩定運動的參考架構。壞的是，大部分的運動既不恆定，也不平滑。所以，這就是說，狹義相對論是建立在一種理想上面。狹義相對論只限於穩定運動這種情況，也以這種情況為前提。此所以愛因斯坦才說它「狹義」（special）。

愛因斯坦的憧憬在於建立一個一切參考架構都成立的物理學。其中包括相對而言穩定的運動，也包括相對而言非穩定的運動（加速和減速）。他的理想在於建立一個任何參考架構都可以說明事情的物理學，而不管參考架構相對於其他任何架構是如何運動。

1915年，他完成了這個完全普遍化的工作。他建立的理論，稱之為廣義相對論。

第八章　廣義無理

　　廣義相對論告訴我們，我們的心智有種種規則，但真正的世界卻沒有。理性的心智因為是以有限的觀點得到的印象為基礎，所以它建立的結構也就決定了它接受什麼、拒絕什麼。從這個時候開始，理性的心智就不管這個世界實際上是如何運作，只是按著自定的規律，把自己認為世界必然如何的版本加在世界上面。事情一直是這樣。

　　一直到有一天，終於有一個初心出來喊說：「不對，不是這樣。所謂的『必然』並沒有發生。我一直在努力尋找為什麼如此的原因。我極盡想像之能事來維繫自己對這所謂『必然』的信仰。可是如今已經到了突破點了，如今我已經別無選擇。我非得承認我一向相信的『必然』並非得自於真實世界，而是得自於我的大腦。」

　　上面這一段獨白可不是詩的誇張，這一段話是一種描述，扼要的說明了廣義相對論的主要結論以及這個結論是用什麼方法得到的。我們前面所謂我們有限的觀點，就是我們的三維度的理性以及這種理性所看待的宇宙的一小部分——我們身於其中的部分。所謂「必然」，指的是幾何學的觀念（也就是決定直線、圓、三角形等的規則）。「初心」，指的是愛因斯坦的初心。我們向來都認為幾何學的規則決定整個宇宙的活動，毫無例外。但是愛因斯坦的初心了解到這只是我們有限心智的看法。[62]

62　這裡提出的觀點並不是說幾何學來自我們的心智。（愛因斯坦之前，李曼和羅巴切夫斯基已經告訴我們）幾何學可能有許多種，但是物理學決定了我們現有的幾何學。譬如說，歐基里德認為幾何學與經驗有密切的關係。（他用在空間移動三角形來界定「全等」。）而且他認為平行定理（parallel anxiom）並不是自明的，也就是說不是純粹心智的產物。
　　這裡提出的觀點是說，由經驗（譬如歐氏幾何學）抽象出來的理想已經構成了一個彌久不墜的嚴格結構，所以一旦人的感官經驗與這個理想矛盾，我們質疑的是感官經驗，而非這

愛因斯坦發現，某些幾何學的定律只有在空間有限的區域成立。由於我們的物理經驗也只在空間很小的地區成立，所以這些幾何學定律就有用了。但是，一旦我們的經驗有所擴展，我們就越來越難以把這些規則用在宇宙的整個範圍之內。

從一個有限的觀點看，這些幾何學規則適用於一部分宇宙；可是這些規則並不適用於整個宇宙。最先看到這一點的，就是愛因斯坦。這就把他解放了出來，使他掌握了一個前人未曾掌握的宇宙。

他掌握到的宇宙就形成了廣義相對論。

愛因斯坦從來就不是要證明我們的心智性質如何如何，他關心的是物理學。「我們的新構想很簡單，」他說，「就是建立一個所有坐標系都成立的物理學。」[i] 對於我們的知覺結構的方式，他的確使我們看到了一件很重要的東西。這樣的一件事實顯示了物理學與心理學無可避免的要融合在一起的趨勢。

愛因斯坦如何從一個物理學理論得出革命性的幾何學講法？這又如何使我們對我們的心理過程產生重大的發現？知道答案的人不多，可是這其中卻是有史以來人類最重要，也最複雜的心智歷險。

愛因斯坦最先是由狹義相對論開始。狹義相對論很成功，可是他不滿意。因為，狹義相對論只適用於穩定相對運動的坐標系。他想，如果有兩個坐標系，一個運動穩定，一個運動不穩定，那麼，有沒有一個方法可以由這兩個坐標系看同一個現象而產生一個一致的解釋？換句話說，對一個穩定坐標系的觀測者有意義的條件，是否可能用來描述不穩定運動坐標系發生的事情？反之亦然。我們可能建立一種這兩種參考架構都成立的物理學嗎？

個抽象理想是否成立。我們一旦在思想裡面建立（證實）這一套抽象理想，那麼，不論適用與否，我們都會把它加在一切實際的與投射的感覺資料上，也就是說加在整個宇宙上，用這一組抽象來看宇宙。

是的，可能。愛因斯坦發現，觀測者可以用一種方法將兩種坐標系結合。這個方法對兩種參考架構的觀測者一樣有意義。為了說明這一點，他又做了一次思想實驗。

假設有一座大樓非常非常高，裡面有一座升降機，升降機裡面坐了幾個物理學家。這時升降機的纜繩斷了，升降機急速向下降落。升降機裡面的幾個物理學家對這一切毫無所知。升降機沒有窗戶，所以他們也看不到外面。

我們的問題是，升降機外面的觀測者（我們）和裡面的觀測者（物理學家）各自如何估計這一個情況。由於這是一個理想化的實驗，所以摩擦和空氣阻力等因素可以不計。

對我們外面的觀測者而言，這個情況很明顯。升降機一直在往下掉，不久就要跌到地面，升降機裡面的人全部都會死掉。升降機往下掉的時候，會依照牛頓的重力定律加速。所以它的運動不是穩定的。它的運動，由於地球重力場的緣故，會一直加速。

我們可以依此預測很多升降機裡面將要發生的事情。譬如說，如果有人在電梯丟手帕，這條手帕一定不會掉下去。因為，它會和升降機一樣，以相同的加速度往下掉，所以對電梯裡的人而言它是浮在半空中。當然，事實上它並非浮在空中，升降機也沒有，一切都在往下掉。但是既然所有東西往下掉的速度都一樣，它們的相對位置也就不變。

但是，如果有一代物理學家是在這部升降機出生、長大，那麼這些事情在他們看來就完全不一樣。對他們而言，物體丟開以後都不會往下掉，不過浮在半空中而已。一件漂浮的物體如果有人推一下，它會持續直線前進，直到碰到牆壁而後止。對於升降機裡的觀測者而言，升降機裡面的任何物體沒有任何力作用其上。換句話說，升降機裡的觀測者會下結論說，他們的坐標系是慣性坐標系。在他們這個坐標系裡，力學定律完全成立。他們的實驗，結果永遠與理論預測的符合。靜止的物體永遠靜止，運動的物體永遠運動。運動物體如果偏離路徑，是依照與偏離量成比例之力偏離。每一個作用都有

一個相反而相等的反作用。如果我們推一下一張漂浮的椅子，這張椅子會往前移動，我們則以相同的動量往相反的方向移動。（不過，因為我們質量比較大，所以速度比較慢。）

升降機裡的觀測者對這個現象會有一致的解釋。他們的坐標系是慣性坐標系，他們可以用力學定律證明這一點。

但是，外面的觀測者對升降機裡面的現象能不能有一個一致的解釋呢？答案是可以的——這部升降機是在重力場中往下掉。但這一點升降機裡的人毫無所知。因為，他們看不到外面，所以往下掉時無從偵測重力。他們雖然認為他們的坐標系完全不動，可是事實上他們的坐標系是在加速運動。

升降機內外有兩種解釋，連接這兩種解釋橋樑就是重力。

往下掉的升降機是一個袖珍版的慣性坐標系。本來，如果是真正的慣性坐標系，就不會有時間和空間的限制。可是現在這個升降機版的慣性坐標系卻在時間和空間上都有限制。之所以在空間上受到限制，是因為在升降機裡面運動的物體並不會永遠依直線前進，早晚總會碰到牆壁而停止。之所以在時間上受到限制，是因為升降機早晚都會撞到地面，頓時不再存在。除此之外，依據狹義相對論，升降機的大小有限也是很重要的。因為，若非如此，對升降機裡面的人而言，升降機就不再是一個慣性坐標系。因為，假設升降機裡的物理學家同時丟下兩個球，這兩個球將一直漂浮在半空中不動。這一點，對於外面的觀測者而言，是因為這兩個球互相平行跌落的緣故。但是，如果升降機有德克薩斯州那麼大，這兩個球相隔的距離也有德州那麼大，那麼它們就不再是平行跌落了。這時這兩個球會向中間聚合。因為，它們全都受到重力的牽引，拉向了地球中心。這時升降機裡的觀測者看到的是這兩個球隨著時間的過去逐漸靠近，好像彼此之間有一種吸引力似的。這時這種吸引力就會變成一種像是在升降機裡影響物體的「力」。在這種情況下，升降機裡的物理學家差不多絕對不可能再得到結論，說他們的坐標系是一個慣性

172

坐標系。

　　簡單的說，一個在重力場中往下落的坐標系只要夠小，就相當於一個慣性坐標系；這就是愛因斯坦的等效性原理（principle of equivalence）。這真是智慧巧妙、擲地有聲的一步。任何「慣性坐標系」一類的東西，只要可以用「重力場」這一個假設「銷毀」（愛因斯坦語ii），就再也不配稱為「絕對」（譬如「絕對運動」、「絕對非運動」）。因為，你看，升降機裡的觀測者經驗的是沒有運動，沒有重力；可是外面的觀測者看到的，卻是一個坐標系（就是升降機）一直在重力場中加速度。

　　現在再讓我們想像這種情況的一種變奏。

　　假設我們這些原來在外面的觀測者現在是在一個慣性坐標系裡面。我們已經知道這個慣性坐標系會發生什麼事，情形和墜落的升降機一樣。我們沒有任何力——包括重力——來影響我們。所以，姑且就說我們在其中漂浮得很舒服。原來靜止的物體還是靜止，原來運動的物體還是一直依直線運動。每一個作用都產生一個相等但相反的反作用。

　　現在，假設我們的慣性坐標系裡面的是一部升降機。又，有一個人在上面綁了一條繩子，然後一直拉（方向如圖所示）。因為這時繩子是用一股穩定的力在拉升降機，所以這表示升降機一直朝著箭頭的方向穩定加速度。在這種情況下，升降機裡面和升降機外面的觀測者要如何看待這種情況？

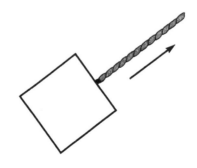

圖8-1

　　由於我們是漂浮在升降機外面，所以我們經驗到的我們的參考架構是絕對的靜止，其中完全沒有重力的影響。因為我們可以看到繩子以穩定加速度在拉升降機，所以我們可以預測升降機裡面將要發生什麼事。升降機裡面，凡是沒有附著的東西很快就要與升降機地面相撞。如果升降機裡有人丟下一條手帕，地板會趕上去接。如果有人在地板上跳，他剛跳上去，地板立刻又貼在他的腳下。升降機加速的時候，一路上一直撞著闖進它路徑的每一件東西。

　　然而在升降機裡面，這種情況的看待完全不一樣。對於在升降機裡出生、長大的一代物理學家而言，說什麼「向上加速」簡直就是狂想。（不要忘了，這部升降機沒有窗戶。）對於他們而言，他們的坐標系是完全的靜止。在他們而言，這時的升降機裡面，物體之所以往下掉是因為重力場的緣故，就好比地球上物體往下掉是因為重力場的緣故。

　　升降機內外的觀測者對升降機內的現象都有自我一致的解釋。外面的觀測者用升降機的加速運動來解釋，裡面的觀測者用重力場來解釋。在這裡，誰對誰錯「完全無法」斷定。

　　「等一下，」我們說，「如果我們在升降機一邊的牆上開一個小洞，再從這個小洞向升降機裡面照射光束。如果這部升降機真的是不動的，那麼光束將照在對面牆上與小洞正相對的地方。但是，一如我們所見，升降機是在往上加速度，所以光束通過升降機內部時，升降機的牆壁也已經稍微往上升了。因此這時光束應該打在小洞正對面稍微下面的地方。就實際而言，光束在升降機裡的人看來應該是一條向下的曲線，而非直線。這一點相信可以向他們證明升降機在運動。」

　　「沒有。其實什麼都沒證明，」一直在升降機裡的津得微說，「升降機裡的光線本來就不可能直線前進。為什麼？因為我們在重力場裡面。光是能，能就有質量，重力又會牽引質量。所以，通過升降機的光束會受重力場的牽引，就好比以光束將棒球水平的丟出去一樣。

　　我們沒有辦法讓津得微相信他們的坐標系是在加速狀態中。能說的我們都說了，可是他一概拒絕（或者說，解釋）為「重力場」的緣故。穩定加速運動和恆定重力場兩者之間是絕對無從分辨的。

　　這就是表達愛因斯坦的等效性原理的又一種方式。在有限區域之內，重力即等於加速度。我們前面已經得知，通過「重力場」（墜落的）加速度等於一個慣性坐標系。現在我們又知道「重力場」等於加速運動。這樣，我們終於接近廣義相對論了。廣義相對論的意思是說，不論參考架構的運動狀態如何，這個相對論在一切參考架構都成立。

　　重力連接了升降機內外觀測者的兩種解釋。有一個線索向愛因斯坦顯示他的廣義相對論的鑰匙在於重力，但是這個線索其實和物理學一樣古老。

　　質量有兩種。這意思是說講質量的方式有兩種。一種叫重力質量（gravitational mass），一種叫慣性質量（inertial mass）。大略說來，物體的重力質量就是天秤量出來的重量。若甲物體比乙物體重三倍，甲物體的質量就比乙物體多三倍。重力質量說的是地球在物體上施加多少重力。牛頓的運動定律描述的就是這種力的效應。這種效應隨著質量與地球距離的變化而變化。不過，牛頓的運動定律雖然描述這種力，卻不界定這種力。他們只說這是神祕的「遠處的作用」；地球隱形的往上伸出手把物體拉下去。

　　至於慣性質量，慣性質量量的是物體對加速度（或者減速度，也就是負加速度）的阻抗（resistance）。譬如說，使三個鐵路車廂從靜止起動到時速20英里（正加速度）所需要的力，是一個車廂從靜止起動到時速20英里的三倍。同理，要使三個車廂停止所需的力也是使一個車廂停止的三倍。這是因為三個車廂的慣性質量是一個車廂的三倍的緣故。

　　慣性質量即等於重力質量。這就是羽毛和炮彈在真空裡下墜的速度一樣的原因。炮彈的重力質量固然高過羽毛幾百倍，可是在慣性質量上，炮彈對運動的阻抗也比羽毛大了幾百倍。它對地球的引力比羽毛強了幾百倍，可是

不運動的傾向也一樣大了幾百倍。這樣的結果就是，它向下落時雖然好像應該比羽毛快很多，可是事實上卻是和羽毛的加速度一樣。

　　300年前物理學家就知道慣性質量即等於重力質量，不過他們卻認為這只是巧合，其中沒有什麼意義。一直到愛因斯坦發表廣義相對論情形才算改觀。

　　用他的話來說，重力質量與慣性質量相等的「巧合」正是將他導向等效性原理的「線索」[iii]。等效性原理透過重力質量與慣性質量的相等而論及重力與加速度的相等，他的升降機實驗說明的就是這些東西。

　　狹義相對論處理的是非加速（等速）運動。[63]如果將加速度忽略不計，那麼我們只要有狹義相對論就夠了，因為這時狹義相對論到處可用。不過，由於加速度等於重力，所以，這就無異於是說，只要忽略重力不計，我們只要有狹義相對論就夠了。這時如果要將重力的效應考慮在內，就要用廣義相對論。

　　在物理的世界裡，重力效應在兩種地方可以不計。一是太空中遠離一切重力（物質）中心的區域，一是空間的極小區域。為什麼重力在極小空間區域可以不計，是愛因斯坦理論裡面最費腦筋的一點。重力在極小空間區域之所以可以不計是因為，如果空間區域極小，時空的「巍峨地形」就看不到了。[64]

　　時空連續體的本質就像是山巒起伏的鄉野。那些山是一塊一塊的物質（物體）造成的。物質越大塊，就越使時空連續體彎曲。至於空間裡遠離一切大塊物質的區域，時空連續體在這種區域就像是平地。地球這麼大的物質在時

63　狹義相對論處理的是「坐標系」的非加速（等速）運動。只要我們觀察的物體所在的坐標系是等速運動，那麼縱然這個物體本身不是等速運動，狹義相對論也可描述。

64　現在有些物理學家認為廣義相對論在高能物理學上將是很有用的理論。因為，高能物理學是微觀事物的物理學，通常不計重力效應，可是，如今科學家卻在極小距離（10cm）之內偵測到很強的重力場起伏運動，所以科學家認為廣義相對論將是微觀的高能物理學很有用的理論。

空連續體裡面就像是一個腫塊，行星則差不多是一座山。

　　物體在時空連續體裡移動的時候，會走兩點之間最好走的路徑。時空連續體裡面這種兩點間最好走的路徑叫做短程線（geodesic）。短程線不見得是直線；這要看物體所在的地形而定。

　　假設我們乘著一個氣球在天上往下看一座山。這座山的山頂有一座燈塔，山下有許多村莊圍繞，村莊與村莊之間有道路互相連繫。現在假設這座山逐漸從平原上高升，越來越陡，接近山頂的地方甚至差不多已經是直上了。這時就會發生一種情形，那就是，隨著山勢的升高，那些道路一接近山就會轉彎，避免爬上山去，因為沒有必要。

　　現在再假設這時是晚上，我們看不到山，也看不到路，只看到燈塔和爬山的人的火把。這時我們就會發現，火把在接近燈塔的地方就偏離直路。離燈塔有一些距離的，偏離的曲線比較柔，比較優美。離燈塔很近的，偏離的曲線就很銳利。

　　這種情形，也許我們會推論說，可能是燈塔發出一種力量，排斥了所有想接近的人。譬如說，可能燈塔很熱很燙。這是我們的推論。

　　不過，等到天亮以後，我們才發現原來燈塔與登山者的運動狀況完全無關。他們之所以有這樣的運動狀況，原因其實很簡單，那就是，他們只是在起點和目的地之間，順著這個地形裡面最好走的路走罷了。

　　上面說的是一個比喻。這麼精巧的比喻是羅素創造的。原來這個比喻裡面山指的是太陽，路人是行星、小行星、彗星（以及太空船殘骸），道路是這些行星等的軌道，白天到來就是愛因斯坦的廣義相對論到來。

　　這裡要說的就是，太陽系的物體之所以那樣運動，並不是因為太陽從遠處施加某種神祕的力量（重力）的緣故，而是運動時所經區域有某種性質的緣故。

　　亞瑟‧愛丁頓（Arthur Eddington）用了另一個比喻來說明這種情形。他說，假設我們坐在一艘小船上。水很清，從船上向下望可以看到水底和水裡

的游魚。這時我們發現，水裡的魚似乎總是避開水底的一點。每次快到這一點的時候，魚不是向左轉就是向右轉，絕不從上面經過。於是從這種情形也許我們就推論說，這一個點可能一直發出一種排斥的力量，使魚不敢接近。

可是，等到我們潛下水去觀察這一點時，我們才發現那只不過是一隻翻車魚把自己埋在沙裡，造成了一堆隆起罷了。每次魚貼著水底游近時，繞過去都比爬升到這堆隆起上面再游近。所以並沒有什麼「力」使魚避開那一點，魚只不過是走最好走的路罷了。

魚的運動狀況並不是這個點發出什麼力決定的，而是它的路徑四周環境的性質使然。同理，如果我們看得到時空連續體的地理（幾何），我們就會知道，行星之所以那樣運動，原因亦是在此，不是什麼「物體之間的力」。

由於我們的感官經驗只限於三個維度，而時空連續體是四個維度，所以我們看不到時空連續體的幾何，就是想畫也畫不出來。

譬如說，假設有一個二維的世界。這個世界的人和物體都像電視螢幕和電影銀幕上看的一樣，只有長度和寬度，沒有厚度。如果這種兩個維度的人有生命和智力的話，因為他們無法經驗到第三維，所以他們的世界於他們而言必然與我們大不相同。

在兩個人之間畫一條直線，對他們來說就等於是一道牆了。因為他們的物理存在是二維空間，所以他們可以繞過兩端走過去，但是絕對無法「跨過去」。這情形就好比銀幕上的人無法跨出銀幕走進三維空間一樣。他們知道何謂圓圈，但絕對無法了解什麼是球形。事實上球形對他們而言依然是圓圈。

如果他們是喜歡探討問題的人，不久就會發現他們的世界是無限的平面。如果有兩個人背對背各自向前走，他們永遠不會再見面。

他們也可以創造一種簡單的幾何學，或早或晚都會在自己的經驗裡找出通則，建立其中的抽象。這樣，一旦想在他們的物理世界做什麼，建造什麼，他們就有這些抽象法則可以遵循。譬如說，他們可能發現，只要三支金屬棒圍成一個三角形，這個三角形的三個角總合一定是180度。這以後，他們裡面

有那比較敏銳的，或早或晚又會用理想上的概念（直線）來代替金屬棒。於是他們終於得到這個抽象的結論，說，在定義上由三條直線構成的三角形總共有180度。有了這個結論以後，他若想要進一步研究三角形，就不需要真正做一個三角形了。

講到這裡，我們已經知道，二維的人創造的幾何學跟我們在學校裡學的完全一樣。我們的學校教的幾何學叫做歐基里德幾何，為了紀念那個希臘人歐基里德。他已經徹底思考過幾何學這個課題，以致於2000年來再也沒有人能夠在這個課題上再擴增什麼東西。（所以大部分的高中幾何學都有2000年之久。）

現在再假設有一個前所未知的人把他們送到了一個巨大的球體面上。這樣一來，他們的物理世界就不再是完全的平坦，而是有些彎曲了。自然，一開始的時候沒有人知道這種差別的存在。可是，等到他們的科技發達，可以和遠方交通以後，他們終於有了重大的發現，就是無法在這個世界證明他們的幾何學。

譬如說三角形好了。如果他們有機會測量一個很大很大的三角形，就會發現這個三角形的三個角總合超過180度。這種情形我們很容易就可以畫出來。譬如說在一個球體上畫一個三角形。我們以北極為三角形的頂點，赤道為三角形的底邊，兩股在北極交叉，形成正角。若是按照歐氏幾何，這個三角形應該總共包含兩個直角，也就是總共180度。可是，現在這個球體上的三角形卻不然。這個三角形赤道兩端的三角形現在也是三角形。換句話說，這個三角形包含了三個直角，總共270度。

二維的人在他們以為是平面的世界測量了這個三角形以後，大為疑惑。等到塵埃落定之後，他們才能夠冷靜下來想到這種事只有兩種解釋。

一個是他們用來構成三角形的線（譬如光束）雖然看來像是直線，其實

不是直線。另一個是他們的幾何學不適用於真正的世界[65]。第一個解釋可以說明三角形超出的度數。不過這一來他們又得創造一種「力」來說明直線的扭曲。第二個解釋則等於說他們的世界不是歐基里德式的世界。

不過，如果要說他們的物理現實不是歐氏幾何的世界，對他們而言可能太過神奇。尤其已經運用2000年之久，沒有任何理由質疑歐氏幾何學。所以，到最後他們的選擇可能是尋找一些「力」來解釋直線的扭曲。[66]

不過問題是，他們一旦選擇了這個研究方向，每次一碰到歐氏幾何失效的時候，他們就要找一種力來解釋。這樣子弄到最後，所有這些力形成的結構會變得非常複雜。然後他們就會覺得與其如此，還不如放棄這些力，承認他們的物理世界不是遵循歐氏幾何學比較簡單。

說了這麼多，就是要說明我們對四維時空連續體的認識，就好比二維人對三維的認識一樣。他們無法感受到自己活在三維空間，但可以推論出來。我們無法感受到我們活在四維空間，但我們可以推論出來。2000年來，我們一直認為整個自然宇宙是歐基里德式的。說歐氏幾何在哪裡都成立，意思是說它在自然宇宙的任何一個地方都可以證明為真。可是這是錯誤的。無論我們怎麼固執不願接受，宇宙並不受限於歐基里德幾何學法則。最先看出這一點的，就是愛因斯坦。

我們無法直接感受四維的時空連續體，可是我們可以從狹義相對論已知的事物，推論出我們的宇宙並非歐基里德式的。這就要講到愛因斯坦的另一個思想實驗了。

現在假設有兩個同心圓，一個半徑很小，一個半徑很大。兩者環繞同一

65　譯註：在這個例子裡指三維空間的世界。

66　這種情形亞瑟‧愛丁頓說得最簡單扼要。他說，「一個坐標系的自然幾何學，和科學家任意加於其上的抽象幾何學是有矛盾的。力場就是這種矛盾的代表。」亞瑟‧愛丁頓，〈The Mathematical Theory of Relaivity〉 pp. 37-38，1923 年劍橋大學出版社出版。

個圓心。（如圖8-2）

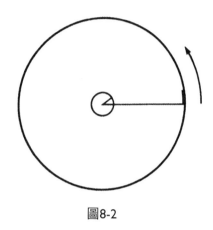

圖8-2

　　再假設我們這些觀測者是從一個慣性坐標系觀察這兩個圓。說我們在慣性坐標系裡面，意思是說，相對於其他一些事物——包括這兩個轉動的圓——而言，我們的參考架構是靜止的。假設我們在這兩個同心圓的正上方再畫兩個完全一樣的同心圓，不過這兩個同心圓是在我們的坐標系裡，而且不轉動（靜止）。現在，我們和轉動的同心圓上面的觀測者通訊。

　　依照歐氏幾何學，所有的圓其半徑與圓周比都一樣。譬如說，如果我們測量圖中小圓的半徑和圓周比，再測量大圓的半徑與圓周比，會發現兩者所得結果一樣。現在我們再來做一個思想實驗。這個思想實驗的目的，在於判斷這個半徑與圓周比對於固定同心圓和轉動同心圓的觀測者是否皆成立。

　　轉動的同心圓那邊的觀測者和我們會用一樣的尺來測量。說「一樣的尺」指的是，要不就是把我們的尺遞給他用，要不就是兩邊用的尺都是同一個坐標系靜止時的長度。

　　我們先做，我們先量小圓再量大圓。沒錯，我們得到的半徑與圓周比一樣。我們證明歐氏幾何學在我們的坐標系是成立的，而我們的坐標系是慣性坐標系。

現在我們把尺傳給那邊的觀測者，他先量他的小圓的半徑。結果和我們的一樣。再量小圓的圓周。請不要忘記這把尺會因為運動而順著運動方向收縮。可是，由於小圓的半徑太小，所以尺在小圓圓周上的運動不夠快，因此也就看不到它的相對收縮效應。所以測量結果他的小圓圓周就和我們的小圓圓周一樣。自然，兩者的半徑與圓周比也都一樣。到這裡為止，一切安然無事。我們已經測量了三個圓，三個圓的半徑與圓周比一樣。按照高中幾何學教科書也應該是這樣。

現在測量最後一個圓，也就是他的大圓。先量半徑，結果和我們的大圓一樣。現在再量圓周，這時情況不一樣了。因為他的大圓半徑很大，所以運動起來以後，圓周的速度也很快。所以尺一放上去就收縮了。

尺一收縮，他量出來的圓周當然也就比我們的大圓大。（量半徑時因為尺與運動方向成垂直，所以尺只是變薄，而不是變短。）

這樣測量的結果就是，他的小圓的半徑與圓周比與他的大圓不一樣。若是照歐氏幾何學，這是不可能的，可是確實發生了。

如果我們用舊（也就是愛因斯坦以前）的態度看待這件事，我們就可以說這種事沒什麼大不了。按照定義，力學定律和歐氏幾何只有在慣性坐標系才成立。所以凡是非慣性坐標系我們就一概不考慮。愛因斯坦以前的物理學家就是這種立場。可是，在他看來，這種立場剛好就是錯的。他的想法是，既然宇宙有很多慣性坐標系，也有很多非慣性坐標系，那麼他就要建立一個所有坐標系都成立的物理學。

既然我們想要建立一個全面成立的物理學，一個廣義物理學，我們對這兩種坐標系的觀測者就必須同樣認真看待。譬如上面這個例子，轉動的圓上面的那個人跟我們一樣，有權利在自然世界與他們的參考座標之間建立關係。不錯，力學定律和歐氏幾何在他們的參考架構都不成立，不過，凡是逸出這兩種規律的情況卻都可以用重力場來解釋；而重力場正是影響他們的參考架構的一種因素。

　　愛因斯坦的理論讓我們做的就是這一回事。他讓我們表達物理學法則的方式獨立於任何時空座標。每個參考架構的時間和空間坐標（測量數字），依照參考坐標的運動狀態，個個不同。廣義相對論使我們得以將物理學法則全面應用於每一個參考架構。

　　「等一下，」我們說，「一個人在轉動的圓那種坐標系裡又如何測量距離和導航呢？這種系統裡面尺的長度總是隨處而變。我們越接近圓心，尺的速度就越快。尺的速度越快，長度就縮得越短。但是，這一切在慣性坐標系裡都不會發生。慣性坐標系實際上是靜止的，整個坐標系裡由於速度完全不變，所以尺的長度也就不會變。

　　「所以我們就可以像建造城市一樣，一磚一瓦的建造慣性坐標系。由於尺的長度不會變，所以按照這把尺做出來的磚瓦尺寸都一樣。在這個坐標系裡面，不論我們身在何方，我們都知道十塊磚的尺寸是五塊磚的兩倍。

　　「可是如果是非慣性坐標系，它的速度就要隨處而變了。這也就表示尺的長度也要隨處而變。在這個坐標系裡面，如果我們用一把尺來做所有的磚瓦，這些磚瓦的尺寸就會隨著位置的不同而不同。」

　　「只要我們在非慣性坐標系裡面照樣能夠判定我們的位置，」津得微說，「這又何妨呢？現在假設我們在一片橡皮上畫一個方格圖（見圖8-3）。這是一個坐標系。在這個坐標系上，我們位於左下角，而星期六有一個派對將在標有『派對』兩個字的交叉口舉行。那麼，如果我們想參加這個派對，我們必須向右走兩個方塊，再向上走兩個方塊才行。」

　　「但是，現在假設我們把這一片橡皮拉成圖8-3下的樣子。這樣會有什麼不同嗎？」

　　「方向還是一樣的（向左向右各兩個方塊）。不同的只有一個地方，那就是，如果我們不熟悉坐標系的這一個部分，我們算起行走的距離，就不像所有方格都一樣那麼簡單了，如此而已。」

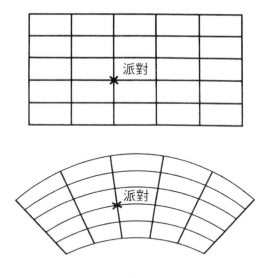

圖8-3

　　重力等於加速度。根據廣義相對論，使時空連續體扭曲的，就是重力；其方式類似我們剛剛扭曲橡皮的方式。當重力效應還可以忽視的時候，時空連續體就好比原來沒有扭曲的橡皮。所有的線都是直線，所有的時鐘都同步走動。換句話說，原來的橡皮就像是一個慣性坐標系的時空連續體，這個時空連續體用的是狹義相對論。

　　可是，若是在宇宙裡，重力之大就無可忽略了。此時，物質越大，就越使時空連續體彎曲。物質越大，彎曲就越厲害。

　　前面那個轉動的圓的例子裡，由於此一坐標系各部分速度不同，所以尺的長短也有所不同。我們還記得加速度（速度的改變）等於重力。所以重力場的強度如果有變化，同樣也會使尺收縮。「加速度」和「重力」是一件事的兩種講法。這也就是說，如果尺遭遇的重力場強度不同，它的長度也就不同。

　　當然，在太陽系裡面運動不可能不遭遇各種強度的重力場。而重力場會使我們想盡辦法做出來的地圖，扭曲成前面所說的橡皮那樣。我們的地球在

這個時空連續體裡面運動，這個時空連續體像是一個山巒起伏的鄉野，其中以一座山（太陽）為主體，統御此地的地理。

根據牛頓的看法，地球想要一直直線前進，可是太陽的重力場一直使它偏離，兩相平衡之下，地球就順著軌道環繞太陽行走。可是愛因斯坦的看法卻不是這樣。他說，地球所在的時空連續體在太陽這一帶已經受到太陽的扭曲，所以地球之所以那樣行走，只不過是在這個扭曲的時空連續體當中找到最好走的路徑罷了。

只要想像一下，就知道我們的宇宙這個時空連續體的地理有多複雜。這個宇宙有那麼多的太陽系、星系、銀河、銀河星團等；每一個都會在這個四維的時空連續體裡造成大大小小的隆起、彎曲、丘陵、谿谷、高山……

這個環境既然如此複雜，我們在其中還有可能導航嗎？

可能。譬如地球好了。我們在地球上面用經線和緯線畫出方塊，方塊大小視其位置而定，越接近赤道越大。（如果這樣說還不清楚，請看地球儀。）不過我們可以用經線緯線的交叉定出地表的物理點。當然，因為方塊大小都不一樣，所以光是知道我們與目的地之間有幾個方塊，還是無法算出距離。可是這時我們只要知道我們這一塊地形的性質，就可以（用球形三角學）算出距離了。

同理，我們只要知道時空連續體裡面某一地區的種種屬性，就可以算出時空連續體裡面兩件事情的位置及其距離（時空間隔）。[67]愛因斯坦以十幾年的時間建立廣義相對論，而廣義相對論的數學結論，終於使我們能夠計算事情在時空連續體裡面的位置與距離。

廣義相對論的公式方程式是結構公式，描述的是變來變去的重力場的結構。（牛頓的公式描述的是某一時間之內兩物體之間的關係，愛因斯坦的公式則是建立此時此地的一個狀況與稍後附近的一個狀況之間的關係。）將實

---

[67] 這個距離當然是「不變的」。也就是說，這個距離在一切坐標系都一樣。這個不變數是愛因斯坦理論的絕對客觀面。這是對主觀任意選擇坐標系的補充。

際觀察的結果輸入這些公式，我們就會得到我們所觀察的地區一帶的時空連續體景象。換句話說，這些公式會向我們揭露那個地區的時空連續體的幾何學。我們只要一知道這個時空連續體的幾何學，我們的情況就約略相當於一個水手知道地球是圓的，而又懂球形三角學的情況。[68]

到目前為止，我們都只是說物質會使時空連續體彎曲；可是，若是按照愛因斯坦終極的看法，每一塊物質即是時空連續體的曲線（可惜的是他未能證明這一點）。換句話說，根據他的終極觀點，根本沒有什麼「重力場」、「質量」這種東西。這種東西不過是我們的心靈所造，真正的世界沒有這種東西存在。「重力」這種東西是沒有的──重力不過等於加速度，而加速度卻是運動。「質量」這種東西是沒有的，質量不過是時空連續體的曲線。即使是「能量」這種東西也是沒有的──能量即是質量，而質量即是時空曲線。

在我們的心目中，一個行星有它自己的重力場，循著軌道繞日而行，而這個軌道是由太陽的重力牽引造成的。但這只是我們自己的想法。事實上這所謂的行星只不過是一道時空曲線在另一道已經非常明確的時空曲線裡，找到了最容易通過的路徑罷了。

這個宇宙除了時空與運動之外，別無他物。而時空和運動事實上又是同一件事。這樣說事實上是完全用西方的話道盡了道家和佛教哲學的根本要義。

物理學研究的是自然實在界。一個理論如果與自然世界無關，這個理論可能是純數學、詩學或詩。但是這就不是物理學了。我們的問題是，愛因斯坦的理論那麼神奇，可是有效嗎？

答案是「有」。這個答案是暫時的，實驗性的，可是大家都能接受。大部分物理學家都認為廣義相對論在看待大規模現象上是一個有效的方法。但是他們同時又希望找到比較多的證據來支持（或挑戰）這個立場。

---

68 其實時空連續體不只彎曲而已。時空連續體還有拓撲學的屬性，也就是說，時空連續體可以隨意連接。譬如接成甜甜圈狀、扭轉都可以。

186

　　由於廣義相對論處理的是遼闊的宇宙，所以光是觀察地球的現象不足以證明它的有用（不是真實，因為「手錶」還是打不開）。要證實這個理論，必須由天文學尋找證據。

　　到目前為止，人類已經用四種方式證明了廣義相對論。這四個理論裡面，前三個清楚明白，有說服力。而最後一個，如果它初期的觀察正確的話，簡直比廣義相對論本身還神奇。且容我們在此一一道來。

　　廣義相對論的第一個證明為天文學家帶來了意想不到的收穫。牛頓的運動定律據說是說明行星繞日的軌道的。這一點確實不錯──除了水星之外。水星繞日的軌道是橢圓形的，一部分離日較遠，一部分離日較近。離日最近的一點叫做近日點（perihelion）。科學家長久以來一直在尋找水星近日點的解釋，廣義相對論的出現正好滿足了這種需求。

　　水星近日點──事實上是水星軌道全部──的問題在於它會移動。水星並不是在一個與太陽的坐標系相對的軌道上一直循原路繞日而行。水星的軌道本身就在繞日而行。這種公轉的速度很慢（每300萬年繞日一週），不過已經足以使天文學家迷惑了。在愛因斯坦之前，科學家將水星軌道的歲差歸之於太陽系裡的一個行星，只不過這個行星尚未發現罷了。但是廣義相對論一出，再也沒有人要找這個行星了。

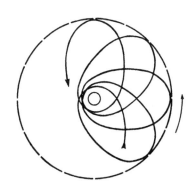

圖8-4

　　愛因斯坦建立廣義相對論的時候並沒有特別照顧到水星的近日點。可是一旦把它用在這個問題上以後，它立刻就告訴我們水星走的路，正好就是它在太陽一帶的時空連續體必須走的路。其他的行星之所以沒有這樣走，是因為它們離太陽的重力比較遠。廣義相對論加一分！

　　廣義相對論的第二個證明是愛因斯坦所做的一項預測完全正確。他預測的是光束會因為重力場而彎曲。他不但明言彎曲的程度有多大，而且還建議天文學家做個實驗來測量太陽重力場使星光彎曲的程度多大。

　　根據愛因斯坦的看法，地球和一群可見星之間存在著一個太陽，必然會使這一群星星的位置改變。因為，從星星來的光會因為太陽的重力場而彎曲。這個實驗的做法是這樣的，先在晚上對一群星星拍照，註明這些星星彼此相對的位置，以及相對於四周其他星群的位置，然後再在白天拍一張。當然，這時星群和地球中間是有太陽的，所以這張照片只能在全日蝕的時候拍。

　　天文學家查過星圖以後，發現5月29日是一個理想的日子。因為太陽在眾星之間的旅行，這一天會通過一個異常多星星的星群。事實上，1919年的5月29日還是一個難以置信的巧合。因為，就在四天前愛因斯坦剛發表廣義相對論，接著這一天就要發生日全蝕。科學家都躍躍欲試，要用這一天來考驗愛因斯坦的新理論。

　　我們認為星星的光是直線前進，但是，因為光訊號會在太陽一帶彎曲，所以星星的位置於我們認定的事實上有出入。

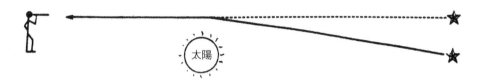

太陽

圖8-5

當然，愛因斯坦之前，科學家已經在理論上定出一個光線路徑的偏曲量。牛頓的重力定律就是他們用以計算這種偏曲的工具。不過牛頓的重力定律卻無法解釋這種偏曲。愛因斯坦預測的偏曲大約是牛頓預測的兩倍，此外愛因斯坦還明白提出解釋。這種新舊理論之間的對峙，物理學家和天文學家都在等著看結果如何。

1919年的這次實驗，科學家分兩組在地球的兩個地方工作，兩組拍攝的當然是同一個星群。結果證明愛因斯坦的理論正確。這一次實驗以後，科學家一再從日全蝕所做的實驗得到相同的結果。這一切都證明了愛因斯坦的預測。廣義相對論再加一分！

第三個證明是所謂的重力紅位移（gravitational red-shift）。還記得，（因為重力即是加速度）重力會使尺收縮，也會使時鐘走得比較慢。

不論什麼東西，只要是按週期一再重覆運動的，都是時鐘。原子也是一種時鐘，因為它依照一個頻率振動。如果我們刺激一種物質——譬如鈉——使它發亮，再測量它發出的光的波長。這個波長就能夠告訴我們構成此種物質的原子振動的頻率。如果頻率變了，波長也就跟著變。

地球上的一個時鐘和受強大重力場——譬如太陽——影響的一個時鐘之間，如果我們想比較它們的節拍有何不同，我們並不需要送時鐘到太陽表面。我們有現成的。

愛因斯坦說，凡是在太陽上發生在一個原子裡的週期過程，都會在地球上以比較慢的速率發生。我們只要將陽光裡發現的一種元素的輻射線波長，和地球的實驗室發現的這種元素的輻射線波長做個比較，就可以考驗他的話是不是正確。科學家已經做過很多次這種實驗；每一次實驗的結果都是陽光裡測到的波長比實驗室裡測到的長。波長長表示頻率低。鈉原子在太陽的強大重力場影響之下，振動就比地球上慢。鈉原子如此，一切原子莫不如此。

這種現象就叫做重力紅位移，因為振動頻率變慢就表示波長變長。重力紅位移就是原子的波長向可見光譜長波的一端移動。可見光譜長波的那一端

是紅光，所以這種現象才叫重力紅位移。廣義相對論再加一分！

　　現在我們要談到廣義相對論的第四個證明了。我們前面談到水星的近日點會移動、星光的偏差、重力紅位移等都是可觀察的現象，但是談到第四個證明，我們卻要進入一個理論主控的領域。人類對這個領域的實際觀察還很少很少，但是這個領域卻是科學史上最令人興奮，最激盪人心的一個領域。這個領域就是黑洞。黑洞是廣義相對論的第四個證明。

　　1958年大衛‧菜科斯坦發表了一篇論文。論文裡面，他根據愛因斯坦的廣義相對論對一種現象建立了理論。這種現象他稱之為「單向膜」（one-way membrane）[iv]。他是說，只要幾個條件具備，那麼，在極高密度重力場下會形成一個門檻，光和自然物體在這個門檻只進不出，一旦進來就無法脫逃。[69]

　　翌年，菜科斯坦到倫敦大學擔任客座教授，講到他的「單向膜」。他的觀念吸引了一個學生，引發了這個學生的想像力。後來這個學生把菜科斯坦的發現進一步擴充，發展成「黑洞」的現代理論。這個學生就是羅杰‧潘羅斯（Roger Penrose）。[70]

　　所謂黑洞，是一個重力非常強的空間地帶；因為重力非常強，所以連光都要給吸進去；這地方看起來全黑，所以就叫做黑洞。[71]如果是在實驗室，重力可以忽略不計。但是如果事關大的物體，重力就很重要了。所以黑洞的探索，很自然就變成物理學家和天文學家共同的歷程。

　　天文學家認為，黑洞可能是星球演化的產物。星球不會無限期燃燒。它

69　事實上，1795 年拉普拉斯（Pierre-Simon La Place）也曾經根據牛頓物理學對這個現象建立了理論。但是，用現代觀點，也就是說用相對論來處理這個現象的物理學家，菜科斯坦是第一人。他的行動開啟了當代的黑洞理論。

70　現代第一篇論黑洞的論文是歐本海默（J. R. Oppenheimer）和史奈德（S. Snyder）於 1939 年所作。至於超越時空的黑洞單體（black hole singularity），這種現代理論則是潘羅斯和霍金（S. W. Hawking）發展出來的。

71　這只是最近似的情形。依照現代的理論，由於光子等粒子會透過「單向膜」的量子隧道跑出來，所以黑洞實際上還是有光照出來。

們的生命有一個循環週期，從氫氣開始，逐步發展。結束的時候，有時候是一塊高密度的、燃燒殆盡的、旋轉的物質。這個過程最後的產物是什麼，要看星球多大而定。有一個理論說，相當於我們的太陽三倍或三倍以上的星球才會成為黑洞。這種星球的殘骸密度高得無法想像；直徑可能只有幾英里，可是所含質量卻是我們的太陽的三倍以上。這樣高密度的質量自然會產生一個極強的重力場，把附近的一切東西都吸進去——光，當然也不例外。

這樣的星球的殘骸四周圍有一個事件視界（event horizon）。星球燃燒完畢後，其龐大的重力場就形成了事件視界。事件視界的作用正是愛因斯坦所說的單向膜。不管什麼東西，只要進入這種物質的重力場，就會立刻給拉過去，一通過事件視界，永不復返。黑洞的根本特性就在事件視界。至於物體通過事件視界以後會怎樣，故事比最富想像力的科幻小說還要精彩萬分。

如果黑洞是不旋轉的，那麼進入其中的物體將直接到達中心的一點。這中心的一點叫奇異點（singularity）。奇異點會將物體擠壓殆盡，而至於不存在；用物理學的話就是變為零體積（zero volume）。一切物理學法則在黑洞奇異點裡面完全失效，連時間和空間都一概消失。有人說，凡是吸進黑洞的東西都會在「另一邊」溢出——這「另一邊」就是另一個宇宙！

如果黑洞是旋轉的，那麼吸進事件視界的物體將不會進入黑洞奇異點（在旋轉的黑洞裡，黑洞奇異點成環狀），而是（經由「蟲洞」）進入宇宙的另一個時間、另一個地方，甚或是（經由「愛因斯坦・羅森橋」〔Einstein-Rosen bridge〕）進入另一個宇宙。這種情形下，旋轉的黑洞可能就是終極的時間機器。

黑洞差不多完全不可見。不過，屬於黑洞特有的現象卻是有跡可尋。第一個是大量的電磁輻射線，第二個是黑洞對鄰近可見星球的影響。先談第一個。黑洞一直在吸收一切物質，其中包括氫原子、宇宙粒子。這些粒子一進入黑洞，經過它的重力場時速度就一直增加，到最後終於到達光速。這就造成了大量的電磁輻射線（任何帶電的粒子加速時都會製造電磁輻射線）。這

是黑洞的第一個跡象。

黑洞的第二個跡象是它對鄰近可見星球的影響。一個可見星如果看起來像是環繞著一個看不見的星球（也就是說好像是一個雙子星系的一半），那麼我們通常都可以推斷這個星球的確環繞著一個看不見的星球。這個看不見的夥伴就是黑洞。

因為這樣，所以尋找黑洞後來就變成尋找這兩種現象。1970年，游葫蘆衛星（satellite Uhuru）在一個地區找到了這兩種現象。它在天鵝星座找到了一個高能X射線源的位置。這個電磁輻射線的高能源後來就叫做天鵝座X-1源（Cygnus X-1），能量比太陽高100萬倍。天鵝座X-1源很接近一個可見的藍熱超巨星。科學家現在認為，這個藍熱超巨星就是和天鵝座X-1源這個黑洞構成一個雙子星系。

可見星和看不見的黑洞在這種雙子星系上互相環繞，這時可見的藍熱超巨星實際上就是已經給黑洞吸進來了。它以極高的速度衝進黑洞，一邊身上的物質一直剝落，一邊放出X射線。單單一個天鵝座X-1源已經令人難以置信，可是光是我們的銀河系，自從人類發現天鵝座X-1以來，在銀河系偵測到的這一類物體就不只100個。

黑洞把我們的想像力擴展到極限，但是證據顯示黑洞確實存在。譬如說，我們認為消失在黑洞裡的東西會在別的地方出現。如果真是這樣的話，別的宇宙是不是也有黑洞把那裡的物質吸到我們的宇宙來？科學家很認真的在考慮這個可能性。因為，我們的宇宙就有一些物體與黑洞相反，叫做白洞（當然）。這些物體便是類星電波源（quasi-stellar radio source），簡稱類星體（quasar）。

類星體是異常高的能源。類星體的直徑通常只有太陽系的幾倍，可是它釋放的能量卻比整個銀河系1500億個星球的能量還多。有的科學家認為類星體是我們目前所能測知的最遠的星球，可是我們看到的它還是明亮得難以相信。

　　黑洞與類星體的關係到目前為止純然只是思惟。不過這個思惟卻令人心驚膽顫。譬如說，有些物理學家認為，黑洞會在我們的宇宙吸去物質，然後擠到宇宙的另一個時間、另一個地方，要不就擠到另一個宇宙。根據這樣的假說，黑洞的「輸出」邊就是類星體。如果這個思惟是正確的，那麼就有很多黑洞在吸我們的宇宙，然後在別的宇宙放出去。別的宇宙也是一樣給吸進去，再放出來，變成我們的宇宙，然後這個宇宙又給黑洞吸進去，變成別的宇宙。如此週而復始，自給自足。這是一齣無始無終、無終無始的舞蹈。

　　廣義相對論最深刻的副產品之一是讓我們發現，長久以來我們一直認為重「力」是真正存在的東西，其實是我們的心靈創造出來的。在真實世界裡，沒有重力這種東西。行星之所以繞著太陽運轉，並不是因為太陽施加了什麼看不見的重力。只是因為在它們的時空連續體中，這樣走最容易罷了。

　　所謂「無理」，道理也是一樣。「無理」惟心造。在世界的現實上，無理這種東西是沒有的。從一個參考架構看，黑洞和事件視界有理。從另一個參考架構看，絕對非運動有理。但是若從自己的參考架構看對方，兩者皆「無理」。

　　我們小心翼翼的建造了我們的理性作物。然後，只要一件東西不符合我們的理性作物，我們便謂之無理。然而，這些理性作物本身其實毫無價值。這些理性作物都可以用比較有用的代替。在這種代替品裡面，原本從舊的參考架構看毫無道理的事物，從新的參考架構看將完全成立。反過來情形亦然。「無理」和時間、空間這一切度量一樣（「無理」也是一種測量所得），都是相對的，我們不過是知道在哪個參考架構用它會成立罷了。

部五　握理

第九章　粒子動物園

　　「物理」的第四個近似音是「握理」。大體說來，由於科學史就是科學家努力追求新觀念的歷史，所以一本書用「握理」來講物理真是再恰當不過了。

　　科學家追求新觀念之所以必須苦戰，是因為人長久熟悉一種世界觀以後，再要他放棄，總使他沒有安全感。一個物理理論的價值，要看它有沒有用而定。就這個意義而言，物理理論史可以說很像人的人格成長史。我們大部分人都是用著一些自動反應來反應環境。這些反應之所以會成為自動反應，是因為這些反應都曾經——尤其是在小時候——使我們如願以償。但是，一旦環境改變，這些反應便不再有用。這時如果還有這些反應，不但毫無實際，反而平添許多壞處。這時，忿怒、沮喪、諂媚、哭鬧、欺負弱小等行為都將應時而生。我們總要等到明白這種行為毫無益處，才會有進一步的改變。但這時候的改變往往也很緩慢、很痛苦。人格的成長是這樣，科學理論的成長亦然。

　　哥白尼認為是地球繞日，但是除了哥白尼，誰都不願意接受這個觀念。關於哥白尼的革命，哥德說：

> 人類可能從來未曾受到這麼大的要求。因為，如果承認（地球不是宇宙的中心）的話，第二個天堂、純真世界、詩、虔誠、感官的見聞、一種又詩又宗教的信仰，所有這一切哪一樣不是立時崩潰，化為塵土？也難怪人類對他的觀念沒有胃口。他們整個人都起來反對這個學說……[i]

再說普朗克好了。普朗克的發現意味著一些重大的事情。但是普朗克自己都難以接受。因為，一旦接受了，一個300年之久的科學結構（牛頓物理學）就受到威脅了。關於量子的革命，海森堡說：

> ……新的現象強迫著我們改變思考方式的時候……連聲名最顯赫的
> 物理學家都要感到極度的困難。因為，思考方式的改變可能使我們
> 腳下的土地剎時落空……我相信我們沒有高估其間的困難。明智而
> 溫和的科學人對於這種改變思考方式的要求也感到絕無後路。我們
> 一旦經歷這種感受，只有驚訝科學怎麼會有這樣的革命。[ii]

因為發現了一些新現象無法用現有的理論解釋，才迫使我們興起科學革命。舊理論沒有那麼容易死。哥白尼要我們放棄宇宙中心的地位；這實在是一件精神任務。量子力學要我們接受自然界的非理性；這對知識人是一個嚴重的打擊。然而，新的理論一旦展現優越的用處，反對者不論多麼不願意，也只有接受一途了。這一來，既然接受新理論，也就只好認可隨著新理論而來的世界觀。

今天，粒子加速器、氣泡室、電腦共同產生了一個世界觀。這個世界觀與本世紀初人類世界觀的不同，就好比哥白尼的世界觀與他的前輩不同一樣。這個世界觀叫我們要放棄我們許多緊抓不放的觀念。

這個世界觀裡面，實體這個東西是沒有的。

關於物體，我們最常問的就是，「什麼做的？」不過這個問題的根本卻是一個造作的思想結構。這個思想結構好比一個鏡廳。站在兩面鏡子之間往其中一面看，我們就會看到我們的影像；在我們後面，我們也會看到很多我們，每一個都看著他面前的頭的後面。這樣的影像就這樣一直對折反映，窮目所見，無限延伸。這一切影像，全部都是幻象。唯一真實的就是我們。

每次我們問東西是「什麼做的？」的時候，情形就類似於此。這種問題

的答案永遠都是一種東西，然後對這種東西我們又可以問一樣的問題。

譬如牙籤。我們問牙籤「什麼做的？」答案是「竹子」。不過這個問題卻把我們推進了一間鏡廳。因為，我們雖然得到了答案「竹子」，可是，我們還是可以問竹子是「什麼做的？」我們得到一個答案說是「纖維」。可是纖維又是什麼做的呢？問題就是可以這樣一直問下去。

兩面相對的鏡子會無止境的照出影像的影像。同理，認為一件東西和做成這件東西的東西有所不同，這種觀念也會使我們竟日追尋，了無所得。一件東西不論是什麼「做」的，反正我們已經創造了一個幻影，逼著我們去問，「對，可是那又是什麼做的？」

物理學家是固執追問這一連串問題的人。他們發現的事情叫人吃驚。再用牙籤做例子好了。牙籤是竹子做的，竹子是纖維構成的，纖維是細胞構成的，細胞放大以後，原來是分子構成的。最後，原子是次原子粒子構成的。換句話說，原來「物質」就是一連串焦距之外的形態。想追求宇宙的最後材料，最後發現的卻是宇宙沒有最後的材料。

如果一定要說宇宙有什麼最後的材料，那就是能量。但是次原子粒子並不是能量「做」的，因為次原子粒子就是能量。愛因斯坦早在1905年就建立了這樣的理論。次原子粒子就是能量，所以次原子粒子的互動就是能量的互動。在次原子的層次上，再也沒有究竟（what is）和過程（what happens）的分別，再也沒也行動和行動者的分別。在這個層次上，舞者和舞已經合為一體。

根據粒子物理學的看法，這個世界基本上只是躍動的能量。能量無處不在，起先是一種形式，然後是另一種形式……如此這般，連續不斷。我們所謂的物質（粒子）事實上是造出來的；造出來以後，消滅，又造出來，如此這般，連續不斷。這一切皆因粒子的互動而生，但這一切亦是無由而生。

從「無」之處突然出現一種「事物」，這個事物來了又去，往往是變為別的事物然後才消失。粒子物理學裡面沒有空與不空、物與非物的區別。閃

爍的能量以粒子的形式自己跳舞，存在，碰撞，變質，消失，這就是粒子物理的世界。

粒子物理學的世界觀是「秩序之下一片混沌」。世界的基本層面是一片混亂，不過不斷生、變、滅而已。在這一片混亂之上，就它可能採取的形式而言，是一些守恆律。這些守恆定律和一般的物理定律不一樣。這些守恆定律說的不是什麼事必然發生，而是什麼事不會發生。守恆定律是容許性的定律。在次原子的層次上，凡守恆律不禁止的，一概會發生。（量子論說的就是守恆律容許的可能性有多大的機率。）

以往的世界觀是混沌之下一片秩序。這個世界觀認為，表面上我們的日常生活繁雜紊亂，枝枝節節，其實在這一切之下，有一些系統而理性的法則維繫著其間的關係。蘋果掉下來和行星運動之間是同樣的法則在統御，這就是牛頓偉大的識見。這一個識見當然有很多真理，但是，這種看法正好與粒子物理學相反。

粒子物理學的世界是沒有「材料」的世界。這個世界裡面，事情的過程即是事情的究竟。這個世界裡面，生、變、滅的舞蹈在一個機率與守恆律的架構中不斷上演，無休無止，不增不減。

高能粒子物理學研究的是次原子粒子，通常簡稱粒子物理學。粒子物理學的理論工具是量子論和相對論，硬體則是加速器和電腦並用，昂貴得難以想像。

粒子物理學最初的目的是要尋找宇宙最小塊的積木。要完成這個工作，必須把物質一步一步的分解，越分越小，能分多小就分多小，一直分解到最小塊為止。不過，起初雖這麼想，實驗的結果卻沒有這麼簡單。今天，粒子物理學家都在忙著從那麼多的發現當中理出頭緒。[72]

72　現階段的高能理論有一點像是遭受哥白尼新世界觀的壓力而崩潰的托勒密天文學。現階段的高能物理已經是一個龐大的理論結構，但是，新粒子和新量子數（譬如魅數〔charm〕，

在原理上，粒子物理學已經無法再簡單了。物理學家必須用次原子粒子互撞，才能夠看到碎片是什麼做的。這是很困難的事情。用來撞擊的粒子叫拋射體（projectile），受撞擊的粒子叫靶（target）。

最進步（但也最貴）的加速器可以同時將拋射體粒子和靶粒子向碰撞點送出。碰撞點通常位於氣泡室裡面。帶電的粒子通過氣泡室的時候，會像噴射機在天空留下噴氣雲一樣，在氣泡室留下軌跡。氣泡室的外面是磁場，磁場會使帶正電的粒子向一邊轉彎，帶負電的粒子向另一邊轉彎。這樣，由轉彎的曲線曲度多大，就可以算出粒子的質量多大（速度和電荷一樣時，粒子越輕，轉彎得越厲害）。氣泡室裡又有電腦啟動的照相機，每次一有粒子進來就自動照相。

科學家有必要做這樣精密的設計。因為，大部分的粒子生命都不到百萬分之一秒，而且又小得無法直接觀察。[73]大體而言，粒子物理學家所知的次原子粒子的一切，都是由理論以及粒子的氣泡室軌跡照片推論出來的。[74]

實驗室裡幾千張幾千張的氣泡室照片清楚的告訴我們，當初粒子物理學家在尋找「基本」粒子時遭遇到怎樣的挫折。拋射體撞擊到靶的時候，兩者當然都碎了。可是，兩者碎了之後卻產生了新粒子。而且這些新粒子又都跟原來的一樣「基本」，質量往往又和原來的一樣大。

後面會討論）的發現，就好比這個結構上面本來已經累積了很多周轉圓，現在還要加上更多一樣，不倒如何可能？

73 已經適應黑暗的眼睛可以覺察到光子。除此之外，其他一切粒子都只能間接觀察。

74 除了氣泡室物理學之外還有核乳膠物理學（emulsion physics）、計數器物理學（counter physics）等。但是，氣泡室可能是粒子物理學最常用的偵測工具。

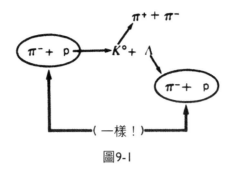

圖9-1

　　上圖表示粒子撞擊的一種典型。一個帶負電的 π 介子（π⁻）與一個質子（p）互撞，兩者破碎之後產生了兩個新粒子，一個是中性的K介子（K⁰），一個是Λ粒子。K介子和Λ粒子各自（不必碰撞）又自動衰變為兩個粒子。其中由Λ粒子衰變出來的是 π 介子和質子；跟我們一開始的粒子一樣。萊科斯坦說，這簡直就像兩座時鐘對撞，結果飛出來的不是齒輪、彈簧、碎片等，而是新的時鐘，有的還和原來的一樣大呢！

　　為什麼會這樣？愛因斯坦的狹義相對論可以給我們一部分答案。原來，除了拋射體粒子和靶粒子的質量之外，拋射體粒子還有動能。新的粒子就是由這些動能產生的。拋射體粒子跑得越快，撞擊點上就有越多動能可以創造新的粒子。由於這個道理，所以各國政府花在建造粒子加速器的錢才越來越多。越多的錢蓋越大的加速器，越大的加速器推出來的拋射體粒子速度越快。如果拋射體粒子和靶粒子都加速以後才撞擊，就有比較多的動能創造新粒子。

　　每一次的次原子粒子撞擊都包括原來粒子的消滅和新粒子的產生。次原子的世界是一齣生滅之舞，生滅不斷，笙歌不綴；是一個質變能，能變質的世界。[75]種種轉瞬即逝的形式生滅之間閃爍而過，創造了一個從不止息，又永

75　我們平常的概念化習慣當中的那種質能二元論，在相對論或量子論的嚴格形式中是沒有的。根據愛因斯坦的 $E=mc^2$ 這個公式，能量就是質量；質量既不曾變為能量，能量也不曾變為質量。能量所在即是質量所在。質量的總量可以由 $E=mc^2$ 算出。能量的總量守恆，所以質量亦守恆。這個質量以「重力場的一個起源」這個事實來界定。

遠新造的實在界。

不論是東方還是西方，凡是宣稱已經掌握「上帝面貌」的祕教者，言談之間無不顯露類似的意思。所以，心理學家只要是關心人心的覺醒，很少能夠忽略物理學與心理學之間這一道巍峨的大橋。

粒子物理學的第一個問題是，「碰撞的是什麼東西？」

根據量子力學，次原子粒子不是灰塵那樣的粒子。次原子粒子只是「存在的傾向」以及「宏觀可觀測象之間的關係」。次原子粒子沒有客觀的存在。這意思就是說，如果我們要運用量子論，那麼除了粒子與測量儀器的互動之外，我們無法假設粒子的存在。海森堡說：

> 在量子論的揭露之下……基本粒子不再像日常生活的物體那樣真實，不像樹，不像石頭……[iii]

譬如電子。電子通過照相圖版之後，會在感光板上留下看得見的「軌跡」。仔細檢查這一道軌跡，發現這一道軌跡原來是一連串的點。每一個點都是電子與圖版上的原子互動之後產生的銀。用顯微鏡看這道軌跡，情形如下：

圖9-2

照圖中的情形看，我們一定會認為這是電子造成的。電子像棒球一樣，通過圖版以後，留下了這道軌跡。但事實不然。量子力學告訴我們，要說這些點（這些「運動的物體」）之間有關聯，純屬我們心靈的產物。這些東西

不是真有。事實上這一點譚崔（Tantra）密教徒已經說了千年之久。換上量子力學扎實的語言來說就是，這些運動的物體——這些獨立存在的粒子——純屬不可證明的假設。

「依照我們平常理解事物的方式，」倫敦大學柏貝克學院物理教授大衛・包姆（David Bohm）說：

> 我們會認為這些銀粒子軌跡顯示的是，真有一個電子沿著這些銀粒子左近的路徑不間斷的從空間運動而過，再由互動造成這些銀粒子。但是，依照量子論通常的解釋，如果我們認為這一切真的發生，那是錯誤的。我們最多只能說有一些粒子出現了。其他的，我們絕不要去想這些銀粒子是由一個真實的物體，按照我們通常認為物體在空間裡運動的方式運動之後產生的。「持續運動的物體」這個概念可以建立一個差不多成立的理論，可是一碰到一個非常精確的理論，這個概念立時崩潰。[iv]

「粒子一類的物體是真實的東西；不管我們是不是在看，都按照因果律在時間和空間裡行走」——這是很自然的假設。但是量子力學卻反對這種假設。由於量子力學本身就是一個物理理論，所以其中的意義就特別重大。從次原子粒子到恆星現象，凡此種種，量子力學的解釋都很成功。物理學史上還不曾有過這麼成功的理論。這個理論無與倫比。

所以，我們看到氣泡室的軌跡時，我們就有了一個問題，「什麼東西弄的？」關於這個問題，目前為止最好的答案是「粒子」。但實際上這就是場與場的互動。這個理論叫做量子場論（quantum field theory）。場——譬如波——散播的區域比粒子大很多（粒子僅限於一個點）。此外，場還會充斥一個空間。譬如地球的重力場就充斥了地球一帶的空間。兩個場互動時，既非逐步互動，亦非全面互動。不然，兩個場互動時是在一點上瞬間互動（「瞬

間與定點」）。這種一點上瞬間的互動就造成了我們所謂的粒子。但是，若是根據量子力學的看法，則這種互動本身就是粒子。種種的場不斷互動，其結果就是次原子層次上粒子不斷的生滅。

1928年，英國物理學家保羅・狄拉克（Paul Dirac）為量子場論立下了地基。預測新型粒子，用場的互動解釋現有的粒子，量子場論在這兩方面都極為成功。根據量子場論，各別的一個場就和一種粒子有關。1928年當時所知的粒子只有三種，所以只要有三種場就可以解釋。但是，時至今日，人類所知的粒子已經有百種以上，所以也需要百種以上的場才能解釋。這是一個問題。對於志在梳理自然的物理學家而言，這麼多的理論不但笨拙，而且尷尬。所以，如今大部分物理學家已經放棄「一種場為一種粒子存在」的觀念。

不過，量子場論依然是一個很重要的理論。這不只是因為量子場論有效，而且也是因為量子場論最先融合了量子力學和相對論——儘管其方式還是有其限度。後面這一點是這樣的，凡是物理理論，都必需符合相對論要求的「物理法則必須獨立於觀測者的運動狀態」這一點。量子論也不例外。物理學家自來亟欲整合相對論與量子論的努力普遍都不成功。但是，科學家想了解粒子物理就需要相對論和量子論，用的通常也都是相對論和量子論。這種不得不然的關係最恰當的形容就是「緊張但是必要」。在這一方面，整合兩者最成功的就是量子場論。不過量子場論只涵蓋了一個小範圍之內的現象。[76]

量子場論是一種ad hoc[77]的理論。這意思是說，量子場論就和波耳為原子所設的特定軌道模型一樣，是一種很實際，但概念上前後不一致的方案。量子場論有一部分在數學上無法相容。它是就現有的資料設計出來的有效模型，目的是讓物理學家在探索次原子現象的時候有立足之地。因為太有效了，所

---

76 融合相對論和量子論的，除了量子場論之外，還有 S 矩陣理論。不過因為 S 矩陣理論對於次原子現象的細節提供的資情很有限，所以現在只用在強子（hadron）的互動上。S 矩陣理論後面會討論。

77 譯註：意為「特別為一個目的而設的」。

以才存在那麼久。（有的科學家甚至認為它「太」有效了。他們擔心，量子場論那麼成功，可能反而妨礙了一個自我一致的理論的發展。）

不過雖然有這些缺陷，量子場論是成功的物理理論終歸是事實。量子場論以「物理現實本質上無實體」的假設為前提。根據量子場論，真正真實的只有場。場不是「物質」，是宇宙的實體。物質（粒子）只是場與場互動時一時的呈現。宇宙間唯一真正的事物是場，而場是無法捉摸，無實體的。場的互動看起來像粒子，因為，場的互動是瞬間的、突然的，又是在空間很小的區域。

當然，就字面上而言，「量子場論」是非常矛盾的名稱。「量子」是已經不再可分的整體，是事物極小的一片。「場」則是事物的全般區域。「量子場」把兩個完全不相容的名詞擺在一起。換句話說，這是一個疑難。因為它違反了我們的範疇規則。我們一向認為事物只能是這樣或者只能是那樣，絕不能是又這樣又那樣。

量子場論對於人為的範疇式思考方法產生了很大的衝擊。量子場論對西方思想（以及其他各方面）的貢獻，主要也是在這裡。我們用這種思考方法建造我們的知覺結構。但是這個僵化的結構卻變成了一個監獄，而我們不知不覺間變成了囚犯。量子論大膽的宣稱，事物可以是這樣又那樣（光既是波也是粒子）。[78]若問這兩種描述何者為真，那麼這個問題毫無意義。要完整了解，必須兩者兼具。

1922年時海森堡還是學生。他問他的教授兼後來的朋友波耳說，「如果原子的內在結構真像你說的那樣無法說明，那麼，既然沒有一種語言可以處理原子，我們又從何了解原子呢？」

78　量子論的語言很準確，可是也很詭譎。譬如光好了。量子論從來就不曾說過光同時是波又是粒子。依照波耳的互補原理，光就其前後的關係，有時候顯示類粒子象，有時候顯示類波象。我們不可能在一個情況裡同時到觀察類粒子象和類波象。不過，若想了解「光」，這兩個互斥（互補）象缺一不可。就這個意義言，光既是波又是粒子。

波耳想了一下才說，「我想還是可能。不過在這過程當中我們必須弄清楚所謂『了解』是什麼意思。」˅

用有人味的話來說，這意思就是說，一個人可以是又好又壞，既勇敢又懦弱，既是獅子又是羔羊。

不過，儘管有以上種種情況，粒子物理學家仍然不得不把粒子當棒球一樣來分析。棒球從空間飛過，有時候還相撞。物理學家就是這樣來研究粒子。物理學家研究氣泡室照片上粒子互動的軌跡時，他是假設這道軌跡是由一個小小的運動物體造成的；照片上其他的軌跡亦然。事實上物理學家分析粒子互動的方法，差不多就像撞球一樣。幾個粒子互撞（然後消失），從互撞的地方又飛出幾個新造的粒子。簡單的說，物理學家根本就是用質量、速度、動量來分析粒子的互動。這些概念全部都是牛頓物理學的概念，用在汽車、電車上面都可以。

物理學家之所以這樣做，是因為如果他們還想與他人溝通，就必須使用這些概念。他們現成可用的往往就是一張黑黑的照片，上面不過是白線而已。他們知道：（一）根據量子論，次原子粒子並不是本身獨立存在。（二）次原子粒子既有類波性格，也有類粒子性格。（三）次原子粒子實際上是場與場互動的呈現。但是，那些白線本身卻使他們要用古典方法來分析，所以他們就用古典方法來分析。

這種兩難就是量子力學的基本難題。粒子物理學家必須用古典語言來說明古典概念無法說明的現象。量子力學到處充塞著這種難題。這好比要向人說明吃LSD（迷幻藥）的經驗一樣。我們用大家平常熟悉的概念為起點，可是一過了起點，平常的概念就不適用了。代替品什麼都說不出所以然來。

「處理量子論的物理學家，」海森堡說：

也被迫使用日常生活的語言。我們做事就當真有電流（或者粒子）

這一回事。因為，如果我們禁止物理學家講電流（或者粒子），他
們就再也無法表達他們的思想。[vi]

所以，物理學家凡是說到次原子粒子，就好比這些粒子真的是小小的物體，會在氣泡室留下軌跡，並且還獨立（客觀）的存在。這種權宜用處多多。40多年來，物理學家運用這種方法已經發現將近百種粒子。甘乃思‧福特（Kenneth Ford）說，這些粒子簡直就是一個粒子動物園。[79]

關於這座粒子動物園，我們第一件要知道的事情是，只要是同種的粒子，看起來就完全一樣。只要是同種，每一個電子看起來都一樣，看過一個，就等於看過全部。同理，只要是同種，每一個質子都一樣，每一個中子都一樣。依此類推，同種的次原子粒子彼此絕對無可分辨。

但是，如果是不同種的粒子，彼此就有不同的性格（屬性）。這種性格，第一個是質量，第二個是電荷，第三個是自旋（spin）。下面分述之。

先論質量。譬如質子。質子的質量比電子大約大1800倍。（但這並不是說質子就比電子大1800倍。因為，質量和大小是兩回事。反過來說，1磅鉛和1磅羽毛的質量是一樣的。）

物理學家講到粒子的質量時，除非另有說明，否則指的都是靜止質量。粒子靜止時的質量叫做靜止質量（rest mass）。靜止質量之外，任何質量都叫做相對論性質量（relativistic mass）。因為粒子的質量會隨速度增加，所以粒子可能是任何相對論性質量。粒子相對論性質量的大小依其速度而定。譬如說，在99%的光速時，粒子的質量比靜止時大七倍。

不過，質量的增加並不是一直都這樣循規蹈矩。粒子速度一旦超過光速的99%，質量就急遽增加。美國麻塞諸瑟州的劍橋，以前有一部電子加速器在運作。這一部電子加速器是由另一部比較小的供料加速器（feeder accelerator）

79　他寫了一本最好的，論粒子物理的通俗著作，書名叫做《基本粒子的世界》（*The World of Elementary Particles*）。1965 年紐約 Blaisdell 出版。

供應電子。電子由供料加速器進入主加速器時，速度是光速的0.99986。主加速器再將電子加速到0.999999996。這其間增加的速度看來可觀，其實微不足道。電子初始速度和最後速度的差別，不過相當於一部汽車以2小時跑完一段路，而另一部汽車以1小時59分59秒跑完罷了。[vii]

　　但是速度的增加如此，質量的增加卻不然。速度的增加如此微不足道，但質量已經從靜止質量的60倍增加到1萬1800倍。換句話說，加速器叫錯名字了。加速器（請注意「加速」的定義）為次原子粒子增加的速度不如質量。粒子加速器應該叫做粒子放大器（增質器？）才對。

　　不論是靜止或運動，粒子的質量都是以電子伏特計算。電子伏特與電子無關。電子伏特是能量單位。（電子通過1伏特電位差所獲得的能量是為1電子伏特。）計算一物的電子伏特即是計算其能量。這裡的要點是，粒子物理學家計算粒子的質量時也是用這種單位。譬如，他們就說電子的靜止質量是0.51百萬電子伏特（MeV），質子的靜止質量是938.2百萬電子伏特。這是因為質變能、能變質在粒子物理裡面是例行現象，所以他們就用能量單位來說粒子的質量。

　　質量不過只是一種形式的能量——存在的能量。如果粒子是運動的，就既有存在能量（質量），也有運動能量（動能）。這兩種能量都可以在粒子碰撞時用來製造新的粒子。[80]

　　用質量最輕的粒子——電子——來對比其他粒子的質量，往往要比直接說粒子的電子伏特數方便。所以，物理學家便設計了一套系統，以電子的質量為「1」，因而（譬如）質子的質量便是1836.12。有了這一套系統，任何一種粒子我們都可以立刻說出它比電子重多少。

80　不過，因為愛因斯坦的公式 $E=mc^2$ 說質量即是能量，能量即是質量，所以，嚴格說來，質量並非一種形式的能量，應該說能量不論是何形式皆是質量。因此，譬如動能亦是質量。給粒子加速並因而賦予它能量時，它所獲得的質量正好就是必然的量。凡有能量之處，質量亦如影隨形。

物理學家依照質量，將所有已知粒子從最輕到最重排列出來以後，發現這些粒子大略可歸為三個範疇，也就是輕量粒子、中量粒子、重量粒子。可是，不知道為什麼，物理學家要為這三個範疇命名時，都不約而同的回到希臘。他們將輕量粒子命名為「lepton」，希臘文意為「the light one」；這是「輕子」。中量粒子叫做「meson」，希臘文意為「the midium-sized one」；這是「介子」。重量粒子叫做「baryon」，希臘文意為「the heavy one」；這是「重子」。物理學家為什麼不直接稱這些粒子為「light」、「medium」、「heavy」？這是物理學上一個無解的問題。[81]

電子既然是最輕的物質粒子，所以電子當然是輕子。質子是重量粒子（重子），不過卻是最輕的重量粒子罷了。大部分的次原子粒子是依這樣的方法分類的。除去這一大部分之外，剩下的一部分使我們看到了粒子物理學一種不受概念拘束的現象。這跟量子力學的許多東西一樣。這些粒子沒有辦法放進輕子－介子－重子的架構裡面。有的已經為物理學家熟知（譬如光子），有的已經進入理論，不過尚未發現（譬如重力子〔graviton〕）。這些粒子共同擁有一個事實，那就是它們全部都是無質量粒子。

「等一下，」我們叫了，「什麼叫做無質量粒子？」

「無質量粒子，」津得微研究過這種現象，他說，「就是靜止質量為0的粒子。它的能量全部都是運動能量。譬如光子。光子一造出來，立刻就以光速前進，不會慢下來，因為沒有質量使它慢下來；不會快起來，因為已經沒有比光速更快的東西。」

「無質量粒子」是從數學翻譯成一般語言的尷尬名詞。物理學家當然知

81　不過，現在物理學家用到輕子、介子、重子這些名詞時，已經不光指粒子的質量而已。這些名詞現在還指粒子的等級，而粒子的等級是依照質量之外的幾個屬性界定的。譬如說，史丹佛線性加速器中心（SLAC）和勞侖思柏克來實驗室（LBL）合作的小組於 1975 年發現的 τ 粒子，雖然比最重的重子質量還多，可是似乎卻是輕子。又譬如另一個 SLAC／LBL 合作小組於 1976 年發現的 D 粒子雖然質量比 τ 粒子還多，可是卻是介子。

道自己說「無質量粒子」是什麼意思。「無質量粒子」是他們為一個數學結構裡的一種元素取的名字。但是，這種元素在真實世界到底代表什麼東西，就不容易說清楚了；事實上是根本不可能說清楚。因為，依照定義，物體（譬如「粒子」）就是有質量的東西。

佛教禪宗有一種方法，叫做公案。公案與打坐並用，可以改變我們的知覺和理解事物的方式。公案是一種兩難，因為很詭譎，所以無法用一般的方式解答。譬如說，禪的公案會問「一手擊掌的聲音是怎樣？」禪師總是要學生一路想著一個公案，不得答案絕不休止。至於答案，絕對不只一個，要看學生的心境而定。

佛經裡常見兩難之題。我們的理性思考就是在這兩難之處跌跌撞撞觸及了我們自己的限度。根據東方哲學普遍的看法，善惡、美醜、生死等皆是「假的分別」，彼此沒有對方都不可能存在。這種假分別是我們自己製造出來的思想結構。兩難之題唯一的起因，無非就是這種自己製造而又刻意維護的幻象。誰能掙脫概念的束縛，誰就能聽見一手擊掌的聲音。

物理學也有很多**公案**，比如無質量粒子。千年前，佛教就開始探討「內在的」現實。千年後，物理學家也開始探討「外在的」現實。但兩者最後都發現，要「了解」就必須跨過兩難的障礙。這難道只是巧合嗎？

次原子粒子的第二種屬性是帶電荷。每一個次原子粒子都帶有電荷，可能是正電，可能是負電，也可能是中性。電荷決定粒子在其他粒子之前會有什麼行為。粒子如果是中性，那麼不論其他的粒子帶什麼電荷，它都很冷漠，無動於衷。可是粒子如果帶正電或負電，它們彼此對待就不一樣了。帶電的粒子會彼此相吸或相斥。譬如兩個粒子如果都帶正電，那麼它們就會彼此排斥，於是立刻盡可能保持距離。兩個粒子都帶負電時亦然。但如果一個帶正電，一個帶負電，它們就無法抗拒彼此的吸引力，如果能夠，就要立刻彼此接近。

　　帶電粒子之間這種相吸相斥的舞蹈叫做電磁力。電磁力使原子結合成分子，使帶負電的電子在軌道上環繞帶正電的核子而行。在原子和分子的層次上來說，電磁力是宇宙基本的「黏膠」。

　　電荷的存在有一定的量。一個次原子粒子可以是不帶電荷（中性），可以是帶一個單位的正電荷或負電荷，也可以是帶兩個單位的正電荷或負電荷，但絕對沒有介乎其間的情形發生。說什麼一個粒子帶1.25個單位的電荷，一個粒子又帶1.7單位的電荷，這種事情是沒有的。換句話說，電荷和（普朗克發現的）能量一樣，是「量子化」的。電荷的存在是一束一束的，每一束都一樣大。為什麼會這樣是物理學上幾個未解的大問題之一。[82]

　　電荷的性格再加上質量的性格，一個粒子的人格——姑且這麼說吧——就出來了。譬如說，次原子粒子裡面，只有電子帶負電荷以及0.51百萬電子伏特的靜止質量。有了這樣的資訊，物理學家知道的就不只一個電子有多少質量，而且還知道電子與別的粒子如何互動。

　　次原子粒子的第三種特質是自旋。次原子粒子會像陀螺一樣，繞著一種理論軸自旋。不過有一點很大的不同，陀螺的旋轉可以快可以慢，但是一種次原子粒子的旋轉，速度卻永遠不變。

　　自旋的速度實在是次原子粒子的基本性格，所以，如果速度有變，次原子粒子也就毀了。也就是說，粒子的自旋有變，粒子本身也就徹底改變，所以也不叫原來的電子、質子等。這一點使我們不禁懷疑種種粒子是否就是某種潛在實體結構的不同運動狀態而已。這也是粒子物理學的基本問題。

　　量子力學裡的每一種現象皆有它的量子象。使現象呈現為「中斷式」的，就是這個量子象。這一切在自旋亦是如此。自旋和能量、電荷一樣，都是量子化的。自旋的存在都是一束一束的，每一束都一樣大。換句話說，陀螺的

82　電荷特有的這一面似乎與夸克（quark）以及／或者磁單極（magnetic monopoles）的某些屬性有關。

旋轉慢下來時，並不是平滑的慢下來，而是一小段一小段慢下來。這些小段很小，又互相緊接，所以很難看出來。陀螺的旋轉看起來是連續慢下來，到最後完全停止。但實際上，這個過程其實是一頓一頓的。

陀螺的自旋好像有一個沒有人知道的法則，每分鐘自轉100次，每分鐘自轉90次，每分鐘自轉80次等：絕無任何介乎其間的例外。我們這個假想的陀螺如果想從每分鐘100轉慢下來，它就必須從100轉一路直接降至90轉。陀螺的情形如此，次原子粒子的情形亦然。不過有兩點差異：（一）每一種粒子永遠都有自己的旋轉速度。（二）次原子粒子的自旋以角動量（angular momentum）計算。

自旋物體的角動量依質量、大小、旋轉速度而定。這三個屬性（不論是哪一個皆然）越大，物體的角動量就越大。大體而言，角動量就是旋轉的力量。換上相反的講法，角動量就是擋住旋轉所需的力量。物體的角動量越大，想擋住它旋轉所需的力量就越大。陀螺的角動量不大，因為陀螺小，質量也不大。比較起來，旋轉木馬的角動量就很大。這不是因為旋轉木馬轉得快，而是因為它質量很大。

你現在已經了解自旋，那麼，除了最後的一部分（角動量）之外，我們剛剛所說的請你都忘了吧！因為，凡是次原子粒子，都有一個固定的、明確的、已知的角動量，不過，哪有什麼東西在旋轉？以上這些話如果你看不懂，不要緊。這些話物理學家都在說，不過他們也不懂。（如果你想懂，這些話就變成公案。）[83]

83　粒子自旋這個問題「量」的（數學的）說明並不比非量的說明容易了解。史丹佛研究所分子物理學主任史密斯（Felix Smith）博士有一次跟我講到他的朋友的故事。這個朋友，是一個物理學家，二次大戰後在羅沙拉摩（Los Alamos）工作。有一次他碰到一個問題。當時，偉大的匈牙利數學家馮紐曼（John von Neumann）正在那裡擔任顧問。於是他便去請教馮紐曼。
「這個簡單，」馮紐曼說，「用特徵法就可以解決。」
經過了說明之後，物理學家說，「我恐怕還是不了解。」
「年輕人，」馮紐曼說，「在數學裡面我們不了解事物，我們只使用事物。」

次原子粒子的角動量是固定的、明確的、可知的。「可是，」玻恩說，

我們卻不要想去說物質的本質裡真的有什麼東西在旋轉。[viii]

換句話說，次原子粒子的「自旋」涉及「有自旋的觀念，無自旋的事物……」這一個概念。[ix]這一個概念，就連玻恩這樣的物理學家都認為「極為深奧。」[x]（真的！？）然而，因為次原子粒子的行為的確像是有角動量，而且這個角動量又經物理學家判定為明確、固定，所以他們就還是使用這個概念。正因為如此，所以「自旋」在事實上便成為次原子粒子的一種主要性格。

次原子粒子的角動量以我們的老朋友普朗克常數為基礎。普朗克常數物理學家稱之為「行為量子」。還記得，使物理學發生量子力學這次革命的，就是普朗克常數。普朗克發現，能量的釋出與吸收不是連續的，而是中斷式的，一束一束的——這個他稱之為量子。能量的釋出與吸收有這樣量子化的本質。表示這種本質的，即為普朗克常數。一開始有了這種發現，普朗克常數便成為往後了解次原子現象的必要元素。愛因斯坦踵繼普朗克，五年後以普朗克常數說明了光電效應，後來更用普朗克常數來判定固體特有的熱。這個領域已經遠遠超出普朗克當初研究的黑體輻射之外。波耳後來發現，電子繞行原子核的角動量是普朗克常數的函數。德布羅意又用普朗克常數計算物質波的波長；這又成為海森堡測不準原理的主要元素。

普朗克常數在次原子粒子領域之內非常重要。然而，換到外面的大世界，普朗克常數卻完全不可見了。這其中的原因，在於能量釋出或吸收的束非常的小，而我們的層次非常的粗糙，所以，在我們看來，能量便成了一個連續的、平滑的流程。同理，因為角動量最後不可分的單位非常的小，所以在宏觀世界也看不出來了。譬如，一個網球迷坐在椅子上轉來轉去看球賽時他的角動量比一個電子大100000000000000000000000000000000（10^{33}）倍。換一種講法，美國的國民生產毛額一分錢之差造成的不安，比剛剛這個球迷的角

動量一單位之差，大上幾千幾百億萬倍。[xi]

物理學家通常並不直接寫出次原子粒子的角動量。他們將光子的自旋定為「1」，然後依此對照其他次原子粒子的自旋。這個系統既經設定之後，物理學家在其中又發現了一個次原子粒子難以解釋的現象；也就是，凡是同一家族的粒子，其自旋性格都很類似。譬如輕子。輕子整個家族的自旋都是1/2。這就是說，輕子的家族裡面，每一種粒子的角動量皆是光子角動量的1/2。同理，重子的家族、介子的家族亦然。介子的角動量相對於光子的角動量，不是0就是1，不是2就是3……，（0＝無自旋，1＝角動量相當於光子，2＝角動量兩倍於光子，依此類推）但絕無介乎整數之間的情形發生。

粒子電荷、自旋等重要特性的值都用一定的數字代表。這種數字叫做量子數。每一個粒子都有一組量子數使它成立為一種粒子。[84]凡是同種的粒子，每一個的量子數都一樣。譬如電子。電子每一個量子數都一樣。質子也是每一個都一樣。但電子與質子就不一樣。粒子要集體看才有性格，個別粒子沒有什麼性格，事實上完全沒有性格。

1928年，狄拉克將相對論的規則加在量子論上面以後，他的嚴格形式顯示出有一種帶正電的粒子存在。由於當時所知的正電粒子就是質子，所以他和大部分物理學家都以為，他的理論已經（在數學上）解釋了質子。（有人批評他的理論產生了「錯誤的」質子質量。）

但是，經過進一步的檢驗以後發現，他的理論解釋的顯然不是質子，而是另一種全新的粒子。這種新粒子和電子完全一樣，只有電荷和幾個重要的屬性與電子正好相反。

1932年，卡爾・安德森（Carl Anderson）在加州理工學院（California Institute of Technology）真的發現了這種粒子，他稱之為正電子（positron）。但

84　基本的量子數有自旋、同位素自旋（isotopic spin）、電荷、奇異性（strangeness）、魅數、重子數、輕子數。

是他從來沒有聽說過狄拉克的理論。物理學家後來又發現，凡是粒子，都有一個正相反的粒子與它相對，兩者完全一樣，可是幾個主要面完全相反。這一種粒子叫做反粒子（antiparticle）。反粒子雖然叫反粒子，也是粒子。（反粒子的反粒子又是一個粒子。）

有些粒子是與別的粒子互為反粒子，有些粒子自己就是自己的反粒子。前者譬如帶正電的 π 介子是帶負電的 π 介子的反粒子，後者如光子自己是自己的反粒子。

粒子與反粒子的遭遇非常壯觀。粒子和反粒子遭遇時，兩者就互相消滅對方！譬如電子與正電子遭遇時，兩者會完全消失，可是從它們消失的地方又併出兩個光子，這兩個光子馬上以光速飛走。實際上這就是粒子與反粒子噴出一線光之後才消失。反過來說，粒子和反粒子也可以由能量中造出來，永遠成雙成對。

宇宙是由粒子與反粒子做成的。我們這一部分的宗旨幾乎都是平常的粒子結合成平常的原子，再結合成平常的分子，再結合成平常的物質，再做成我們這樣的人。可是在宇宙的另一半——物理學家認為——反粒子結合成反原子，再結合成反分子，再結合成反物質，再做成反人。我們這一部分宇宙不會有反人。如果有的話，早在一道光之間消失得無影無蹤。

物理學家暫時認為次原子粒子真的是會從時間和空間飛過的物體。他們用一些概念劃分這些次原子現象的範疇。這些概念裡面，輕子、介子、重子、質量、電荷、自旋、反粒子等是其中的一些。這些概念都很有用，不過也只是在有限的脈絡中有用。這個脈絡就是，物理學家為了方便，暫時假裝舞者可以離開舞蹈而存在——其實我們每一個人都是這樣假裝。

第十章　這些舞蹈

　　次原子粒子的舞蹈不會停止，也永遠不一樣。不過物理學家已經找到一個方法將他們感興趣的一部分圖解出來。

　　所有的運動最簡單的圖解就是空間圖。空間圖表示的是事物在空間裡發生的地點。譬如圖10-1。這張圖表示的是加州舊金山和柏克萊的位置。垂直軸是南北軸，水平軸是東西軸，這和所有的地圖一樣。除此之外，地圖上面還標有兩條路線。一條是直升機在舊金山與柏克萊之間飛行的路幾，一條是質子在勞侖斯柏克萊實驗室繞行迴旋加速器的路線。當然，在地圖上這條路線已經放大許多。

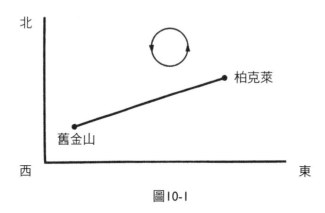

圖10-1

　　這一張空間圖和所有的公路地圖一樣，也是二維的。這張地圖表示柏克萊在舊金山以北（第一維）和以東（第二維）多遠。這張地圖並沒有標示直升機的飛行高度（第三維）以及所需時間（第四維）。如果我們想表示這個時間，就必須畫一張時空圖。

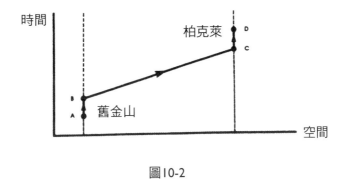

圖10-2

　　時空圖（圖10-2）不但表示事物的空間位置，也表示事物的時間位置。在時空圖上，垂直軸是時間軸，水平軸是空間軸。時空圖要從下往上讀；因為，時間的進行是由時間軸的往上移動表示的。空間軸表示物體在空間裡的運動。物體在時空圖裡進行的路線叫做「世界線」。譬如圖10-1表示的是舊金山到柏克萊的飛行路線。

　　直升機最先是停在舊金山的地面。此時它的世界線是垂直的；因為，這時它只有在時間裡移動，沒有在空間裡移動，在圖中是A到B這條垂直線。等到直升機起飛向柏克萊前進時，它就同時在時間和空間裡移動了。這時它的世界線就是圖中B到C這一條線。飛到柏克萊降落以後，因為它又恢復為只在時間裡移動，不在空間裡移動，所以它的世界線又一變而為垂直線，在圖中是C到D這一條線。所有線上的箭頭都表示直升機前進的方向。直升機在空間裡當然可進可退，可是在時間裡就只能進不能退。圖中另外兩條虛線是舊金山和柏克萊的世界線。這兩個地方，除非加州地震，否則就只有在時間裡移動。

　　在物理學上，物理學家就是用類似的時空圖來表示粒子的互動。下面是一個電子發射光子的時空圖解（圖10-3）：

時間

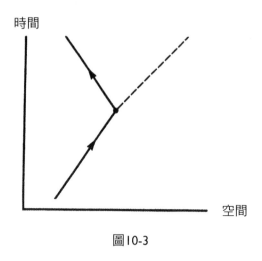

空間

圖10-3

　　電子從下方開始以某一速度在空間向前運動，在黑點所示的地方釋出一個光子。光子以光速向右方飛去。電子因為動量受到剛剛發射光子的影響，速度減慢，轉而向左方飛去。

　　1949年，理查・費曼（Richard Feynman）發現，這種時空圖所描述的粒子互動，如果用數學表達其機率，兩者竟然完全一致。他的發現延伸了狄拉克1928年的理論，又使它發展成我們今日所知的量子場論。因為這一點，所以這種圖解有時候又叫費曼圖解（Feynman Diagram）。[85]

　　下面是一個粒子／反粒子湮滅的費曼圖解（圖10-4）。左方飛來的電子與右方飛來的反電子（亦即正電子）在黑點遭遇。兩者彼此消滅對方，生出兩個光子，以光速向相反的的方向飛去。

85　這一類圖解的原始圖解是時空圖解沒錯。不過，費曼發現，與時空描述成互補的「動量－能量空間描述」更接近碰撞實驗的實際情形。兩者的基本概念是一樣，不同的是動量－能量空間描述處理的是粒子的動量和能量，而非粒子的時空座標。這兩種描述的圖解差別，在於動量－能量描述的圖解可以旋轉（後面會討論到）。嚴格說來，本書此後的費曼圖解除非另有說明，否則都是動量－能量空間描述。

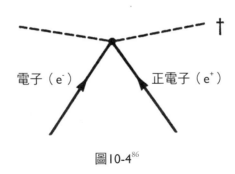

圖10-4[86]

　　在次原子世界裡，凡是一個事情發生，就叫做一個「事件」。在費因量圖解裡面，事件用黑點表示。凡是次原子事件都有初始粒子的湮滅以及新粒子的創造為標記。不只粒子與反粒子如此，在次原子世界，只要是事件，莫不如此。

　　了解這一點以後，我們再回頭看圖10-3，眼光就不一樣了。我們前面說，這是一個電子從空間飛過，中途放出一個光子。光子改變了它的動量，於是它向左邊飛去，光子向右邊飛去。但是，我們現在既然知道次原子世界的「事件」了，我們就可以說，圖10-3的情形也有可能是一個電子從空間裡飛過，放出一個光子以後就消滅，而從黑點向左飛的電子事實上是新造出來的。因為所有的電子都一樣，所以這個解釋到底對不對無從知曉，但是如果假設原來的粒子消滅，新的粒子產生，這種假設會是比較簡單，比較一致。這個假設之所以可能，完全是因為次原子粒子的難以分辨所致。

　　還記得上一章討論到一個典型的氣泡室粒子互動。這種互動過程在費曼圖解是這樣的（圖10-5）：

86　就圖10-4而言，若詳細分析黑點上的情形，我們可以看到一個兩步過程。第一步是釋出一個光子，第二步才釋出另一個光子。技術上來說，這樣的一個點如果連結三條以上的線，那麼這種圖解就不叫費曼圖解，而叫曼德爾斯塔姆圖解（Mandelstam Diagram）。

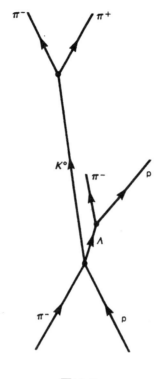

圖10-5

這一次事件裡，有一個帶負電的 π 介子與一個質子相撞，兩皆湮滅。然後它們的存在能量（質量）和運動能量創造了 Λ 粒子和中性的K介子這兩個新粒子。這兩種粒子很不穩定，生命不到10億分之一秒，於是立刻衰變為別的粒子。其中中性的K介子衰變為一個正電 π 介子和一個負電 π 介子。不過，Λ 粒子才有趣。因為，Λ 衰變出來的是原來的兩個粒子——負電 π 介子和質子。這簡直就像把兩部玩具汽車壓碎之後，不但沒有化為碎片，還跑出更多的玩具汽車，甚至其中一些比原來的還大。

次原子粒子永遠在參與這種絕無休止的生滅之舞。事實上，次原子粒子就是這個絕無休止的生滅之舞。然而，這個20世紀的發現，連帶它那開拓人類意識一切含義，並不是新的概念。事實上地球上有很多人都是這樣看他們

的實在界的，其中自然包括印度教和佛教徒。

　　印度教的神話事實上即是微觀的科學發現在心理領域上大規模的投射。印度教裡面，濕婆（Shiva）、毗濕奴（Vishnu）等神祇一直舞著宇宙的創造與毀滅。佛教，法輪象徵著生、死、再生……永不停止的過程。生、死、再生都是色相（形式）世界的一部分。色相的世界是空，是形式。

　　現在且讓我們假想有一群年輕的藝術家建立了一個新的革命性的畫派。他們的作品非常獨特。他們把作品拿給一家歷史悠久的博物館的館長看。館長看了以後點點頭說等一下。他回來時，手上拿了一些很古老的圖畫，然後把這畫擺在年輕畫家的作品旁邊。年輕藝術家看了以後不禁後退。因為，他們的新藝術和這些舊藝術實在太像了。這些革命家在他們的時代，以他們的方式，發現了很古老的一個畫派。

　　現在我們再回頭看看圖10-4電子與質子湮滅的費曼圖解。假設我們用箭頭向上表示粒子（電子），箭頭向下表示反粒子（正電子）。這樣圖10-4就變成這個樣子。：

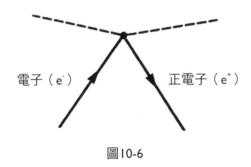

圖10-6

　　時間當然只有往前進一個方向，在時空圖上這就是往上。這一個單純的習慣給了我們一個很簡單的方法分辨粒子與反粒子。這就是說，在時間裡往前移的世界線屬於粒子，往後移的屬於反粒子。（光子因為是自己的反粒子，所以沒有箭頭。）

　　可是費曼在1949年發現，這個習慣可不只是人為的東西。他發現，在時

間裡向前傳播的反電子場，與向後傳播的電子場，在數學上完全一樣！換句話說，根據量子場論，反粒子就是在時間裡後退的粒子。反粒子不一定就得視為時間裡後退的粒子，可是這樣看反粒子是最簡單，最對稱的方法。

　　譬如，由於從箭頭就可以分別粒子與反粒子，所以我們可以將費曼圖解隨意轉動，仍然可以分辨粒子與反粒子。圖10-7是改變費曼圖解位置的幾個例子。

圖10-7

　　這些改變每一個都可以成立為一個圖解，代表一次粒子與反粒子的互動。[87]將原始費曼圖解轉完一圈，我們也就呈現了一個電子、一個正電子、兩個光子之間每一種可能的互動。費曼圖解的準確、簡單、對稱，使它成為別具一格的詩。

　　以上所說都是一個事件的費曼圖解。下圖是一個兩個事件的費曼圖解。兩個光子在B碰撞，產生一對電子偶（亦即一個電子和一個正電子成對）。然後，一個電子和一個正電子在A彼此消滅對方，造出兩個光子。圖10-8的左半部，也就是A點上的互動與圖10-7（中）的電子－正電子湮滅完全一樣。

87　圖10-7的三種互動是：左，一個光子和一個電子湮滅，造出一個光子和一個電子（電子－光子散射）。中，兩個光子湮滅，造出一個正電子和一個電子（電子偶創造）。右，一個正電子和一個光子湮滅，造出一個正電子和一個光子（正電子－光子散射）。

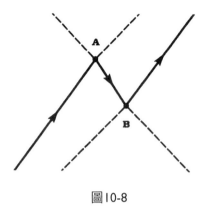

圖10-8

　　如果照以前的情形，我們會這樣來解釋這兩個事件：兩個光子在右下方B點碰撞，產生一對電子偶。電子向右方飛去。正電子向左方飛去，在A點與一個左下方飛來的電子碰撞，兩者彼此消滅對方，造出兩個光子，彼此方向相背飛去。

　　可是，如果依照量子場論，這兩個事件的解釋就簡單多了。照量子場論的解釋，這裡面全部只有一個粒子——一個電子。這個電子從左下方進入，一直在時間與空間裡前進，然後在A點釋出兩個光子。這改變了它在時間裡前進的方向，使它在時間裡變成後退的正電子。這個在時間裡後退的正電子在B點又吸收兩個光子，再度改變方向，再度變成電子。照量子場論的解釋，這裡面的粒子只有一個，並不是三個。這個粒子從左到右先是在時間裡前進，然後在時間裡後退，接著又在時間裡前進。

　　不過，這只是靜態時空圖像的一個典型。愛因斯坦相對論描述的時空並非如此。在這個靜態的時空圖裡，時間還有意義，可是在真正的時空裡，時間就沒有意義了。如果我們檢查全部的時間能夠像檢查空間一樣，我們就會發現事件並非順著時間之流，一件一件揭露，而是一次完全呈現，好比時空上一幅畫已經完全畫好一樣。在這一幅畫上面，在時間裡向前或向後運動都沒有意義。有意義的是空間裡的向前或向後運動。

事件在時間裡「發展」的幻象，是我們自己知覺的方法造成的。我們的知覺方法只讓我們看到整個時空情景裡很狹窄的一帶而已。現在假設我們拿一張紙，在紙上剪一道狹窄的開口，然後覆蓋在圖10-8上面。這樣，我們看得到的，就只有整個粒子互動的一小部分。情形如圖10-9。我們把開口由下往上逐漸移動，於是我們這個有限的視野就看到一連串的事件，一件接著一件發生。

起先在圖10-9(1)，我們看到的是三個粒子。其中兩個光子從右方進入我們的視野，另一個電子從左方進入。接下來圖10-9 (2)，我們看到這兩個光子碰撞，產生一對電子偶，其中電子向右方飛去，正電子向左方飛去。最後圖10-9 (3)，我們看到這個新正電子與最先的電子碰撞，又產生兩個新的光子。

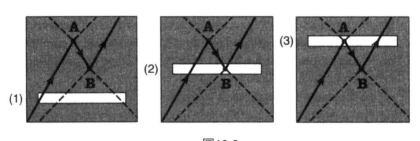

圖10-9

可是這是我們從紙的開口（亦即我們的人為建構）看到的情形。一旦把紙拿開，我們就一眼看到全部的情景。

「在時空裡，」德布羅意說：

構成我們的過去、現在、未來的一切，都是積木……
隨著時間的過去，每一個觀察者一直在「發現」新的一塊時空。對他而言，這一塊一塊的時空即是物質世界的連續象。但是，事實上，構成時空諸事件的整體早在他認識它們之前就存在了。[i]

「等一下，」一個粒子物理學家剛好經過，津得微就問他，「在時間裡來回運動，說的容易，我就從來不曾在時間裡回去過。如果粒子能夠回去，為什麼我就不行？」

若要物理學家回答這個問題，答案很簡單。物理學家說，宇宙的任何一個部分都有一個混亂（叫做「熵」）的傾向在逐漸增強。這個傾向的擴張以秩序（叫做「負熵」）為代價。譬如說，假設我們在一杯清水裡滴進一滴墨水。一開始的時候，墨水在水裡的存在是很有秩序的。也就是說，它所有的分子都聚集在一個很小的區域，與水分子有明白的區隔。

可是，隨著時間的消逝，自然的分子運動會使墨水分子與水分子逐漸混合，到最後整杯水就變為一團黑水，其中沒有任何結構或秩序，只有一種毫無生氣的一致（最高熵）。

這其中，經驗使我們把熵的增加和時間的向前運動聯想在一起。如果我們在電影上看到一杯黑黑的水越來越清，到最後所有的外來物質全部集中在接近水面的一點，這時我們知道，這只是影片倒放而已。在理論上，這種事情是可能發生的，但是因為機率（機率）實在太低，所以（或許）絕不會發生。簡而言之，時間是向著高機率的方向前進的，而高機率的方向也就是熵不斷增加的方向。

「熵不斷增加」的理論叫做熱力學第二定律。熱力學第二定律是一種統計式的定律。這意思就是說，一個狀況裡要有很多實體，這個定律應用起來才會成立。大體而言，因為個別的次原子粒子皆視為概念上孤立的、短命的實體，所以熱力學第二定律不能應用在它們身上。[88]但熱力學第二定律的確可以應用在分子上；比較起來，分子比次原子粒子複雜多了。熱力學第二定律當然也可以應用在活細胞、人上面。活細胞比分子更複雜，人又是幾十億細

88　但是賀吉東（Hagedorn）的極高能碰撞理論卻應用熱力學第二定律。又，勢（potentia）裡面也存有時間的可逆，這就是說，當粒子是用傳導波函數來呈現時，這裡面存有時間的可逆。時間的不可逆是人的測量程序造作出來的東西。

胞做成的。但是，到了次原子或者量子的層次，所謂時間向前流動就完全失去意義。

　　講到時間的流動在量子層次失去意義，有一種思惟，外加一些證據，證明意識在最基本的層次上，是一種量子過程。譬如說，已經適應黑暗的眼睛就可以看到單個的光子。如果真是這樣的話，那麼我們便可以想像，如果我們的知覺擴展到連以前它通路（瑜珈行者控制身體溫度和脈搏的通路）之外的機能都有了的話，那麼，我們便可以知覺到（經驗到）這些過程的本身。如果，在量子層次上時間的流動沒有意義；如果，意識在基本上是一種相似的過程；又如果，我們可以在我們的內在知覺到這些過程，那麼，說我們可以經驗到時間的消失也就可以理解了。

　　如果我們能夠經驗我們的心靈最根本的機能，又如果這些機能本質上都是量子的，那麼我們原來的時間與空間的概念就完全不適用了。（就好比不適用於夢境一樣。）這樣的一種經驗將很難用理性的語言描述（「一沙一世界；剎那成永恆」等），可是卻非常真實。因為這個道理，所以對於東方那些靈性上師以及西方那些吸食LSD的人所說的時間的彎曲和消失，我們也許不宜斥為無理。

　　次原子粒子並不是光坐在那裡，什麼事都不做。次原子粒子非常活躍。譬如說電子。電子就一直在釋出和吸收光子，可是這些光子是翅膀長不硬的。這些光子總是「看不見，看見了……」的變來變去。它們真的是光子——除了不能自己飛之外。電子一把它們放出來，就立刻又吸回去，所以它們通通叫做「虛光子」（virtual photon）。這裡「虛」的意思是指「實際事實上不是這樣，但效應或本質上是這樣」。這些光子確實是光子，只不過電子總是一放它們出來，就立刻吸回去，使它們翅膀長不硬罷了。[89]

89　從一種觀點看，虛光子與真光子不同之處，在於虛光子的靜止質量不是 0，只有 0 靜止質量的光子才能逃脫電子。從數學上看待虛光子有兩種方法，一種是舊式的微擾理論

換句話說，起先是有一個電子，然後是一個電子和一個光子，接著又只有一個電子。這種情況當然違反質能守恆定律。質能定律說我們不能無中生有。但是，量子場論卻說我們可以無中生有，只是「有」的時間甚短，只有1000兆分之一秒（10^{-15}秒）。[90]根據量子場論，這種情形之所以可能發生，道理在於海森堡的測不準原理。

照它原來的構成，海森堡測不準原理是說，我們越確定粒子的位置，就越不確定它的動量；反之亦然。我們的確能夠準確的判定粒子的位置，不過這一來我們就完全無法判定它的動量。如果我們想準確的判定它的動量，我們就完全無法判定它的位置。

除了位置和動量彼此測不準之外，時間和能量也是彼此測不準。關於一個次原子事件，我們越確定涉及其間的時間，就越不確定涉及其間的能量（反之亦然）。前面我們說到一個光子的釋出與吸收時間是1000兆分之一秒。這個時間測得這麼精確。但是，時間測得這麼精確，卻使我們再也難以確定其中涉及多少能量。但是，正因為這樣的測不準，質能守恆定律管理的收支帳才不至於混亂。換另一種說法，因為這個事件來得快去得也快，所以電子大可不必把它計算在內。

這種情形就好比有一個警察在維持質能守恆定律，可是如果有人違反這個定律，但很快就過去，他就不予理會是一樣的。

然而，事實上，違規越嚴重，就必然發生得越快。如果我們提供必要的能量給一個虛光子使它變成一個真光子，它就不會違反質能守恆定律。我們這樣做，虛光子就這樣做。此所以激動的電子釋出的就是真光子。所謂激動

（perturbation theory），一種是費曼微擾理論。前者是說虛粒子的質量與真粒子的質量一樣，只是能量不守恆。後者則說虛粒子的能量－動量完全守恆，但是沒有物理質量。

90　這是一個典型的原子過程。若是高能虛光子，則生命更短。又，要點在於空間並非真「空」。空間有無限的能量。根據撒發提的看法，虛過程是由負熵的超光速跳躍起動的。負熵一時的組成了一些無限真空能量來造成虛粒子。

的電子，就是它所在的能階高於基態。電子的基態就是它的最低能階，這個最低能階最接近原子核。電子在基態時只能釋出虛光子，一經釋出又立刻吸收回去，於是它就沒有違反質能守恆定律。

電子把基態當作自己的家，但它不喜歡回家。它唯一離家的時候是多出一些能量把它推出基態的時候。在這種情形下，它最關心的，就是趕快回到基態（除非它已經給推離原子核太遠，變成了一個自由電子）。既然基態是一種低能狀態，所以電子自然必須丟掉多餘的能量，才能回到基態。所以如果電子所在的能階高於基態，它就必須丟棄多餘的能量——丟棄的形式就是光子，而這個丟棄的光子就是，電子的虛光子裡面有一個突然因為電子多餘的能量而一直存在，但也因此沒有違反質能守恆定律。換句話說，這一個虛光子突然一下子「擢升」為真正的光子了。至於這個擢升的光子擁有多少能量，就要看電子丟棄的多餘能量是多少而定。（因為發現電子釋出的光子能量都有一定，所以量子論才成其為「量子」論。）

電子四周總是蜂擁著一群虛光子。[91]如果兩個電子十分接近，近到彼此的虛光子雲都重疊了，那麼其中一個電子釋出的虛光子，可能就會給另一個電子吸收掉。下面是這樣一種事件的費曼圖解。（圖10-10）

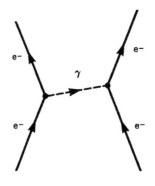

圖10-10

91　電子四周的虛粒子雲裡還有別的虛粒子，光子只是其中最普通的。

　　兩個電子越接近，這種現象就發生得越多。當然，這種過程是一種雙向道。兩個電子都會吸收對方釋出的光子。

　　這也是電子互斥的道理。兩個電子越接近，交換的虛光子越多。交換的虛光子越多，它們的路徑就偏離得越厲害。兩者之間所謂的「排斥力」，只不過是這種虛光子的交換累積的效應罷了。在近接區域，虛光子交換增加，在較遠區域，虛光子交換減少。如此而已。根據量子論，所謂「遠處的作用」這種東西是沒有的。有的只是虛光子的交換多或少而已。這種互動（虛光子的釋出與吸收）的發生是有定點的。這個定點就是粒子的位置所在。[92]

　　諸如兩個電子帶相同電荷的粒子這樣互相排斥，便是電磁力的實例。根據量子場論，事實上電磁力就是虛光子的互換。（物理學家愛說電磁力是光子「居間幹旋」出來的。）每一個帶電的粒子都一直在釋出並吸收虛光子，並且／或者與別的帶電粒子交換虛光子。兩個（帶負電的）電子交換虛光子時，會互相排斥。兩個（帶正電的）質子交換虛光子亦然。可是一個質子和一個電子交換虛光子時，卻互相吸引。

　　所以，自從量子場論發展出來以後，物理學家就逐漸用「互動」來代替「力」了。所謂「互動」，意指一件東西影響了另一件東西。在「虛光子互換」這樣的脈絡下，「互動」就比「力」準確多了。「力」只給電子之間的事貼上標籤，其他什麼事都沒說。量子場論裡面處理電子、光子、正電子的部分（也就是原來狄拉克的部分）就叫做量子電動力學（quantum electrodynamics）。

92　然而，量子力學的本質似乎卻在要求一種操作比光速快的，非動態的「遠處的作用」。保利相斥原理（Pauli exclusion principle）就是一個很好的例子，保利相斥原理指出了「信號」虛光子交換之外的兩個電子運動的關聯。

虛光子即使是帶電粒子，因為壽命極短，所以在氣泡室裡面還是看不見。虛光子的存在是用數學推論出來的。所以，說粒子以交換另外的粒子彼此施力，這種超凡的理論明顯的是人的心靈「自由的創造」。自然界並不必然就是這個理論所說的這一回事。它只是一種思想建構，準確的預測了自然界下一步要做什麼而已。可能有別的思想建構會做得一樣好，甚至更好（不過物理學家實在想不出來）。但是，不論是這個理論或那個理論，我們最多只能說它是否成立；也就是說，我們希望它做什麼，它做到沒有。至於正確與否，我們沒辦法說。

我們希望量子論預測一個次原子現象在某些條件下發生的機率。但，即便如此，量子論整體並不完全一致。但它實用的實在面是它成立。凡是互動，都可以有一個費曼圖解。凡是費曼圖解，都有一個數學公式與之對應；這個公式準確的預測了圖解中所畫的互動發生的機率。[93]

1935年，物理學畢業生湯川秀樹（Hideki Yukawa）決心要把這個新的虛粒子論應用到強核力（strong force）上。

所謂強核力，是使原子核聚集的力。強核力不得不強，因為，與中子共同構成原子核的質子會互相排斥。由於是符號相同（＋）的粒子，所以質子和質子之間都希望盡可能分開，這又是因為其中的電磁力的關係。可是雖說如此，但是質子在原子核內部卻維持得十分近似而又緊密。物理學家認為，與電磁力相比，能夠這樣抵抗電磁力，把質子捆綁在原子核上的，必定是很強的力。這種強核力他們很自然的就決定叫做「強核力」。

強核力這個名字取得好。因為，強核力比電磁力強上100倍。它是目前所知自然界最強的力。強核力和電磁力一樣，都是宇宙基本的黏膠。電磁力從內外一起維繫原子（內則將電子拘在軌道上環繞原子核，外則使原子與原子

93　但事實上，每一個互動，其費曼圖解往往是一連串的、無限的。

形成分子），強核力則使原子核聚合。

　　我們可以說強核力有一點「肌肉肥大」。因為，強核力雖然是目前所知自然界最強的力，可是它的力程（range）也是目前所知自然界所有的力裡面最小的。譬如說，一個質子如果逼近原子核，它就會開始感覺到自己與原子核內質子之間的電磁力在排斥它。這個自由質子越接近原子核內的質子，它們之間互斥的電磁力就越強。（譬如距離如果縮短為原來的1/3時，這種互斥的電磁力就增為原來的九倍。此時這種電磁力就會使自由質子的路徑偏離。如果這個質子離原子核遠，這種偏離就溫和，離得近這種偏離就變大。

　　可是，如果我們將自由質子向內推近約10兆分之一公分，這個質子就會突然被一股比電磁力強100倍的力吸進原子核。質子的大小大約也是10兆分之一；這就是說，就算質子已經十分接近原子核，但是只要其間的距離還比自己的大小長度稍遠，相對而言就不受強核力的影響。但是，一旦越過這個距離，強核力就會完全將質子壓倒。

　　湯川最後決定用虛粒子來解釋這種強大但力程甚短的強核力。

　　湯川建立了這樣的理論。他說，好比電磁場是虛光子「居中斡旋」出來的一樣，強核力也是虛粒子「居中斡旋」出來的。他說，電磁場即是虛光子的交換，同樣的，強核力即是另一種虛粒子的交換。電子從不懶散，一直在釋出和吸收虛光子。同樣的，核子（uncleon）也不是惰性的，一直在釋出和吸收自己的虛粒子。「核子」就是質子或中子（neutron）。因為這兩種粒子在原子核裡面都可以發現，所以都叫核子。兩者因為非常相似，所以粗略說來，質子可以視為帶正電的中子。

　　湯川從已經發表的實驗結果知道強核力的力程非常有限。他假設強核力的有限力程即是核子從原子核釋出的虛粒子的力程。於是他便著手計算一個虛粒子以幾近光速的速度往返核子的時間。這種時間的計算使他得以運用時間與能量的測不準關係，來計算他的假想粒子的能量（質量）。

　　12年後，以及一次錯誤的判斷以後，物理學家終於發現了湯川假設的粒子。[94]他們稱之為介子。物理學家後來又發現，整個介子家族就是核子用來交換並組成強核力的粒子。他們最先發現的介子是 π 介子。π 介子有三種變體：正、負、中性。

　　換句話說，質子和電子一樣，是非常活躍的。質子一直在釋出並吸收虛光子，因而十分容易受電磁場的影響，質子也一直在釋出和吸收虛 π 介子，因而十分容易受強核力的影響。（譬如電子，凡是不釋出虛介子的粒子都不受強核力的影響。）

　　電子釋出虛光子然後給另一個粒子吸去時，我們就說這個電子與這個粒子在「交互作用」。可是如果電子釋出虛光子然後又自己吸收回去，我們就說這個電子在與自己交互作用。因為這種自我互動，次原子粒子的世界遂成了一個萬花筒的世界。它們自己組成這個世界，在其中進行無休無止的變化遊戲。

　　質子和電子一樣，可以有一種以上的自我互動。質子最簡單的自我互動，就是在測不準原理容許的時間之內，釋出又吸收一個虛 π 介子。這種互動與電子釋出並吸收一個虛光子類似。一開始先有一個質子，然後是一個質子和一個中性 π 介子，然後又回復到一個質子。下面就是這個過程的費曼圖解：

94　1936 年物理學家發現緲子，看起來很像湯川預測的粒子。可是後來明白發現緲子的屬性完全不是湯川理論所說的屬性。他的理論又經過 11 年以後才得到證實

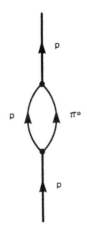

圖10-11

　　因為所有的質子都是一個樣子，所以我們也可以假設原來的質子突然消失，然後在同一個時間和空間點上又生出一個質子和一個中性的 π 介子。這個新的質子和 π 介子合起來質量超過原來的質子，所以違反了質能守恆定律。這其中有一樣東西（中性的 π 介子）憑空創造了出來但又瞬即消失（所以這是一個虛過程）。這個新粒子的壽命只限於經由海森堡測不準原理計算出來的時間。這種粒子突然出現，彼此消滅，立刻又創造另一個質子。比喻來說，只不過一眨眼之間，整個事情已經結束了。

　　質子自我互動還有另一種方式，那就是質子也能夠釋出並吸收正 π 介子。可是，當釋出並吸收正 π 介子的時候，質子也暫時變成了中性。整個過程是，一開始先有一個質子，然後是一個中子（質量比原來的質子高），外加一個正 π 介子，然後又回復到一個質子。換句話說，這是質子的幾齣舞碼之一。這一齣舞碼一直在把它變為中性，又再變回質子。下面是這一齣舞碼的費曼圖解：

232

232

232

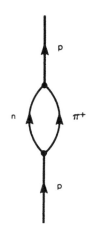

圖10-12

　　每一個核子四周都圍著一層虛 π 介子雲。這些虛 π 介子是它一直在釋出又吸收的。如果質子太接近中子，以致於兩者的虛 π 介子雲重疊，中子就會吸去質子放出的部分虛 π 介子。下面是一個質子和一個中子交換虛 π 介子的費曼圖解：

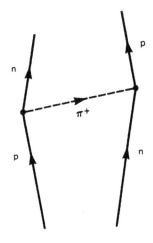

圖10-13

　　圖10-13的左半部是一個質子放出一個正 π 介子，自己暫時變成了中子。可是還來不及把正 π 介子吸回來之前，這個正 π 介子已經給鄰近的一個中子吸去了。這種 π 介子捕獲（pion capture）使中子又變為質子。這種正 π 介子的交換使質子變為中子，又使這個中子變回質子。原來的兩個核子互換角色以後再度緊密的結合了。

　　這就是一個典型的湯川交互作用。按湯川1935年建立的理論，強核力即是核子之間多重的交換虛 π 介子。近力程裡面，交換的數量（力的強度）大，遠的力程外交換的數量小。

　　同樣的情形，中子從來不會光坐著不動。中子和質子、電子一樣，一直在自我互動，釋出並吸收虛粒子。中子和質子釋出及吸收的都是中性 π 介子。下圖是一個中子釋出又吸收一個中性 π 介子的費曼圖解。

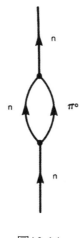

圖10-14

　　中子除了釋出中性 π 介子之外，也會釋出負 π 介子。可是，中子釋出並吸收負 π 介子的時候，自己也暫時變成了質子。一開始是一個中子，然後是個質子加一個負 π 介子，然後又回復為一個中子。下面是一個中子釋出並吸收負 π 介子，變為質子，然後又變回中子的費曼圖解（圖10-15）：

234

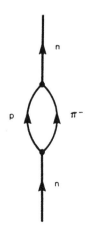

圖10-15

　　如果中子與質子太接近，彼此的虛 π 介子雲重疊了，質子就會吸去中子釋出的部分 π 介子。下面是中子和質子交換虛 π 介子的費曼圖解。

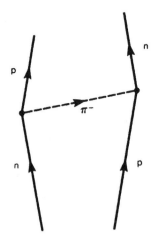

圖10-16

　　這又是另一種強核力交互作用了。本圖的左半部，中子釋出負 π 介子，自己變成質子，可是還來不及把負 π 介子收回，這個負介子就給鄰近的質子吸走，使這個質子變成中子了。負 π 介子的交換使中子變為質子，使質子變為中子。這情形又和以前一樣，一對核子彼此交換虛 π 介子以後，角色互換，然後又緊密的結合在一起。

　　強核力的交互作用種類太多了。在強核力的產生裡，π 介子雖然是最常交換的粒子，但別的介子（譬如K介子、η 粒子）的交換也是有的。所以，說起來，所謂「強核力」是沒有的，有的只是核子之間種種不同數量的虛粒子交換而已。

　　照物理學家所說，宇宙基本上是由四種「黏膠」連結的。這四種黏膠除了前面討論過的電磁力的強核力之外，還有「弱核力」和引力。[95]

　　引力是一種長力程的力。引力結合的是太陽系、銀河、宇宙。可是在次原子的層次上，引力小到可以不計，所以物理學家通常完全不予理會。不過未來的理論可望將引力包括在內。[96]

　　弱核力是四種力裡面最不為人了解的一種。弱核力的存在是從某些次原子交互作用所需的時間推論出來的。強核力很強，力程很短，所以強核力的交互作用發生都很快很快，歷時大約0.00000000000000000000001秒（10^{-23}秒）。可是，物理學家發現，有另外一種粒子交互作用既不涉及電磁力，也不涉及引力；所需的時間又長了很多，大約0.0000000001秒（10^{-10}秒）。他們因此從這個奇怪的現象推論出必然還有第四種力。由於他們知道這種力比電磁力弱，所以便稱之為弱核力。

　　這四種力由最強到最弱依序是：

95　最近的證據顯示瓦恩伯格－薩拉姆理論（weinberg-Salam theory）更加可信。瓦恩伯格－薩拉姆理論是說，電磁力和弱核力實際上只是一種力在粒子不同距離之間作用，因而有了不同的呈現而已。

96　譬如並用 2 自旋及 3/2 自旋虛交換粒子的超引力理論（srpergravity theories）。

強核力

電磁力

弱核力

引力

　　由於強核力和電磁力都可以用虛粒子來解釋，所以物理學家便假設弱核力和引力也可以。與引力有關的粒子是重力子，物理學家已經將重力子理論化，但還未曾證明它的存在。與弱核力有關的粒子是W粒子。關於W粒子，物理學家已經建立很多理論，但發現的不多。

　　相對於電磁力而言，強核力的力程很有限。因為，相對於光子而言，介子的質量很大。還記得那個警察？他在維持質能守恆定律。如果有人違反這個定律的時間很短，他也可以睜一隻眼閉一隻眼。但是，違規越嚴重的，時間其實也越短。無中生有暫時產生介子，比無中生有暫時產生光子，更違反質能守恆定律。所以，介子的產生與吸收必然也要更快，才能受到時間與能量測不準關係的保護。虛介子的壽命很有限，所以力程也很有限。統御這種現象的大原則是這樣的：力越強，中介粒子質量越大，力程就越短。強核力的力程大約只有10兆分之一（10^{-13}）公分。準此，電磁力的力程就比強核力大多了。但其實電磁力的力程是無限的，因為，光子根本沒有靜止質量！

　　「等一下」，津得微願意和我們交換一下意見，他說，「這不合裡。虛光子是放出來也快，吸回去也快。這樣就不會違反質能守恆定律。對不對？」

　　「對，」一個粒子物理學家向迴旋加速器走去時順便回答他。

　　「既然是這樣，那麼一個粒子或者什麼東西，既然是在一定時間之內，在測不準原理限定的時間之內，放出來又吸回去，那它的力程怎麼有可能無限呢？這完全沒有道理。」

　　津得微抓到了一個要點。乍看之下他說的沒錯，可是，仔細檢證以後，就會發現這裡面有一個很微妙的邏輯，使得電磁力力程無限這點是有道理的。

測不準原理容許時間與能量（亦即質量）平衡，時間與質量平衡即可以免去質能守恆定律的限制。既然如此，虛光子因為根本沒有（靜止）質量，那當然全世界的時間都歸它所有了。實際上說就是，它想到哪裡就到哪裡。換句話說，「真」光子和「虛」光子之間實際上毫無差別。一定要說有差別，那就是「真」光子的產生不違反質能守恆定律，而「虛」光子的產生則藉著海森堡測不準原理，暫時避開了質能守恆定律。

大家常說，一個成功的物理理論在做非數學的解釋時，聽起來往往是多麼「不真實」、「象牙塔」，我們上面談的就是一個好例子。之所以會這樣，原因在於，物理理論如果想要比較準確的描述現象，就會越來越離開日常的生活經驗（也就是越來越抽象）。不知道為什麼，這種理論——譬如量子論、相對論——雖然高度的抽象，準確的程度卻非常高。這些理論都是人類心靈自由的創造。若與日常生活經驗有什麼連接，那並不在於它們的嚴格形式的抽象內容，而是在於它們成立。[97]

一瞬即逝的、虛的（無－有－無）狀態與「真」的（有－有－有）狀態，這兩者間的差異，與佛教對於現實和我們看現實的方式類似。費曼曾說，（光子的）之所以有實狀態和虛狀態的差別，完全是觀點的問題：

> ……從一個觀點看是實過程的，實際上有可能卻是一個虛過程，發生的時間比較延宕。
> 譬如，如果我們想研究一個實過程，例如光的散射，在我們的分析裡，只要我們願意，原則上我們都可以把光源、散射器以及最後的吸收器包括在內。我們會想像光源放光以前，這個過程沒有光子出現……然後光源放光，光散射，最後由吸收器吸收……但是如果是

---

97 關於這一方面，見保羅・西爾伯（Paul Schilpp）所編的《哲學科學家亞伯特・愛因斯坦》（*Albert Einstein, Philosopher-Scientist*），第一卷。紐約 Harper & Row 1949 年出版。

> 這樣，這個過程應該是虛的；因為，我們開始時無光子，結束時也沒
> 有光子。我們用我們為實過程建立的公式來分析這個過程，企圖將這
> 個分析切成一部一部，每一部分別對應光的發射、散射、吸收。[ii]

　　根據佛教的理論，現實本質上是「虛」的。現實裡面看來是真實的東西，譬如樹木、人，都是由有限的知覺方式產生的瞬間幻象。這個幻象是錯將全面虛過程裡的各個部分誤認為「真實」（恆常）「事物」。「悟」就是明白「事物」——包括「我」在內——都是轉瞬即逝的，虛的狀態；沒有分出來自己存在。未來是時間的幻象顯示的幻象，「事物」即是過去的幻象與未來的幻象短暫的結合。

　　虛粒子釋出虛粒子，這個虛粒子又釋出粒子的虛粒子……這個過程就這樣逐漸衰減下去。粒子自我交互作用就這樣變得糾纏不清。下面是一個虛粒子（負 π 介子）暫時轉變為兩個虛粒子（一個中子和一個反質子）的費曼圖解（圖10-17）。（狄拉克1928年的理論預測了反質子，於1955年在柏克萊發現。）

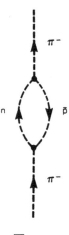

圖10-17

這是粒子自我交互作用最簡單的例子。圖10-18是一個質子在測不準原理容許的一瞬間跳的美妙舞蹈。這是甘乃思‧福特在他的《基本粒子的世界》這本書裡面畫的圖解。[註]在這一個質子變為一個中子和一個 π 介子，然後又變回質子之間，總共有11個粒子瞬間出現又消失。

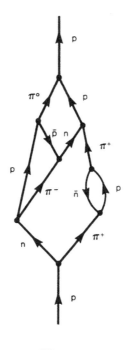

圖10-18

質子從來不會坐著不動。質子一方面在質子與中性 π 介子之間變換，一方面也在中子和中性 π 介子之間變換。中子也不會一直只是中子，中子一方面在中子和中性 π 介子之間變換，一方面也在質子和負 π 介子之間變換。負 π 介子也不會一直是負 π 介子，負 π 介子一方面在中子和反質子之間變換，一方面……總之，換句話說，所有的粒子潛在裡（按照一個機率）都是別的粒子的組合。每一種組合都有一個發生的機率。

量子論處理的就是機率。根據量子論，每一種組合的機率都可以準確的

計算出來；可是這裡面哪一個組合會發生，則純屬偶然。

所有的粒子潛在裡都是別的粒子種種的組合。這種量子觀與一種佛教觀不謀而合。根據《華嚴經》所說，物理現實的每一個部分都是其他所有部分共同構成的。《華嚴經》用因陀羅的網（Indra's net）來說明這種情形。因陀羅的網是掛在因陀羅神宮殿的寶石網。

用一個英國學者詮釋的話來說：

> 因陀羅的天上據說有一個珍珠網。這個珍珠網的排列使你只要看其中的一顆，就會看到其他所有珍珠反映在裡面。一樣的情形，這個世界的每一件東西並不是只有自己而已。這個世界，每一件東西都和其他東西有關。事實上每一件東西即是其他的一切東西。[iv]

根據大乘佛教，萬事萬物相成相生因而才出現物理實在界。[98]

我們這本書雖然不是專論物理學與佛教的關係，不過兩者之間——尤其是粒子物理學與佛教——實在有很多地方相近，又相近得叫人驚奇，所以兩邊的讀者都必須去發現另一邊的價值。

下面是一個三個粒子交互作用的費曼圖解（圖10-19）。這是粒子物理學最叫人大開眼界的一面。

98　和佛教與道家學者布洛菲爾（John Blofeld）教授討論以後，筆者相信，對於這個概念，《華嚴經》裡面還有更好的比喻。又，在物理學上與佛教緣起論類似的，也許是 G. F. 丘的靴帶理論（bootstrap theory）。

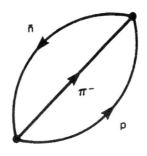

圖10-19

　　這次的交互作用裡面，既沒有世界線上去，也沒有世界線出來。純粹因為發生，所以發生。這次的交互作用沒有道理，沒有原因，反正就是從無有之處發生了。這三個粒子在無有之處自動的存在了一下子，然後又消失得無影無蹤，無跡可尋。講這種交互作用的費曼圖解叫做「真空圖解」。[99]之所以叫真空圖解是因為這種交互作用剛好在真空裡發生。「真空」照我們一般的理解，是一個全空的空間。可是真空圖解卻明白的顯示沒有全空的空間這種東西。事實上從這個空間有某種東西出來，這種東西然後又在這個空間立即消失。

　　到了次原子領域，真空顯然就不再空了。既然如此，那麼所謂全空的、不毛的、寸草不生的「真空」的概念又是哪裡來的？說起來原來都是我們自己造出來的。真空這種東西在真實的世界裡是沒有的。那是一種思想建構，一種理想，但我們誤以為真。

　　「空」與「滿」的區別和「有」與「無」一樣，都是一種假的區別。那是一種經驗的抽象，但我們誤以為那是經驗本身。或許是因為我們活在我們的抽象中太久了，我們不再知道抽象是由真實世界汲取出來的。我們把抽象

99　裘賽佛生（Brian Josephson）、撒發提、赫伯特（Nick Herbert）各自都思考到人的感官系統可能可以偵測到虛粒子舞蹈在真空裡的零點真空波動——這種粒子活動是測不準原理所預測的。果真如此的話，這種偵測可能是某種神祕的理解機制的一部分。

242

當真實的世界。

　　真空圖解是一支具有美好企圖的科學頂認真的產品。可是真空圖解也提醒我們，我們可以在知識上創造自己的「現實」。照我們平常的概念，「真空」裡不可能出現任何「東西」。可是真空圖解告訴我們，在次原子領域，「真空」裡可能出現「東西」。換句話說，「真空」（或「無」）這種東西是沒有的，有的只是我們這個愛講範疇的腦筋創造的概念而已。

　　大乘佛教的主要經典是《大智度論》，共有十二卷，其中最重要的是心經。心經有一個大乘佛教最重要的觀念：

……色即是空，空即是色。

　　下面是一個六種粒子交互作用的真空圖解（圖10-20）：

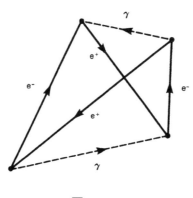

圖10-20

　　這個圖解描述的是空變色，色變空的美妙舞蹈。或許智慧的東方人說的沒錯，色即是空，空即是色。

　　不論如何，真空圖解呈現的是「有」變「無」，「無」變「無」這種非比尋常的轉變。這種轉變在次原子領域裡一直在發生，只受測不準原理、守

恆律、機率的限制。[100]

　　守恆律總共大約有十二個。有的每一種次原子粒子交互作用都限制，有的只限制幾種次原子粒子交互作用。這裡面有一個簡單的大原則，那就是，力越強，它的交互作用越受守恆律限制。譬如，強核力交互作用受所有十二個守恆律的限制，電磁力交互作用受十一個守恆律的限制，弱核力交互作用只受八個守恆律的限制。[101]重力交互作用物理學家尚未研究（因為還沒有人發現重力子），不過可能違反更多守恆律。

　　不過，雖說如此，在守恆律管轄的範圍，守恆律仍然是構成粒子交互作用一切形式的規則，不可違反。譬如，質能守恆定律就決定所有自發性的粒子衰變都是「下坡」的。這就是說，當一個粒子自發的衰變時，總是變為比較輕的粒子。這個較輕的新粒子的總質量總比原來的粒子的質量小。原來舊粒子與新粒子所差的質量已經轉變為新粒子的動力能，讓它飛走了。

　　「上坡」的交互作用只有在舊粒子除了原有的存在能量（存在能量就是質量）之外，已經現成備有動力能的時候才有可能。因為，備有動力能才能創造新的粒子。譬如兩個質子碰撞就會產生一個質子、一個中子、一個正 π 介子，這三個新粒子的質量比原來的兩個質子大。之所以會這樣，是因為拋射質子的動力能，在創造新粒子的時候進入的緣故。

　　除了質能守恆之外，動量在所有的粒子交互作用當中亦是守恆。粒子進入交互作用時，它攜帶的總動量必然與出來時相等。此所以一個粒子自發的

100　守恆律的檢核是絕對的，但是守恆律允許的，有很多實際上會遭到機率律的排除。

101　這 12 個守恆律是能量、動量、角動量、電荷、電子數、緲子數、重子數、時間反轉（T）、空間反演與電荷共軛聯合（combined space inversion and charge conjugation, PC）、時間反演個別（P）與電荷共軛個別（C）、奇異性、同位素自旋。
　　電磁力交互作用在力階上向下走了一層，失去同位素自旋。弱核力交互作用再下一階，又失去奇異性、宇稱、電荷共軛不變（不過 PC 聯合還是成立），最後一階是微觀規模的重力子交互作用。這一步物理學家還沒走。

衰變才會至少產生兩個新粒子。原因是，既然一個粒子靜止時動量為0，如果它只衰變為一個粒子然後飛走，這個新粒子的動量就必然超過原來的粒子。但如果至少產生兩個粒子，因為這兩個新粒子會往相反的方向飛，所以兩者的動量抵銷，總動量依然為0。

所有的粒子交互作用裡，電荷亦是守恆。如果進入交互作用的粒子總電荷是正二（+2，譬如兩個質子），離開時必然也是正二（此時正負粒子已經彼此抵銷）。除了以上所說的電荷等守恆之外，自旋亦是守恆。當然，要使書本的自旋守恆比電荷守恆複雜多了。

除了以上種種守恆之外，量子數亦是守恆。譬如，如果有兩個重子（例如質子）進入交互作用，那麼所產生的新粒子裡面必然也要有兩個重子（譬如一個中子和一個Λ粒子）。

質子之所以是穩定粒子（即不會自發的衰變），由這個重子數守恆律外加質能守恆律就可以「解釋」。自發的衰變必然是下坡的，否則無法滿足質能守恆定律。但是，因為質子是最輕的重子，所以，質子如果向下坡衰變，就必然違反重子數守恆。質子如果自發衰變，就會變成比自己輕的粒子。但是比質子輕的重子是沒有的。換句話說，質子如果衰變，我們這個世界就會有一個比較輕的量子。這種事情從來不曾有過。物理學家到目前為止能夠用來解釋質子穩定的，就只有（重子數守恆）這個方案。另外一個類似的輕子數守恆解釋了電子的穩定。（電子是最輕的輕子）。

我們所說的十二個守恆律裡面，有一些確實是「不變的原理」。所謂不變的原理，是指「即使條件改變（譬如實驗的地點改變），所有的物理定律仍然成立」的法則。我們可以這麼說，「所有的物理定律」，都是一個不變的原理的「守恆量」。譬如時間的反轉就有一個不變的原理。根據這個原理，一個過程若要可能，就必須能夠在時間內反轉。譬如，如果一次正電子－電子湮滅會產生兩個光子（確實可以），那麼兩個光子的湮滅也要能夠產生一個正電子和一個負電子才可以（確實可以）。

守恆律和不變原理的基本在於物理學家所說的「對稱」。空間無論是在哪一個方向，在什麼地方都是一樣（前者叫等向性〔isotropic〕，後者叫均勻〔homogenous〕）。這就是對稱的例子。時間的均勻是又另一個例子。這種對稱的意思無他，不過是說今年春天在波士頓進行的一項物理實驗，明年秋天在莫斯科再進行一次，結果還是一樣。

換句話說，物理學家如今相信，最基本的物理法則，守恆律和不變原理等，基礎都在於我們的實在界。不過這個實在界因為太基本了，所以從來就不受注意。但這（也許）並不是說，物理學家花了300年才知道即使我們把電話在全國移來移去，也不會使它變形或變大變小（因為空間是均勻的），不會使它顛倒（因為空間是等向性的），也不會比原來多舊兩個禮拜（因為時間是均勻的）。每一個人都知道我們的物理世界就是這樣建造的。次原子實驗在哪裡在何時進行都不是重要的資料。物理定律不會因時因地改變。

不過我們確實有一個意思是說，物理學家花了300年的時間才明白，原來最簡單最美麗的數學結構存在於這些清楚明白的情況裡，一點都不難接受。

大略說來，理論物理學分為兩派。一派循舊方法思考，一派循新方法思考。前一派不理會「兩面鏡子」的困境，繼續尋找宇宙的「積木」。

就這些物理學家而言，到目前為止，最可能當選「宇宙最終積木」的候選人是夸克。夸克是一種假設的粒子，1964年由蓋爾曼（Murry Gellman）建立理論。夸克這名字來自喬艾思（James Joyce）小說《芬尼根守靈》（*Finnegans Wake*）裡的一個字。

蓋爾曼的理論說，所有已知的粒子都是由幾種（12種）夸克組成的種種組合。很多人都在尋找夸克，可是到目前為止還沒有人發現。夸克是很狡猾的粒子（現在已知的粒子以前也是一樣），有些性格很奇怪。譬如說，它的電荷（理論）有說是1/3單位的。在以前，粒子凡是發現時，電荷從來沒有不是整個單位的。不久的將來，夸克大追尋將令人興致高昂。但不管將來發現

的是什麼，有一件事已經確定，那就是，夸克的發現將打開一個全新的研究領域，這個領域就是：「夸克是什麼做的？」

至於依循新方法研究的物理學家，因為他們用來了解次原子現象的方法太多了，所以我們無法在此一一列舉。這一派物理學家裡面，有一些認為空間和時間就是我們目前所認知的這些。戲碼、演員、舞臺都是一個潛在的四維幾何的各種呈現。有的物理學家（譬如菜科斯坦）則認為，「時間之下」有一些過程。他們在追尋這些過程。時間和空間這些經驗實在界的布匹，就是從這些過程衍生出來的。不過這個理論到目前為止還只是思惟，還未經「證明」（以數學表示）。

到目前為止，這種不眠不休追尋最後粒子的發燒病，最成功的起步就是S矩陣理論。在S矩陣理論裡面，重要的是舞碼而不是舞者。S矩陣理論和人家不一樣；因為，S矩陣理論著重的不是粒子，而是粒子的交互作用。

「S矩陣」是散射矩陣（Scattering Matrix）的縮寫。粒子碰撞時就發生散射。矩陣是一種數學表，S矩陣就是一種表示機率的數學表。

粒子碰撞以後發生的事有幾個可能。譬如，兩個質子的碰撞可能會產生(1)一個質子、一個中子、一個正 π 介子，或者(2)一個質子、一個 Λ 粒子、一個正K介子，或者(3)兩個質子、六個什錦 π 介子（assorted pions）等各種次原子粒子的組合。這些（不違反守恆律）的種種可能的組合都有一個發生的機率。換句話說，這種種可能有一些比較常發生，有一些比較不常發生。各個組合的機率又要看碰撞時，有多少動量帶進碰撞區而定。

S矩陣將這些機率表列出來，它表列的方式使我們只要知道一開始是什麼粒子，這些粒子又帶有多少動量，就能夠查出或計算出這些粒子碰撞可能的結果。當然，粒子可能的組合太多了，如果要將所有的機率全部列出，S矩陣就會變得十分龐大。事實上物理學家的確也還沒有列出這樣一張完整的表。不過，由於物理學家每一次所關心的也只有S矩陣的一小部分，所以這並不是一件迫切的工作。整個S矩陣的這些小部分叫做S矩陣的元素。S矩陣理論的限

度在於，到目前為止，它只適用於交互作用強的粒子（介子和重子）。若將介子和重子劃為一群，則這一群粒子叫做強子。

　　下面是一次次原子交互作用的S矩陣圖解（圖10-21）：

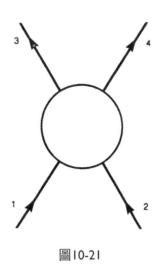

圖10-21

　　這個圖解很簡單。圓圈是碰撞區。粒子1和2進入碰撞區，粒子3和4從碰撞區出來。這個圖解沒告訴我們碰撞點發生什麼事。它只說有什麼粒子進去，什麼粒子出來。

　　S矩陣圖解不是時空圖解。S矩陣圖解不說粒子在時間或空間裡的位置。這是故意的。因為，我們不確知交互作用的粒子在什麼位置。因為，我們決定要測量它們的動量，所以它們的結果便不可知了（海森堡測不準原理）。因為這個道理，所以S矩陣圖解才會只說交互作用發生在（圓圈內的）某一個地方。S矩陣圖解純粹只是粒子交互作用的符號表示。

　　但是，一開始是兩個粒子，結束時是兩個粒子的交互作用只是粒子交互作用的一種而已。S矩陣圖解還有種種形式。下面是其中一些例子（圖10-22）：

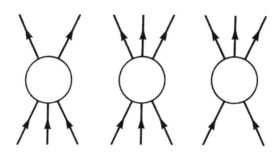

圖10-22

S矩陣圖解和費曼圖解一樣，都可以旋轉。箭頭方向的不同也區別了粒子和反粒子。下面是一個質子與一個正 π 介子互撞，產生一個質子和一個負 π 介子的S矩陣圖解（圖10-23）：

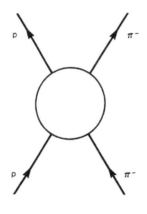

圖10-23

這個圖解經過轉動以後，變成一個質子與反質子湮滅，然後產生一個負 π 介子和一個正 π 介子的圖解（這個正 π 介子即是原來的交互作用裡那個負 π 介子的反粒子）：

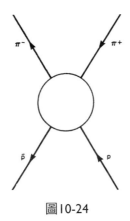

圖10-24

　　圖解每轉動一次，描述的就是另一種交互作用的可能。我們現在舉的這個S矩陣圖解可以轉動四次。凡是轉動S矩陣的一個元素描述得到的粒子，全部都有密切的關係。事實上，凡是一個S矩陣圖解呈現的粒子（包括轉動以後發現的），全部皆是互相界定。要說哪一個粒子才是「基本的」，這個問題毫無意義。

　　因為從一個交互作用產生的粒子總是立即涉入別的交互作用，所以S矩陣的個別元素，可以在圖解上連結成一個相關交互作用網。（圖10-25）這種網和所有的交互作用一樣，每一個都和一個機率有關。這些機率都是可以計算出來的。

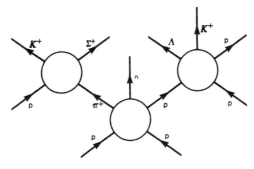

圖10-25

根據S矩陣理論，「粒子」即是一個交互作用網的中介狀態。S矩陣裡的直線並不是粒子的世界線，而是能量流通的反應管道（reaction channel）。譬如中子就是一個反應管道。一個質子和一個負 π 介子就可以構成一個中子（圖10-26）：

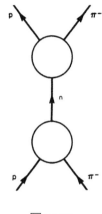

圖10-26

可是，如果有比較多的能量，一個 Λ 粒子和一個中性K介子也能夠造出中子反應管道（圖10-27），其他好幾種粒子組合也都能夠。

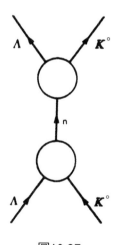

圖10-27

　　簡而言之，S矩陣理論根據的是事件，而非東西。[102]舞者不再自成有意義的實體。事實上舞者除了互相界定之外，無從界定。S矩陣理論裡面只有舞碼。

　　從牛頓以及他的蘋果以來，我們已經走了很長的一段路。可是，蘋果是清楚明白的世界真實的一部分。我們吃蘋果的時候很清楚誰在吃，吃什麼。這一切和吃這個行為有明顯的分別。

　　我們把我們的經驗形式用一個知識論的網羅織起來，「物體自外於事件而存在」這種觀念即是這個網的一部分。我們毫無疑問的接受這個觀念，所以我們覺得這個觀念很親切。這個觀念深深的影響了我們看待自己的方式。我們總認為自己與他人和環境是分開的，這種根深蒂固的感覺根源即是這種觀念。

　　科學思想史如果教了我們什麼東西，那就是執著觀念的愚蠢。在這一點上，它是東方智慧的回應。東方的智慧說，執著觀念是愚蠢的。

---

102 S 矩陣理論關切的是事件在碰撞過程中的全部結果，而不是個別事物的發生。輸出和輸入反應管裡的實體都有明確的界定（否則就無法界定 S 矩陣）。但是交互作用區內（圓圈之內）則一切皆是模糊、不明確。「S 矩陣哲學」，根據劍橋大學裘賽佛生的看法，「即是聲明細節無可分析」。又，卡普拉（Fritjof Capra）的《物理之道》（*The Tao of Physics*）對 S 矩陣理論有一次通俗的討論。261-276 頁。1975 年柏克萊 Shambala 出版。

部六　悟理

第十一章　超越兩者

　　物理和悟道有什麼關係？物理和悟道看起來是分屬於兩個截然不同的領域。前者屬於物理現象的外在世界，後者屬於知覺的內在世界。但是，如果進一步檢查，就會發現物理和悟道並不像我們認為的那樣彼此不宜。首先，只有透過我們的知覺，我們才能觀察物理現象，這是一個事實。兩者之間有許多本有的相似，此其一端。

　　悟道使我們掙脫概念的束縛（掙脫無明的蒙蔽），直接知覺那完全無分別的現實無以言說的本質。我們以前是這個「無分別的現實」的一部分，現在是，將來也是。問題在於我們看現實畢竟不如覺者。每個人都知道（是嗎？），文字是事物的代表（「代」表）。文字不是事物，只是符號。若是根據悟的哲學，則一切事物皆是符號。符號的現實是幻象，可是我們卻都活在這個幻象裡面。

　　無分別的現實雖然無法用語言表達，可是（如果用更多的符號）還是能談。對於不知不覺者而言，物理世界是由許多相離的部分組成的。可是若是根據世界各地的悟道者而言，這些所謂相離的部分事實上並沒有相離。他們每一刻的悟（grace/insight/samadhi/satori）都在向他們揭示一切事物——宇宙所有相離的部分——皆是整體的呈現。現實只有一個，它是全體的、統一的、它是一。

　　我們前面已經說過，要了解量子物理學必須先修正我們平常的概念（譬如一件東西不可能同時是波又是粒子的概念）。但是，從現在開始，我們要明白，我們必須比以往更完整，甚至比以往不曾有過的，改變我們的思想過程，才能了解物理學。我們前面已經知道量子會做決定，會知道別的地方發生的事情。但是，我們現在更要明白，量子現象的關係是這樣的密切，密切

到以往斥之為「太玄了」的事物，現在成了物理學家認真談論的東西。

簡而言之，悟和物理都須要我們掙脫平常的思想過程（最後並且完全「超越思想」），並且知覺到現實的一體。兩者在這之間有極多共通之處。

悟是一種存在狀態。悟和每一種存在狀態一樣，都是無可描述的。一般人都有一種誤解，錯將存在狀態的描述誤認為存在狀態本身。譬如說幸福。請你描述一下幸福，你會發現這是不可能的。我們可以談，可以敘述隨著幸福的狀態而來的展望和行為，但我們無法敘述幸福本身。幸福和幸福的敘述是兩回事。

幸福是一種存在狀態。這意思是說，它存在於直接經驗的領域裡面。它是密切的知覺到感情和感覺。感情和感覺本身就是不可敘述的，所以它們構成的幸福狀態也就不可敘述。「幸福」這兩個字的標籤，是符號。我們把它貼在這種狀態上面。「幸福」屬於抽象或概念的領域。存在狀態是一種「經驗」，存在狀態的描述是一種「符號」。經驗和符號規則不一樣。

物理科學是在量子邏輯這個令人肅然起敬的題目下發現這一點的。我們平常的經驗和物理學法則，都不以為現實各相離的部分（譬如你、我、拖船等）有成立關係的可能，但這種可能性已經在貝爾定理（Bell's theorem）的名下進入物理學。量子邏輯和貝爾定理帶我們深入理論物理最遠的邊境。這兩者就是物理學家也有很多沒聽說過的。

貝爾定理和量子邏輯（目前）的關係還沒有建立。倡言其中之一者很少關心另一者，可是兩者確實有很多相通的地方，兩者在物理學上都是嶄新的東西。當然，一般物理學家都認為雷射光核熔合（laser fusion，以高能光束熔合原子）和尋找夸克是理論物理學的新領域。這一點就某種意義而言沒有錯。但是，這些研究和貝爾定理與量子邏輯差別很大。[103]

---

103 雷射光核熔合和尋找夸克現在已經是實驗物理的一部分了。理論物理現在的新疆界應該是孤立子（soliton）和統一規範理論（unified gauge theory）。

雷射光核熔合和尋找夸克是現有物理學典範之內的研究題目。典範是一種思想過程，一種架構。但是若就現有架構而言，貝爾定律理和量子邏輯就太過爆炸性了。前者告訴我們，所謂「自立的部分」這種東西是沒有的，後者使我們從符號的領域回到經驗的領域。宇宙的每一個部分都有密切而立即的關聯，但是在以前，這種話只有悟道者和一些科學上令人痛恨的人物才會說。

量子論的主要數學元素，我們的故事的英雄，就是波函數。因為有波函數，我們才得以判定觀察系統和一個被觀察系統交互作用以後可能產生的結果。但是波函數擁有這麼崇高的地位，並不只來自於發現波函數的薛丁格。波函數的崇高地位也來自一位匈牙利數學家馮紐曼。

1932年，馮紐曼出版了一本以數學分析量子論的著作，題目叫做《量子力學的數學基礎》（ *The Mathematical Foundations of Quantum Mechanics* ）。[i]馮紐曼的這本書實際上是在問一個問題，那就是，「如果波函數這種純粹數學的創造物果真應該描述真實世界的某種東西，這種東西會是什麼樣子？」他得到的答案我們在前面已經討論過。

波函數是一隻奇怪的動物。它會一直改變。每一瞬間都和前一瞬間不一樣。它是自己描述的那個被觀察系統所有可能性的合成。但並不是這些可能性隨便混合而成，它是一種有機的整體，一方面是自己之內的事物，一方面其中的各部分一直在變化。

這個自己之內的事物會一直發展，直到有人在它所代表的被觀察系統做了觀察（測量）為止。如果這個被觀察系統是一個「獨自傳導」的光子，那麼光子和測量儀器（譬如感光板）交互作用之後所有可能產生的結果，都會包含在代表這個光子的波函數裡面。[104]（譬如說這個波函數會包括在感光板的

---

104 量子力學的嚴格形式有各種詮釋。譬如馮紐曼就認為只有相似的粒子，譬如光子群，才會有波函數，單個粒子沒有。現在只有少部分物理學家同意這個觀點，其餘的大部分都不同意。

A區偵測到光子的可能性，在B區偵測到光子的可能性，在C區偵測到光子的可能性）。光子一開始運動，與光子有關的波函數就開始依照一個因果律（薛丁格波方程式）發展，直到光子與觀察系統交互作用為止。波函數包含的所有可能性有一個就會在交互作用的這一刻實現，其餘的立即消失。這些消失的可能性就是消失了，除此之外無他。這個時候，波函數這隻馮紐曼一直想要描述的奇異動物會突然「塌縮」。這個波函數的塌縮意味著，光與測量儀器的交互作用可能產生的結果裡面，有一個可能性變為一（發生了），其餘的變為零（不再可能）。反正，這時候，在一個時間內只會在一個地方偵測到光子。照這個觀點來看，那麼波函數並不是那麼像是事物，可是卻又不只是觀念。它占據的位置很奇怪，介乎觀念與現實之間。一切事物在這裡都可能，但都未成現實。海森堡將它與亞里斯多德的「勢」相提並論。

這種研究途徑不知不覺間塑造了物理學家的語言，因而也塑造了大部分物理學家的思想。這其中包括那些認為波函數是一種數學虛構的物理學家。他們認為，波函數是一種抽象的創造，操作起來不論如何就是會產生真實事件的機率，在真實的（以別於數學的）時間和空間裡發生。

不用說，這種途徑當然也造成了很多問題。譬如說，波函數到底是在什麼時候塌縮的？（測量問題）是在光子撞擊到感光板的時候？是在照相圖板沖洗出來的時候？是在我們看感光板的時候？再說，說塌縮又是什麼東西塌縮？波函數塌縮之前又在哪裡？所有這一切問題馮紐曼當時說不清楚，如今還是說不清楚。波函數可以描述為一種真實事物──這樣的波函數觀一般都歸之於馮紐曼。但是，「量子力學的數學基礎」裡面討論了兩種了解量子現象的途徑，這種真波函數不過是其中之一。

另一種途徑馮紐曼比較少著力，這種途徑就是檢查表達量子現象時不得不用的語言。《量子力學的數學基礎》這本書的「投射的命題」（Projections as Propositions）這一段裡，他說：

> ……一方面是物理系統諸屬性之間的關係，一方面是（波函數）這
> 種投射，才使這一方面的一種邏輯微積分成為可能。可是，與一般
> 的邏輯概念不同的是，這種物理系統是由「同時存在的可決定性」
> （測不準原理）擴展出來的，而「同時存在的可決定性」便是量子
> 力學的特性。[ii]

　　量子論的嶄新屬性可以用來建立一種與一般的邏輯概念不同的「邏輯微
積分」——這種看法馮紐曼認為是另一種可以將波函數描述為真實事物的途
徑。

　　可是除了這兩種解釋之外，大部分物理學家對波函數大多數採取另一種
解釋。他們認為波函數純粹是數學的建構，是抽象的虛構，所以不代表現實
世界的任何東西。不幸的是，這個解釋還是沒有回答這個問題：「如果是這
樣的話，那波函數預測機率時為什麼那麼準確，而且還可以經由實際經驗證
實？」事實上，如果將波函數界定為與物理現實完全無關，為什麼波函數卻
是什麼事都能預測？哲學上有一個問題是，「為什麼心靈能夠影響物質？」
波函數的問題無異是這個問題的科學版。

　　馮紐曼的第二種方法使他遠遠的越過了物理學的疆界。他的簡短著作指
向了一種本體論、認識論以及現在才在出頭的心理學的融合。簡而言之，馮
紐曼認為，問題在於語言，這裡隱藏著量子邏輯的胚胎。

　　說是語言的問題，馮紐曼便提出這個問題，那就是，「量子力學是什
麼？」為什麼這麼難解？力學研究的是運動，所以量子力學研究的就是量子
的運動。可是，量子又是什麼？照字典說，quantum（量子）是東西的量。問
題是，是什麼東西的量？

　　一個量子就是一次行為（一次行為？）。問題在於，量子可以是波，也
可以是粒子，但粒子絕不是波。除此之外，當量子是粒子的時候，它也不是
一般意義的粒子。次原子「粒子」不是「東西」。（我們無法同時判定它的

位置和動量。）一個次原子「粒子」（量子）是一組關係，或一個中間狀態。這組關係或狀態可以破壞，可是破壞之後生出來的卻是更多一樣基本的粒子。「……初次遭遇量子論若不感到震驚，」波耳說，「就不可能了解量子論。」[iii]

　　但是，量子論並不是因為複雜才不好說明的。量子論之所以難以說明，是因為，我們必得用來說明量子論的文字卻不足以說明量子論。建立量子論的幾個人都很清楚這一點，也討論了很多。其中譬如玻恩，他說：

> 我們不得不用一般語言來描述一個現象，不用邏輯或數學分析，而是訴諸景象的想像。這就是問題最終的起源。一般的語言都是隨著日常經驗成長，所以永遠無法超越這個限度。古典物理學一直限制自己只使用這一類的概念。古典物理學分析可見的運動，由此發展出兩種基本過程來呈現運動，一個是運動粒子，一個是運動波。若要給運動一個圖畫式的描述，除此之外別無他法。即使到了原子過程這個領域，我們還是得用，可是古典物理學就在這裡崩潰了。[iv]

　　我們想把次原子現象用視覺來想像時，遭遇到說明的問題——目前大部分物理學家都這樣認為。所以，我們必須放棄「一般語言」的說明，限制自己只用「數學分析」。要學習次原子物理學，我們必須先學數學。

　　「不用！」萊科斯坦說了。萊科斯坦是喬志亞理工學院物理學校的教授。數學和英語、中文一樣，都是一種語言，都是符號構成的。「從符號得到的說明是最多的，但還是不完整。」[v]次原子現象的數學分析在「質」上面並不比其他符號的分析好。因為，符號的規則和經驗不同，符號只有自己的規則。簡單一句話，問題不在語言裡面，語言本身就是問題。

　　經驗與符號的不同就好比神話[105]與理念（logos）的不同。理念模仿經驗，可是無法代替經驗。它是經驗的代替品，是死的符號以一對一的基礎模仿經驗建立起來的人為建構。古典物理理論就是理論與現實一對一對應的例子。

　　愛因斯坦說，除非真實世界的每一個元素在理論裡都有一個明確的翻版，這個理論不能稱其為完整。愛因斯坦的相對論（雖然是新物理學的一部分）就是最後的古典理論。因為相對論是與現象以一對一的方式建立的。他說，一個物理理論要與現象有一對一的對應才算完整。

> 不論「完整」的意思是什麼，對於一個完整的理論而言，這樣的條件都是必要的，那就是，物理現實的每一個元素在物理理論裡面都有一個翻版。[vi]

　　量子論就沒有這種理論和現實之間一對一的對應（量子論只能預測機率，無法預測個別事件）。根據量子論，個別事件的發生純然是機會。量子論裡沒有理論元素來對應每一個真正發生的個別事件。所以根據愛因斯坦的看法，量子論是不完整的。這就是愛因斯坦與波耳論戰的基本問題。

　　神話指向經驗，但並不代替經驗。神話和智識主義（intellectualism）[106]相反。原始儀式（譬如足球賽）的頌歌是神話很好的例子。神話賦予經驗以價值、新鮮、生氣，但沒有想取代經驗。

　　至於理念，從神學上說來，理念就是原罪，就是吃知識的禁果，就是趕出伊甸園。從歷史上說來，理念就是文學革命的成長，就是口說傳統（oral tradition）誕生了文字傳統（written tradition）。不管從哪一個觀點看，（嚴格

---

105 譯註：mythos，一個民族由經驗中得來的記憶、恐懼等表現於神話中，謂之 mythos。

106 譯註：「這名詞可適用於任何給予精神、觀念和理智（Intellect）以優先地位的哲學主張。」《西洋哲學辭典》，第一七八條。布魯格編著，項退結編譯，國立編譯館暨先知出版社印行，1976 年版。

照字面說來）理念是一封無法投遞的信。「知識，」康明思（e. e. cummings）[107]說，「是說死亡的禮貌字眼，但不是沉埋地下的想像力。」他是在說理念。

照菜科斯坦的看法，我們的問題在於，只是用符號，我們無法了解次原子現象或任何一種經驗。海森堡說：

> 概念一開始是由特定情況和經驗的綜合汲出的抽象形成的。可是後來卻得到了自己的生命。[vii]

在符號的互動裡迷失，就好比將洞穴裡的影子當作洞穴外面的世界（亦即直接的經驗）一樣。對於這樣的處境，解答在於用神話的語言接觸次原子現象以及所有的經驗，而非用理念的語言。

菜科思坦如是說：

> 如果你想把量子看成一個點，你就中計了。你是在用古典邏輯塑造量子。整個的要點在於量子不會有古典的象徵。我們要學會與經驗一起生活。
> 問題：你如何與他人溝通這種經驗？
> 答案：這種經驗不是用溝通的。你只要說你如何製造量子，如何測量量子，別人就會有這種經驗。[viii]

按菜科斯坦的看法，神話的語言暗指經驗但不取代經驗，也不塑造我們對於經驗的知覺。這種語言才是真正物理學的語言。這是因為，不但我們用於溝通日常經驗的語言有一套規則，就連數學也有一套規則。這是古典邏輯。

---

107 譯註：康明思全名 Edward Estlin Cummings，是美國詩人兼畫家，反偶像反教條反迷思非常認真，所以連名字都堅持小寫。

　　但是經驗遵循的規則就寬容（permissive）了許多。這是量子邏輯。量子邏輯不但比古典邏輯令人興致高昂，也比古典邏輯真實。量子邏輯根據的不在我們怎麼想事物，而是在於我們怎麼經驗事物。

　　我們用古典邏輯描述經驗（從開始學寫字以來我們就一直在做這種事）的時候，可以說，我們就把眼罩遮在我們眼睛上了。眼罩不只限制我們的視野，甚至還扭曲我們的視野。眼罩就是我們所說的古典邏輯的那一套規則。古典邏輯的規則界定都很明確，很簡單，唯一的問題是古典邏輯與經驗不一致。

　　古典邏輯和量子邏輯最大的不同，在於古典邏輯的分配律（distributive law）這條規則。分配律是說，「A和B或C」的意思與「A和B，或A和C」的意思是相等的。換句話說，「我丟銅版就會出現正面或反面」的意思和「我丟銅版就會出現正面，或者我丟銅版就會出現反面」的意思一樣。分配律是古典邏輯的基礎，可是用在量子邏輯上卻不適用。這一點在馮紐曼的論著裡最重要，可是卻最不為人所知。1936年，馮紐曼和同事伯科夫（Garrett Birk-hoff）發表了一篇論文，奠下了量子邏輯的基礎。[ix]

　　在這篇論文裡面，他們用一個物理學家都知道的現象做例子，證明了分配律的錯誤。他們由此藉著數學告訴我們，由於真實世界的規則不一樣，所以用古典邏輯無法描述經驗（包括次原子現象）。經驗所遵循的規則他們稱之為量子邏輯，符號遵循的規則他們稱之為古典邏輯。

　　萊科斯坦模仿馮紐曼和伯科夫的例子，對分配律的錯誤做了另一次證明。他的證明需要三片塑膠。本書後面附有一個信封，信封裡面有三片塑膠。請你拿出這三片塑膠仔細看看。[108]你會發現這些塑膠是透明的，顏色接近太陽眼

108　到底要附上這些偏光鏡還是使本書價格人人買得起，我後來不得不做個決定。我最後的決定是放棄偏光鏡。可是，雖然語言無法傳達經驗，我還是決定保留原文，以傳達這一次實驗的趣味。

鏡，事實上太陽眼鏡用的就是這種鏡片，只不過厚了一點而已。由於它的特性，這種鏡片可以降低反光。這種鏡片叫做偏光鏡。偏光鏡片的太陽眼鏡當然就叫做偏光太陽眼鏡。

　　偏光鏡是一種很特殊的濾光鏡。通常是用塑膠拉長做成的。塑膠拉長以後，裡面所有的分子全部都會拉成長形，依相同方向排成直線。這些分子經過放大以後看起來如圖11-1：

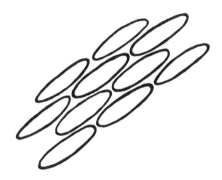

圖11-1

　　就是這些瘦長的分子在光線通過的時候把光線偏折的。

　　以波現象來了解光的偏折最容易。像太陽這種普通的光源，光波從其中發出的時候有各種「姿勢」——垂直、水平和介乎其中的任何角度。這不但只是說光會從光源向所有的方向發射，而且還是說，不管是什麼光，它的光束裡面一定有一些光波是垂直的，有些是水平的，有些是斜的等等。對於光波而言，偏光鏡彷如欄柵。光波是否能通過這道欄柵要看它的角度是否與偏光鏡順接而下而定。如果偏光鏡是排成垂直，那就只有垂直的光波能夠通過，其他的光波全部擋下來。所有通過垂直偏光鏡的光波都排成垂直方向，這時這種光就叫做垂直偏振光。

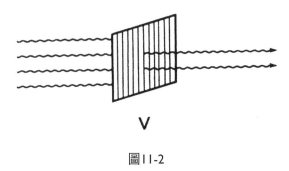

V

圖11-2

　如果偏光鏡是排成水平，那就只有水平的光波能夠通過。其他的全部都擋下來。所有通過水平偏光鏡的光波都排成水平，這時這種光就叫做水平偏振光。

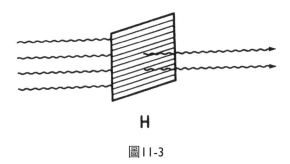

H

圖11-3

　不管偏光鏡如何排列，只要是通過的光波，全部都按相同的角度排列。偏光鏡上面的箭頭所指的是通過的光線受到偏振的角度。這也就是鏡片裡的分子拉長的方向。

　現在請你拿出一片偏光鏡，使箭頭朝上或朝下，這時凡是通過這片偏光鏡的光線都垂直偏振了。現在請你再拿一片偏光鏡放在這片偏光鏡的後面，箭頭也是朝上或朝下。現在你會發現，除了因為鏡片著色使光線稍微變弱之外，其他凡是通過前面鏡片的光線，也都全部通過了後面的鏡片。

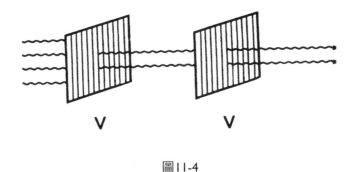

圖11-4

　　現在請你慢慢將其中的一片由垂直向水平慢慢轉動。這時你會發現，通過這兩片偏光鏡的光線越來越少。等到你轉動的這一片完全轉為水平時，就完全沒有光線通過了。這是因為，前面的鏡片只通過垂直偏振的光，後面的鏡片只通過水平偏振的光，所以到最後是完全沒有光通過。不論是前面的鏡片垂直，後面的鏡片水平，還是相反，這種情況完全一樣。偏光鏡的秩序無關緊要。只要兩片偏光鏡一垂直，一水平，就完全沒有光通過。

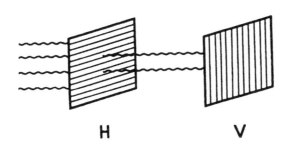

圖11-5

　　不論如何，只要兩片偏光鏡互成直角，就會阻擋所有的光線。這一對鏡片不管怎麼擺都沒有關係。

　　完成這一個步驟之後，現在請你再加上一片偏光鏡，不過這次要依斜角擺設。先是加在原來兩片偏光鏡的前面。這時的情形是，什麼都沒發生。原來兩片偏光鏡遮擋了所有光，加了第三塊也不會有影響。

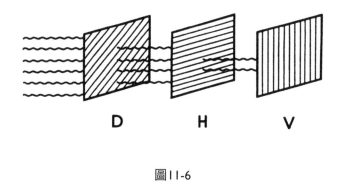

圖11-6

　　如果把斜角擺設的偏光鏡擺到水平－垂直偏光鏡的另一端。這時的情況依然沒有變化。沒有光能通過偏光鏡。

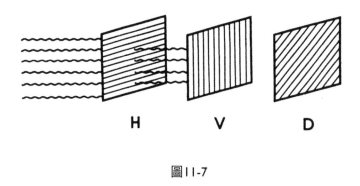

圖11-7

　　接下來這一步就是最有意思的一步了。現在請你把斜角擺設的偏光鏡放在水平偏光鏡和垂直偏光鏡的中間。情況如何？情況是，當你按這樣的秩序擺設偏光鏡時，光線可以從前面全部通過這三片偏光鏡！

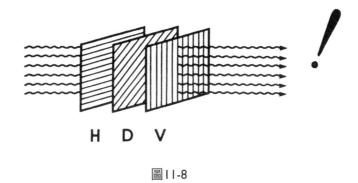

圖11-8

換句話說，水平偏光鏡和垂直偏光鏡合在一起，對光線而言，就好比木門一樣，是個障礙。兩者之前或之後放一個斜角偏光鏡完全不會改變這種情形。但是，如果斜角偏光鏡是放在兩者之間，光線就全部通過。只要一拿掉斜角偏光鏡，光線又完全消失。因為水平偏光鏡和垂直偏光鏡又合起來阻擋了光線：

全部的情況用圖解表示，如圖11-9：

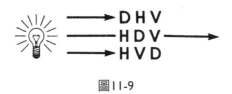

圖11-9

為什麼會這樣？根據量子力學所說，斜角偏振光並不是「混合」了水平偏振光和垂直偏振光。我們不能說這是斜角偏振光水平的部分通過了水平偏光鏡，垂直的部分通過了垂直偏光鏡。事情沒那麼簡單。根據量子力學所說，真正的情形是，斜角偏振光是自立的內在物（a separate thing-in-itself）。如果是這樣的話，那麼，一個自立的內在物為什麼能夠通過三片偏光鏡，卻無法通過兩片偏光鏡？

我們只要想到光也是一種粒子現象，立刻會發現悖論所在。這就是說，

光子如何能夠分解成水平偏振的部分以及垂直偏振的部分？按照定義，這是不行的。

這個悖論正是量子邏輯和古典邏輯的核心差異。這個悖論的產生，在於我們的思想過程遵循的是古典邏輯的規則。我們的智力告訴我們，我們剛剛看到的情形是不可能的（光子畢竟只能這樣偏振或那樣偏振）。但是，無論如何，只要我們在水平偏光鏡和垂直偏光鏡之間安插一個斜角偏光鏡，原來沒有光的地方就看到了光。我們的眼睛不知道它們親眼所見「無可理喻」。這是因為，經驗遵循的是量子邏輯的規則，不是古典邏輯的規則。

斜角偏振光的「內在物」這種性格，反映了經驗真正的本質。我們的符號式思想過程把「是彼就不是此，是此就不是彼」這種範疇強加在我們身上。這種思想過程永遠要我們只與這個或者只與那個對峙，要不就要我們把這個和那個混合起來對峙。它會說，偏振光會是水平偏振或者垂直偏振，或者竟是水平和垂直混合偏振。但這是古典邏輯，是符號的規則。若是經驗的領域，則無物只能這樣、只能那樣。在經驗的領域，事情的選擇永遠至少多一個，不過往往無限。

萊科斯坦講到量子論的時候如是說：

> 這個遊戲沒有波的份，這個遊戲遵循的方程式確實是波動方程式。
> 可是此處無波打轉（這是量子力學的一座巔峰），亦無粒子打轉。
> 此處打轉的是量子——這是第三種選擇。[x]

讓我們不要說得那麼抽象。姑且想像我們在下棋，棋盤上有兩個棋子，一個是將，一個是卒。如果這些棋子遵循的是量子現象的規則，那麼我們就不能說，介乎將和卒之間絕無他物。「將」和「卒」兩端之間，會有一個造物，叫做「將卒」。「將卒」既非「將」亦非「卒」，亦非一半將一半卒黏

在一起。將卒就是將卒。「將卒」是一種自立的內在物。將卒不比那種德國牧羊人玩偶。德國牧羊人玩偶分得出牧羊人的部分和牧羊犬的部分，可是將卒分不出將的「部分」和卒的「部分」。

將和卒之間不只一種「將卒」。一種將卒是一半將，一半卒。又一種將卒是1/3將、2/3卒。再有一種將卒是3/4將、1/4卒。事實上，就每一種將和卒的比例而言，但凡有一種將卒，就與其他將卒截然不同。

這種「將卒」，物理學家說是協同疊加（coherent superposition）。一件東西上面又加一件或好幾件，叫做疊加。一張照片重覆曝光是攝影家的毒藥。但是，重覆曝光的照片就是其中一個影像或另外一個影像的疊加。不過，協同疊加不只是一件東西疊加在另一件東西上面。協同疊加是一種內在物，不但與自己的組成部截然有別，它的組成部彼此亦截然有別。

斜角偏振光就是水平偏振光和垂直偏振光協同疊加而成。量子物理學多的是這種協同疊加。事實上，協同疊加所在，即是量子力學數學的心臟。這裡面，波函數即是協同疊加。

每一次量子力學實驗都有一個被觀察系統，每一個被觀察系統都有一個相關的波函數。一個被觀察系統（譬如光子）的波函數，即是這個被觀察系統與一個測量系統（譬如感光板）交互作用之後，一切可能結果的協同疊加。薛丁格波動方程式就是描述這一切可能性的協同疊加在時間內的發展。不論什麼時候，我們都可以用這個方程式計算這個內在物，這個可能性協同疊加的形式。這個可能性的協同疊加我們稱之為波函數。做完這一點之後，接下來我們就可以計算波函數所含的每一個可能的機率。這樣我們就得到一個機率函數，機率函數由波函數算出，不過和波函數不同。簡單的說，這一切就是量子物理學的數學。

換句話說，在量子論的系統陳述裡，沒有一樣東西是只是這樣，或只是那樣，介乎其中別無他物的。物理畢業生通常學到的數學技巧是將每一個「這個」加在每一個「那個」上面，最後得到的結果既不是原來的「這個」，也

不是原來的「那個」，而是一個全新的東西，叫做兩者的協同疊加。

根據菜科思坦的看法，量子力學概念上最大的一個困難，是以這些波函數（協同疊加）為真實的東西，會發展、會塌縮等的假觀念。但是反過來說，以協同疊加為純粹的抽象，完全不代表我們平常遭遇的任何事物的觀念也是不正確。協同疊加其實的確反映了經驗的本質。

協同疊加如何反映經驗？純粹的經驗本來就不限於兩個可能性。對於一個狀況，我們思想上的概念化總是會為我們創造一種假象，以為一個兩難的情況就是支角。這個假象是因為我們認為經驗遵循的規則和符號一樣造成的。在符號的世界裡，每一件事情都只能是這樣，或只能是那樣。沒有既這樣又那樣的。可是在經驗的世界裡，現成就有很多選擇。

譬如說有一個法官要在法庭上審判自己的兒子。法律只容許兩種判決，也就有「有罪」和「無罪」。但是對於這一個法官而言，他卻可以多了一種判決，那就是，「他是我兒子」。所以，法律上禁止法官審判有個人關切的案子，無疑是微妙的承認經驗絕不限於「有罪」、「無罪」（或「善」、「惡」等）範疇的選擇。選擇，只有在符號的領域才這麼清楚明白。

有一個故事說，黎巴嫩內戰的時候，一群士兵把一個美國人擋下來問話。他只要答錯一個字就可能喪命。

「你是基督徒還是回教徒？」士兵問他。

「我是觀光客！」他叫著說。

我們問問題的方式往往欺罔了我們的答案。這個美國人因為恐懼死亡，因而一舉突破了這種欺罔。同理，我們的思想方式也拿「只能是這樣或只能是那樣」的觀點欺罔了我們。經驗本身絕不這麼狹窄。每一個「這樣」和「那樣」之間總是又有另一種選擇。承認經驗的這種特質是量子邏輯不可缺的一部分。

物理學家跳的是一種外人不知的舞。跟他們相處或久或暫，簡直就是進

入另一種文化。這種文化裡，每一種說法都要遭受到挑戰，說是必須「證明給我看！」

如果今天你告訴你的朋友說，「我覺今天早上很棒，」我們知道他不會說「證明給我看！」可是，如果有一個物理學家說，「經驗不受符號規則的限制」，他立刻就邀來一個「證明給我看」合唱團。真的嘗試要證明了，他總是得先說，「我的意見是……」

不過，物理學家對別人的意見總是沒什麼感覺。不好的是，這樣有時候會使他們思想狹隘——非常狹隘。你不跳他們的舞，他們不會與你共舞。

他們的舞碼會要求，凡是斷言，就要「證明」。「證明」並不證實一個斷言「為真」（意思是指符合這個世界真實的情形）。「證明」只是一種數學表示，表示一個斷言在邏輯上連貫。在純數學領域裡，一個斷言可以和經驗完全無關。只要有前後一貫的「證明」，數學家就會接受。沒有，就排除。物理學亦然；但另外還要求斷言必須與物理現實有關。

科學斷言的「真理」和現實的本質之間好似很有關係，可是事實上完全沒有。科學「真理」與「現實真正是怎樣」完全無關。科學理論只要前後連貫，在經驗間建立正確的關係（預測事件正確），就是「正確」的。簡單的說，如果科學家說一個理論正確，他的意思就是說這個理論在經驗間建立了恰當的關係，所以有用。每當碰到「正確」這兩個字時，如果我們換成「有用」，其中恰當的觀點裡面就出現了物理學。

伯科夫和馮紐曼創造了一個「證明」，證明古典邏輯與經驗相違。這個證明當然是在經驗上著床的。特別挑出來說的話，這個證明是以隨偏振光的各種組合發生或不發生的事情為基礎的。萊科斯坦把他們的證明略加修改，借來證明量子邏輯。

他的證明，第一步是實驗水平的、垂直的、斜角的偏振光的各種組合。這一步我們已經做過。我們已經發現哪一次光的發射通過了哪一面偏光鏡。光會通過兩片垂直偏光鏡、兩片水平偏光鏡、兩片斜角偏光鏡、一片垂直偏

光鏡與一片斜角偏光鏡、一片水平偏光鏡與一片斜角偏光鏡。因為這些情況都是真正發生過的，所以叫做「容許躍遷」（allowed transition）。同理，我們也發現光無法通過一片水平偏光鏡與一片垂直偏光鏡，以及這兩種偏光鏡互成正角的任何組合。這些組合就叫做「禁制躍遷」（forbidden transition），因為光從來未曾通過這種組合。以上是第一步。

第二步是把這些資料列出一個表，這個表就叫做躍遷表。下面就是這樣的一個躍遷表：

容許

	)∅	)H	)V	)D	)D̄	)I
∅)						
H)		A		A	A	A
V)			A	A	A	A
D)		A	A	A		A
D̄)		A	A		A	A
I)		A	A	A	A	A

發光

圖11-10

左邊一行字母代表發光（emission）。發光的意思無他，就是發光。在本表裡面，發光就是燈泡發射光波。這一行字母每一個右邊都有一個「)」記號，這個記號表示光的發射。譬如「H)」就表示水平偏光鏡放出水平偏振光。上面的一列字母表示容許（admission），容許表示接受發光。這一列字母每一個左邊都有一個「)」記號，這個記號表示容許。譬如，「)H」就表示水平偏振光波到達眼球。

這一行一列字母裡，0以及通過0的直線代表「零過程」（null process）。

這零過程意思是說，我們決定今天去看電影，不做實驗了。所以零過程表示沒有發光，完全沒有。字母「I」代表「合一過程」（identity process）。合一過程是一個過濾器，不過什麼東西都通過。換句話說，「I」告訴我們的是一個全開的窗戶通過了什麼偏振光──所以其實是每一種都有。

　　另外是兩種斜角偏振光，因為有兩種才完整。「D」代表左傾偏振光，「D̄」代表右傾偏振光。

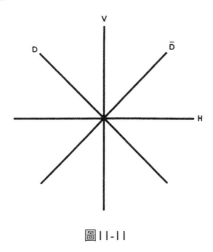

圖11-11

　　我們在躍遷表裡找一個我們有興趣的發光。譬如水平偏振光H）好了，因為水平偏振光能通過另一面水平偏光鏡，所以我們就在水平偏振發光線和水平偏振容許線交叉的方塊裡記一個「A」。水平偏振光也能夠通過左傾斜角偏振光)D、右傾斜角偏振光)D̄以及全開的窗戶)I，所以三者與水平偏振光交叉的方塊都各記一個「A」。

　　請注意，由於水平偏振光無法通過垂直偏光鏡，所以水平偏振發光線與垂直偏振容許欄)V交叉的方塊是空的。空的方塊表示禁制躍遷。所有的零過程方塊都是空的。因為我們沒有做實驗，所以沒有任何事情。所有的「I」方塊都有「A」。因為，全開的窗戶什麼光都能通過。以上，做好這個躍遷表是證明的第二步。

　　第三步是為躍遷表上的資料畫一張圖解。這種圖解叫做柵格（1attice）。數學家用柵格來表示事件或元素的秩序。柵格很像我們研究家族根源用的家譜樹。這種柵格裡面，位置高的元素包含位置低的元素。線條表示通過誰，與誰有關聯。

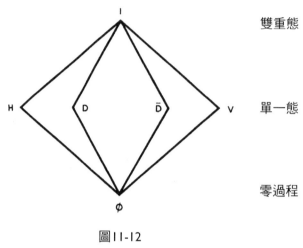

圖11-12

　　柵格自然和家譜樹不完全一樣，不過卻表示了相同的包含性的秩序。柵格的底部是零過程。由於零過程就代表沒有任何種類的發光，所以零過程的下方就沒有任何東西。再上一層是各種偏振狀態，這一層的元素叫做單一態（singlet）。單一態已經是我們對光波偏振可能做的最簡單的陳述，無法更簡單了。對於偏振狀態，充其量我們只能說「這道光水平偏振」，除此之外，這句話再也不能告訴我們其他什麼事情。這是「最多，但不完整的描述」，這是我們的語言本有的不足。

　　再上一層包含的是雙重態。我們現在這個柵格裡只有一個雙重態。雙重態包含了它下面一階所有最多但不完整的描述——這一次簡單的實驗裡，我們對光的偏振能說的就是這些，而這些全部都包含在這個雙重態裡了。柵格若是代表比較複雜的現象，層次也就更多，可能有三重態、四重態等。以上說的是一個最簡單的柵格。不過，簡單雖然簡單，卻已經很生動的顯示了量

子邏輯的本質。

　　首先，請注意圖11-12中的雙重態。圖中雙重態I包含了四個單一態。在量子邏輯裡這是常見的典型，可是對古典邏輯而言，這卻是矛盾。因為，古典邏輯的雙重態，照定義看，只有兩個單一態，不多不少。量子論說，在每一個「這個」和每一個「那個」之間永遠至少有另一個選擇。柵格即是這種看法生動的顯示。就現在這個柵格而言，這個柵格已經有兩種選擇（「D」和「$\overline{D}$」），可是沒有畫出來的卻更多，每一個都是現成的選擇。譬如說，D是斜角偏振45°的光，可是，光還可以有46°、47°、48½°等角度的偏振。所有這些偏振狀態全部包含在雙重態I裡面。

　　古典邏輯和量子邏輯都用一個「點」代表單一態。至於雙重態，古典邏輯是用兩點代表，可是量子邏輯卻用兩點間畫一線代表。換句話說，不只界定雙重態的兩點包含在雙重態裡，兩點間的所有點也都包含在內。

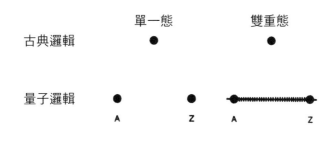

圖11-13

　　現在讓我們再回到分配律。分配律說，「A，和B或C」等於「A和B或A和C」。（製作躍遷表的全部目的，就是要用柵格證明分配律的錯誤。）

　　數學家用柵格圖解來判斷柵格裡面哪些元素相關，又如何相關。

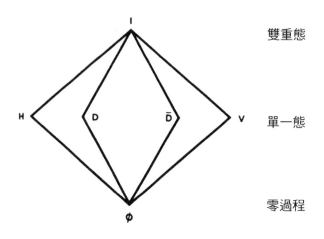

雙重態

單一態

零過程

圖11-14

　　元素相關的方式有「和」（and）與「或」（or）兩種。如果我們要看的
是兩個元素「和」的關係是怎樣的情形，我們就從這兩個元素沿線「向下」
走，一直到兩者相遇為止（這個相遇的地方，數學家稱之為「最大低限」
〔greatest lower bound〕）。譬如說，傳設我們關心的是「H和D」，我們就從
H，同時從D沿線向下找，結果兩者在φ相遇。這就是說，這個柵格告訴我們
「H和D」等於φ。又譬如我們關心的是「I和H」，我們從最高點的I沿線找，
最後發現I和H的最低共通點是H。這表示這個柵格告訴我們「I和H」等於H。
以上說的是「和」的關係。下面講「或」的關係。

　　我們要從我們關心的元素沿線往上找，才能找到兩個元素之間「或」的
關係情形如何。在「或」的關係裡，兩個元素相遇的點叫做「最小上限」
（least upper bound）。假設我們關心的是「H或V」，我們就從H同時從V沿
線往上找。結果發現兩者在I相遇。這就是柵格告訴我們「H或V」等於I。同
理，譬如我們關心的是「D或I」，我們就兩者沿線往上找，結果兩者在I相
遇，這就是柵格告訴我們「D或I」等於I。以上就是「或」這種關係的情形。

　　這裡面的規則很簡單。找「和」的關係就向下找，找「或」的關係就往

上找。

　　下面我們就要做出證明了。這個證明本身其實很簡單，只是事先的說明複雜而已。古典邏輯的分配律說，「A，和B或C」等於「A和B或A和C」。現在，如何看這條規則在經驗上是否正確？首先，我們必須用真正的經驗情況（譬如光的偏振）代入這條公式，然後再使用柵格方法。這樣，我們的證明是這樣進行的：古典邏輯的分配律說，「水平偏振光，和垂直偏振光或斜角偏振光」等於「水平偏振光和垂直偏振光，或水平偏振光和斜角偏振光」。為了方便起見，我們把上面這些按照前面設定的縮寫字母寫成「H，和D或V」等於「H和D，或H和V。」

　　有了這個等式，現在回到柵格上。我們先解決等式左邊的「D或V」，我們沿線往上找（記住「或」的關係要往上找），發現兩者在I相遇。所以，這就是柵格告訴我們「D或V」等於I，於是以I代替原來的「D或V」。這樣，原來的「H，和D或V」就變為「H和I」。有了「H和I」，我們再從H和I向下找（記得「和」的關係要向下找），結果發現兩者的最低共同點是H。所以，柵格告訴我們「H和I」等於H。簡而言之：

「H，和D或V」等於「H和D，或H和V」

「H和I」等於「H和D，或H和V」

「H」等於「H和D，或H和V」

　　以上解決了等式的左邊。

　　下面我們再來解決等式的右邊。右邊裡又先解決「H和D」。從H和D往下找，兩者在 ϕ 相遇。所以「H和D」等於「ϕ」。

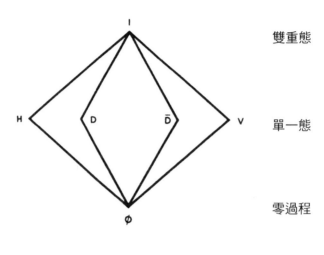

雙重態

單一態

零過程

圖11-15

以「φ」代換「H和D」，得出「φ，或H和V」。現在再來解決「H和V」。我們從H和V向下找，兩者在φ相遇。所以，柵格告訴我們「H和V」等於「φ」。以「φ」代換「H和V」，等式的右邊變為「φ或φ」。而柵格和常識都告訴我們「φ或φ」等於「φ」。」

簡言之：

「H」等於「H和D，或H和V」
「H」等於「φ，或H和V」
「H」等於「φ或φ」
「H」等於「φ」

可是，「H」並不等於「φ」！「H」是水平偏振光，「φ」是一個非實驗——也就是根本沒有光發出。分配律不成立了！

這就是伯科夫和馮紐曼完成的又一個證明。這個證明儘管簡單，可是卻很重要。因為，這個證明打破了一個千年的幻覺——錯以經驗和符號的規則

一樣的幻覺。回到原先的等式。除了沒有代表「和」以及「或」這兩個連接詞的符號之外，這個等式在物理學家讀起來已經變成這樣：

（底下四行要置中，等號要對齊）

$$「H，和D或V」\overset{?}{=}「H和D，或H和V」$$
$$「H和I」\overset{?}{=}「\phi，或H和V」$$
$$「H」\overset{?}{=}「\phi或\phi」$$
$$「H」\neq「\phi」$$

菜科斯坦的理論是一種「過程」的理論。量子邏輯不過是其中的一部分。照這個理論的看法，宇宙的基本單位是事件或過程。事件以某些方式（容許躍遷）連結成網，這些網合起來形成更大的網。從這個階梯式組織往上，就是各種網的協同疊加。這個協同疊加不是「這個網」，不是「那個網」，它自己自成明確的實體。

菜科斯坦理論裡的基本事件在時間和空間裡並不存在。這些基本事件優於時間和空間。照菜科斯坦的看法，時間、空間、質量、能量都是從基本事件衍生出來的第二性質（secondary quality）。事實上，菜科斯坦最新的一篇論文就叫做「時間之下」。

這一個大膽的理論完全背離傳統物理學和傳統思想。菜科斯坦理論的數學叫做量子拓樸學。若與量子論、相對論那麼複雜的數學相比，量子拓樸學實在非常簡單。到目前為止，量子拓樸學還不完整（因為缺乏「證明」）。它也可能和許多理論一樣，永遠不可能完整。但有一點不同的是，它有一種潛在的可能，可能會徹底改變我們的概念架構。

馮紐曼發現我們的思想過程在真實世界上投射了虛假的限制。這個發現本質上就是使愛因斯坦找到廣義相對論的發現。在廣義相對論之前，大家都毫無疑問的接受歐基里德幾何學，視為宇宙的基本結構。可是愛因斯坦證明歐氏幾何學沒有這種普遍性。古典邏輯也有類似的情形。到目前為止，我們

都毫無疑問的接受古典邏輯，視之為實在相本質的自然反映，可是伯科夫和馮紐曼證明古典邏輯並沒有這種普遍性。

　　這種種發現裡面蟄伏著一種覺悟，非常大的覺悟，那就是，人類心靈有塑造「現實」的力量，但這種力量到目前為止卻依然不受懷疑。就這一點覺悟而言，物理哲學已經和佛教哲學不可分。佛教哲學，即是悟的哲學。

第十二章　科學的結束

　　悟的狀態非常重要的一面，是經驗到一種無所不在的統一。這時，「這個」和「那個」都不再是分開來自立的實體，而是同一件事物不同的形式（色）而已。凡是事物，都是一種「顯化」。不過如果你問的是「什麼東西的顯化？」，這個問題就沒有辦法回答。因為，這個「什麼」是超越文字、超越概念、超越形式，甚至超越時間與空間的如如（which that is）。凡是事物，皆是這個如如的顯化。如如因為這樣，所以這樣。我們這樣說著，而經驗——這個如如的經驗——就在這些文字之外。

　　如如藉以自顯的形式每一個無非圓滿。我們自己是如如的顯化。萬事萬物都是如如的顯化，每一事物，每一個人都是十足圓滿的如如。

　　14世紀西藏的佛教徒隆欽巴說：

> **萬事萬物不過出現而已。**
>
> **圓滿自在，**
>
> **無關善惡，**
>
> **無關取捨，**
>
> **吾人何妨放聲一笑。**[i]

　　我們也可以說「上帝在天堂，一切事物又與世界相安無事。」不過從悟者的觀點看，這個世界除了這樣，還是這樣。這個世界不好不壞，這個世界只因為是這樣，所以是這樣。因為是這樣，所以就圓滿的這樣。除了這樣，別無他物。這個世界圓滿，我圓滿，我就是圓滿的我。你圓滿，你就是圓滿的你。

如果你是快樂的人，那麼你就是自己圓滿的顯化——一個快樂的人。如果你不快樂，你就是自己圓滿的顯化——一個不快樂的人。如果你是善變的人，你就是自己圓滿的顯化——一個善變的人。如如即是如如。不如如亦是如如，無事不如如，如如之外別無他物。凡事皆如如。我們是如如的一部分，事實上我們就是如如。

上面的這些話如果用「次原子粒子」來代替人，也就非常接近粒子物理學的概念動力學了。不過，這種統一觀進入物理學還有另一種意義。量子物理學的前鋒注意到量子現象之間有一種「關聯」（connectedness）。這種古怪的現象一直到最近都還缺乏理論上的意義。物理學家認為，這種古怪的現象只是意外，要等理論充分發展以後才能解釋。

1964年，瑞士歐洲核子研究組識（European Organization for Nuclear Research）的物理學家貝爾（J. S. Bell）開始全力研究這種奇怪的現象。他研究的結果可能使這種「關聯」成為物理學未來的焦點。貝爾博士發表了一項數學的證明，後來稱之為貝爾定理。貝爾定理後來又歷經10年的改良，才成為目前的樣子。但即使最保守的說，它現在的形式也已經很戲劇性。

貝爾定理是一個數學建構。這個數學建構對於非數學家而言，是一本無解的天書。可是它的意義對我們基本的世界觀卻有很深的影響。有的物理學家還認為這可能是物理學史上最重要的一件作品。貝爾定理的種種含義裡面，有一個是說，宇宙那些「各自分離的部分」，事實上在一個深刻而基本的層次上是緊密關聯的。

簡單的說，貝爾定理和統一的悟是相容的。

量子現象無可解釋的關聯現象可以從幾個方面看出來。第一個是我們已經討論過的雙狹縫實驗。雙縫全開的時候，光波通過以後會互相干擾，在屏幕上形成一個明暗帶相間的圖象。如果只開一條縫，光在屏幕上照出來的樣子就是平常的樣子。問題是，雙縫全開的時候，單個光子又如何知道自己是

否能夠到達屏幕上固定屬於暗的地帶？

　　單個光子最後還是屬於眾多光子的一部分。這些光子在只開一條縫時，分布的情形是一個樣子，雙縫都開的時候，又是另一種樣子，完全不同。問題是，假設單個光子通過了其中的一條縫，它又如何知道另外一條縫是開還是關？可是不論如何它就是知道。因為，只開一條縫時，屏幕上永遠不會出現干涉型；可是只要雙縫都開，立刻就出現干涉型。

　　這種關聯性屬於一種量子現象，十分令人迷惑。可是，這種現象在另一種實驗上更令人迷惑。假設現在我們有一個物理學家所謂的雙粒子零自旋系統（two-particle system of zero spin）。這意思是說，這個系統內的兩個粒子彼此抵銷對方的自旋。如果一個是上自旋，另一個就是下自旋。如果一個是右自旋，另一個就是左自旋。兩個粒子不論方向如何，其自旋總是相等而相消。

　　現在我們用一種方法（譬如電力），在不影響兩者的自旋之下，將它們分開。一個朝一個方向飛走，另一個朝相反的方向飛走。

　　次原子粒子的自旋可以用磁場來定向。譬如說，假設有一束電子，其中各電子的自旋方向隨機，那麼我們可以使這一束電子通過一種磁場（叫做斯特恩－蓋拉赫器〔Stern-Gerlach device〕），出來的時候，磁場已經把電子束分成相等的兩束。一束向上自旋，一束向下自旋。如果只是一個電子通過這個磁場，那麼出來的時候不是向上自旋就是向下自旋。這個實驗可以設計成向上或向下自旋的可能性是一半對一半。

　　如果我們把這個磁場重新定向（改變軸心），我們就可以把兩束電子的自旋方向改為向右和向左。如果是只有一個電子通過磁場，出來以後向左和向右自旋的可能性各為一半。

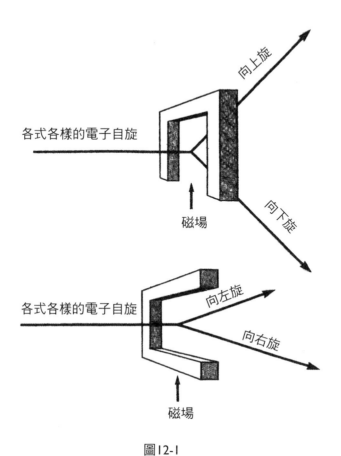

各式各樣的電子自旋

向上旋

磁場

向下旋

各式各樣的電子自旋

向左旋

向右旋

磁場

圖12-1

　　現在假設我們已經把原來的雙粒子系統分開，然後使其中一個通過磁場。這個磁場的軸心將使它出來以後向上或向下自旋。我們姑且說這個粒子出來以後是向上自旋。這就是說，這一來另一個電子就是向下自旋了。我們不必再測量這個電子，因為我們知道，這個電子和它的雙胞胎自旋相反但相等。

　　這個實驗整個情形如下：

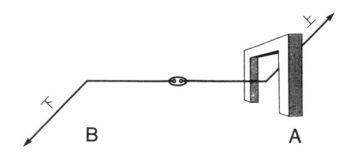

圖12-2

　　雙粒子零自旋系統位於中間。雙粒子之一飛向A區，在A區通過一部斯特恩－蓋拉赫器，出來以後是向上自旋。既然如此，我們不必測量就知道另一個飛向B區的粒子是向下自旋。

　　這是愛因斯坦、波多司基（Boris Podolsky）、羅森（Nathan Rosen）45年以前構想的實驗（簡稱愛波羅實驗）。但是這個愛波羅實驗事實上只是一個翻版。最先構想這個實驗的是倫敦大學的物理學家大衛・波姆。愛波羅實驗通常是用來顯示愛波羅效應。（原始論文處理的是位置與動量的問題。）

　　1935年，愛因斯坦、波多司基、羅森在一篇論文裡發表了他們的思想實驗。這一篇論文題目叫做〈物理現實的量子力學描述可視為完整嗎？〉（*Can Quantum-Mechanical Description of Physical Reality be Considered Complete?*）[ii]。當時，波耳、海森堡等贊成量子力學哥本哈根解釋的人都說，量子論雖然對於與我們的觀察相離的世界未能提出明白的圖象，可是的確是完整的理論。可是愛、波、羅等人卻想向他們的同行傳達一個訊息，那就是，現實一些重要的面向雖然未經觀察，可是在物理上依然真實。但是量子論並沒有描述這一些重要的面向，所以不是「完整的」理論。可是，他們的同行收到的訊息卻完全不一樣。他們收到的訊息是，愛波羅思想實驗裡的粒子連結的方式，不論如何都使它超越了平常的因果觀念。

譬如說，如果改變斯特恩一蓋拉赫器的軸心，使粒子的自旋由向上或向下變為向左或向右，整個實驗就會變成這個樣子：

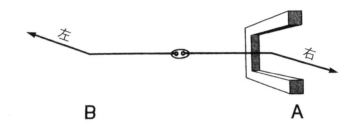

圖12-3

A區的粒子不再是向上自旋，而是向右自旋。這就表示B區的粒子不是向下自旋而是向左自旋，兩者的自旋相反但相等。

現在我們假設一種狀況，那就是，粒子還在飛的時候，斯特恩一蓋拉赫器的軸心變了。由於在B區前進的粒子不論如何都「知道」它的雙胞胎在A區是向右自旋，而非向上自旋，所以它自己就向左自旋，而不向下自旋。換句話說，我們在A區所作所為（改變磁場的軸心），會影響B區的事情。這種奇怪的現象，就叫做愛波羅（EPR）效應。

愛、波、羅三人的思想實驗是現代物理學的潘朵拉的盒子。這個實驗不知不覺中顯示了兩地粒子間無法解釋的關聯。B區的粒子似乎「立刻」知道A區粒子的自旋狀態。[109]因為有這種關聯，一地（A區）的實驗才會影響到另一地（B區）一個系統的情況。

「這很令人不舒服，」薛丁格講到這種情形時說。

---

109 這是從特定的坐標系來說的。「立刻」這種字眼我們必須非常小心。愛因斯坦的廣義相對論告訴我們，一個事件是發生在另一事件之前、同時還是之後，要看是從什麼參考架構觀察而定。正確的說來，粒子間的這種溝通叫做「空間式的」（space-like）。空間式的移轉看起來不會一直是同時的。事實上，空間式的移轉只有從特殊的參考架構看才是同時的。

實驗者雖然無由接近一個系統，可是量子論竟然容許他隨意將這個
系統導向這種狀態或那種狀態。[iii]

　　物理學家一旦明白了這種特異的狀況，立刻就產生一個重大的問題：「兩件東西的溝通為什麼會這麼快？」

　　根據物理學家平常的觀念，資訊是藉著信號由一地傳遞到另一地，沒有傳遞者就沒有溝通。譬如說話就是最普遍的溝通形式。（面對面談話的時候）我們想用說話表達的資訊是以聲波傳遞的。聲波行進的速度就是這麼快（大約每小時700英里），所以我的資訊要多久才能從我這裡到達你那裡，要看你離我多遠而定。最快的溝通訊號是光波、無線電波這一類的電磁波。這種波的速度大約每秒18萬6000英里。物理學的基礎差不多整個都放在「宇宙間再也沒有任何東西比光更快」的假設上。[110]光的超凡速度使光信號的溝通看起來「立即可通」。譬如你向我點頭的時候，我馬上就看到你點頭。但這只是似乎，光信號的溝通並非立即可通。我的資訊通過光信號多久會到達你那裡，要看你離我多遠而定。大部分的情況所耗時間時間甚短，短到測不出來，可是無線電信號從地球到月球再折回來就需要幾秒鐘。

　　現在假設A區和B區相距甚遠，光信號從A區到達B區需要一點時間。如果A區和B區實在相距甚遠，光信號就沒有辦法把A區發生的事情和B區發生的事情連在一起。所以，根據物理學一般的觀念，B區的事件絕不可能知道A區的事件。這種情形物理學家稱之為「空間式的」隔離。（如果光信號的時間不足以聯繫兩地的事件，這兩個事件的隔離即是空間式的。）可是，兩個空間

---

110 相對論容許一種叫做超光速粒子（tachyon）的假想粒子存在。這種粒子存在，可是速度超過光速。超光速粒子在狹義相對論的嚴格形式裡有一個假想的靜止質量。不幸的是，沒有人知道所謂「假想的靜止質量」在物理學名詞裡是什麼意思，超光速粒子和具有真正質量的一般粒子之間又會有什麼交互作用力。

式隔離的事件卻違反了物理學最基本的假設，愛波羅思想實驗就是想呈現這一點。A區和B區雖然有空間式的隔離，可是B區的粒子狀態卻是依A區的觀測者想觀測什麼（將磁場定在什麼方向）而定。

換句話說，愛波羅效應顯示，資訊的溝通可以是超光速的（superluminal）。可是這卻違反了一般物理學家接受的觀念。愛波羅思想實驗的兩個粒子不論如何總是由一個信號聯繫起來了，所以這個信號的速度一定比光速快。愛、波、羅三人創造了科學上第一個超光速聯繫的例子。

可是愛因斯坦本人卻否定這個結論。他說，我們既然將此地定為測量儀器的地點，就不可能影響他處的事情。在愛波羅實驗之後11年寫的自傳裡，他說：

> ……就我的看法，我們絕對應該堅持一種假設，那就是，實驗的情形是，S2系統（B區的粒子）獨立於我們在S1系統（A區的粒子）的所作所為。後者與前者在空間上隔離。[iv]

這種看法實際上即是局部因果原理（prnciple of local causes）。局部因果原理是說，一個地區的事情並不看另一個空間式隔離的遙遠地區由實驗者控制的變數而定。局部因果原理是一種常識，一個實驗，在一個與我們有空間式隔離的、遙遠的地方進行，它的結果不會看我們在這裡決定做什麼或決定不做什麼而定。（女兒在遠地開車出事，同時間母親會在家驚醒這種情形除外。宏觀世界似乎也是局部現象構成的。）

愛因斯坦說，由於現象在本質上是局部的，所以量子論有一個嚴重的缺陷。根據量子論所說，改變A區的測量儀器就會改變描述B區粒子的波函數。可是，根據愛因斯坦的看法，描述B區粒子的波函數雖然改變，可是「S2系統獨立於S1系統的所作所為」這個實際的情形卻沒有改變。

所以，如果照量子論所說，B區的這個「實際的情形」就會有兩個波函

數。每一個各為A區裡測量儀器的一個位置而定。可是，這是一個缺陷，因為，「兩種不同的波函數不可能附屬於一個實際情形S2。」v

這一種情形可以用另一種方式來看。B區的實際情形既然獨立於A區的所作所為，那麼B區必然有一個明確的上自旋或下自旋，以及左自旋或右自旋同時存在。因為，若非如此，將A區的斯特恩－蓋拉赫器定為水平或垂直所得的結果就無從解釋。因為量子論無法描述B區的這種情形，所以「不完整」。[111]

然而，愛因斯坦另外悄悄說了一些令人難以置信的話：

> 要想免於（量子論不完整）這個結論，只有兩個方法。一個是，假設S1的測量行為（遙相感應的）改變了S2的實際情形。另一個是，否定這一類的情況獨立於空間上彼此隔離的事物。可是對我而言，兩者都難以接受。vi

這兩種方式雖然愛因斯坦都無法接受，可是今天的物理學家卻在非常認真的考慮。相信遙相感應的物理學家不多，可是的確有幾個認為，在一個基本的、深刻的層次上，過去曾經相互作用，而現在空間上相互隔離的事物，沒有所謂的「獨立的真實狀況」。若非如此，改變A區的測量儀器確實改變了B區的「實際的情況」。

---

111 愛、波、羅三人認為量子論不完整的論據，在於他們認為一個地區的實際情形，不可能看實驗者在另一個遙遠地區的所作所為而定（局部因果原理）。

他們三人指出，我們可以在 A 區把磁場的軸心放在垂直位置，或水平位置，並因此觀察到明確的結果——垂直位置時得到向上或向下自旋，水平時得到向左或向右自旋。他們又認為，我們在 A 區所作所為（測量或觀察），不會影響到 B 區的實際情形。所以他們得到一個結論說，B 區必然「同時」存在這一個明確的上自旋或下自旋，以及一個左自旋或右自旋——非如此不足以解釋我們在 A 區將磁場這樣定向或那樣定向以後所有可能的結果。

這種情形量子論沒有辦法描述，所以愛、波、羅等人才下結論說量子論提出的描述是不完整的。量子論的描述不足以代表完整說明 B 區系統的情況（不同自旋狀態並存）時所需的資訊。

這就為我們帶來了貝爾定理。

貝爾定理是一個數學證明，這個數學證明「證明」的是，如果量子論的統計式預測是正確的，我們對於這個世界的常識有一些觀念就錯得離譜。

所謂我們的常識對於世界的觀念不足到底是怎麼一回事，貝爾定理並沒有說的很清楚。可能的情形有好幾個。每一個各有一些物理學家擁護，他們都很熟習貝爾定理。不過，不管我們贊成的是貝爾定理的哪一個含義，它總是達到一個結論，那就是，如果量子論的統計式預測是正確的，那麼我們的常識對於世界的觀念就深深的不足。

不過，這可真是好結論。因為，量子力學的統計式預測向來就很正確。量子力學這個理論確實是個理論。從次原子粒子，到電晶體，到行星能量等，這一切它無不能解釋。它從未失敗，毫無敵手。

1920年代時量子物理學家就已經知道我們常識上的觀念不足以描述次原子現象。但是到了貝爾定理，則又進一步表明我們常識上的觀念，就是連宏觀事件都不足以描述，連日常生活的事件都不足以描述！

史戴普說：

> 關於貝爾定理，重要的是，它把量子現象加之於我們身上的兩難放到了宏觀現象的領域裡……（貝爾定理）告訴我們，對於這個世界，我們平常的觀念，連在宏觀的層次上，不論如何都深深的不足。[vii]

貝爾定理自從1964年發表以來，已歷經多方面的修訂。不過不論如何修訂，它都已經把次原子的「無理性」面投射到宏觀領域。貝爾定理說，事件的行為方式不但在極小領域與我們常識上的世界觀極度背離，就是在高速公路、賽車等這種大體世界上，也與我們常識上的觀點極度背離。這種說法令

人難以置信，可是我們卻不能斥之為幻想。因為，這種說法正是根據量子論本身已經證明的高度精確而來的。

　　貝爾定理的依據在於類似愛波羅思想實驗所假設的那種對偶粒子的關係。[112]譬如說，氣體用電激盪以後會放光（例如霓虹燈）。這時是氣體裡面激盪的原子會放出對偶光子，每一對光子彼此向相反的方向飛去。每一對光子除了前進方向不同之外，皆是相同的雙胞胎。如果其中有一個是垂直偏振，另一個必然也是垂直偏振。有一個是水平偏振，另一個必然也是水平偏振。不論偏振的角度多大，一對光子必然在相同的平面偏振。

　　所以，我們只要知道兩個粒子之一的偏振狀態，就必然知道另一個的偏振狀態。這種情形和愛波羅實驗很像。可是有一點不同，愛波羅實驗討論的是自旋狀態，我們討論的是偏振狀態。

　　想證明一對光子在同一平面偏振，只要使它們通過偏光鏡就可以了。下面是這個程序概念上的簡圖：

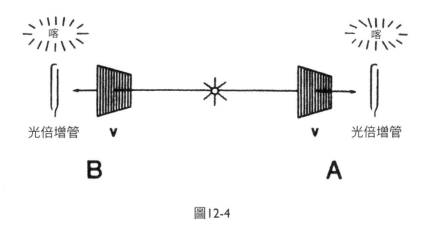

圖12-4

---

112 原版的貝爾定理涉及 ½ 自旋粒子。以下克勞賽與傅里曼的實驗則涉及光子。

　　圖12-4中，位於中間的光源放出一對光子。光源兩邊位於光子通過的路徑上各置一面偏光鏡。偏光鏡後面各置一個光倍增管（photomultiplier tube），每當偵測到一個光子時，就響一聲「喀」。

　　每次A區的光倍增管響起一聲喀時，B區的光倍增管就同時響起一聲喀。這是因為，一對對偶光子的兩個光子都在相同的平面偏振，並且兩面偏光鏡排列的方向都一樣（這次的例子裡是垂直方向）的緣故。這裡面只有計算喀的次數，其他沒有什麼理論好說的。我們在這個實驗中知道並且證實，當兩面偏光鏡依同方向排列時，兩邊光倍增管喀的次數就一樣多。A區的喀聲和B區的喀聲有關係。在我們這個例子裡，這個關係是「一」。一個光倍增管喀一聲，另一個光倍增管就喀一聲。

　　現在把兩面偏光鏡互成90度放置。如圖12-5：

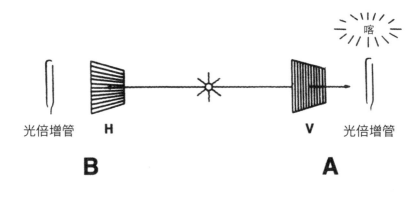

圖12-5

　　一面偏光鏡仍然垂直放置，另一方面現在改為水平放置。我們知道水平偏光鏡會把通過垂直偏光鏡的光波擋下來，反之亦然。所以，兩面偏光鏡互成直角時，A區的喀聲之後絕對不會有B區的喀聲跟隨。這時，A區的喀聲和B區的喀聲依然有一種關係，可是這一次這種關係為「零」。一個光倍增管喀

出聲時，另一個光倍增管絕不出聲。

　　兩面偏光鏡的位置當然還有各種組合。每一種組合都有一種關係。量子論就能夠預測這種統計式的關係。偏光鏡物位置的每一種組合上，一區的喀聲次數與另一區喀聲次數關係都有一定。

　　貝爾發現，不論偏光鏡如何放置，A區的喀聲次數都和B區有很深的關係，所以不能用純粹的偶然來解釋。兩者不論如何就是有一種關係。可是，這一來局部因果原理就成了一種幻象了！換句話說，貝爾定理告訴我們，局部因果原理聽起來不論多麼合理，在數學上卻與「量子論的統計式預測成立」（至少在這個實驗和愛波羅實驗裡成立）這個設定不相容！[113]

　　貝爾應用的這一層關係在當時是已經經過計算的一種預測，可是卻未經考驗。1964年時這個實驗還是一個假設的建構，可是到了1972年，勞侖斯柏克萊實驗室的克勞賽和傅里曼便做出了這一個實驗[viii]。他們發現貝爾據以建立其定理的設計式預測是正確的。

　　其實，貝爾定理不只是說這個世界表面上看來是這樣，但其實不然，而且還要求世界其實不然。這裡面沒有什麼問題，只是發生了令人激奮的事情

---

113 對於量子論的不完整，愛、波、羅三人的論據在於局部因果的假定。對於大部分物理學家，這項假設是值得鼓掌的；因為，他們都懷疑愛波羅實驗裡一個區的實際情況，是否真的受到遠處另一區觀測者行為的影響。他們的懷疑來自一項事實，那就是，由上、下兩相等部分組成的量子狀態，和左、右兩相等部分組成的量子狀態完全一樣。在實驗上，這兩種組合完全無可分別。所以遠處觀測者的行為在此處是否有效應，亦無從觀察。因此我們就不清楚此處的實際情況是否（因他而）受到了改變。
貝爾在1964年推翻了愛、波、羅的論據（和局部因果原理）。貝爾告訴我們，愛、波、羅論據裡隱含的幾個假設就已經帶有B區發生什麼事情，必然依照A區實驗者做什能事而定的意思。反之亦然。這裡有幾個充分的假設：（一）兩區的實驗者都可以將本區的磁場隨意定在兩種方向之一；（二）有幾種特別的實驗雖然不廣為人知，可是結果卻可以認為是在這四種實驗狀況裡的每一種產生的；（三）這四種實驗狀況裡，量子論的統計式預測都成立（姑且說是3%吧！）。貝爾的論據用簡單的算術告訴我們，這三個假設隱含的意思就是，兩區之一的實驗結果必然依另一區的觀測者想觀測什麼（亦即將斯特恩－蓋拉赫器定在什麼方向）而定。這個結論和愛、波、羅論據的局部假設矛盾。

罷了。物理學家已經理性的「證明」我們對於自己所住的世界的理性觀念極度的不足。

1975年，史戴普在由美國能源研究發委員會（U. S. Energy Research and Develompent Administration）贊助的一篇著作裡說：

貝爾定理是科學發現的最深奧的東西。[ix]

由克勞賽傅里曼實驗的結果推演出超光速溝通是以一個重大的假設為依據的，那就是，光子到達A區和B區，測量儀器是什麼狀態並不重要。這個假設不論如何都是合理的。因為，我們平常就可以說，進行測量之前測量儀器的狀態和測量當時所得的結果毫無關係。實驗結果依據的，當然是測量儀器偵測到光子那一刻的狀態，而不是之前的狀態。可是如果沒有假設，我們就無法由克勞賽傅里曼實驗推演出超光速溝通。光子偶的光子飛行途中不能夠透過光信號交換資訊（因為兩者以光速互相離開），但是A區和B區的測量儀器是實驗之前就建立的，所以能夠以傳統方式（透過時空內傳導的光信號）交換資訊。換句話說，在克勞賽博里曼實驗裡，兩區有足夠的時間對實驗儀器的設定狀態以光速或低於光速互相交換資訊，這以後光子才到達。

1982年，法國歐賽的巴黎大學光學研究所的阿連‧阿思培克（Alain Aspect）做了一次相同的實驗，其中只有一項不同，那就是，測量儀器的設定狀態可以在最後一分鐘（準確的說應該是最後百萬之一秒）改變[x]。最後一分鐘改變測量儀器的設定狀態，使這些資情沒有足夠的時間在光子到達之前完成交換。[114]換句話說，阿思培克實際上完成了波姆的思想實驗。

---

114 以我們現在所說的這些情形來說，非常重要的是，偏振偵測器要定在什麼方向，其選擇的根源是決定性的來自於過去。不過這裡阿思培克卻心照不宣的做了一個假設，那就是，選擇偏振偵測器方向的，可以是一個隨機的量子過程（譬如輻射線衰變），也可以是實驗者的自由意志。這些都不是根源於過去。

阿思培克的實驗和克勞賽傳里曼實驗一樣，證明了量子力學統計式預測的正確[xi]。然而，他的實驗滿足了一些條件（A區和B區有時空式的隔離），使物理學家可以合乎邏輯的推演出資訊超光速移轉現象，所以物理學家現在單單依據他的實驗結果，就可以推演出這種現象。史戴普早5年前得到的結論因此獲得了可靠的憑證。史戴普說：

> 量子現象對「資訊進行的方式與古典觀念不合」這一點提出了無爭論餘地的證據。準此，「資訊以超光速移轉」的觀念，是先驗的，就不是不可理解的了。
>
> 自然的基本過程存在於時空之外……可是卻產生位於時空之內的事件。這個觀念，凡是我們對於自然所知的一切無不與之相容。本論文的定理支持這種自然觀。這個定理告訴我們，資訊的超光速移轉是必然的，其間是排除了某些比較不合理的可能性。不錯，波耳的合理的哲學立場應該導向其他可能性的排除，並且由此經過推論，再得到結論說，資訊的超光速移轉乃是必要的。[xii]

如此這般，從普朗克提出量子假說以後82年，物理學家便不得不在種種可能性之間，認真考慮其中的一個，那就是，空間式隔離的事件與事件之間資訊的超光速移轉，可能是我們的物理現實不可或缺的一面。[115]

◆　◆　◆

---

115 「資訊的超光速移轉」說的是一個自然的基本現象，可是這個現象卻是無法控制的。這就是說，我們無法控制這個現象以傳遞訊息。撒發提在1975年提出用超光速資訊移轉傳遞符碼訊息的可能性。可是，史戴普和赫伯特都指出，依據海森堡（1929年）和波姆（1951年）的看法，不論什麼現象，只要是用量子論就可以充分描述的，就不能用來以超光速傳遞訊息。又，空間式隔離的事件與事件之間的超光速移轉現象可能與榮格的「共時性」概念有關。

　　貝爾定理告訴我們，如果不是量子論的統計式預測錯誤，就是局部因果原理錯誤。它只說不會兩者都對，沒有說是哪一個錯。後來等到克勞賽傅里曼實驗證明量子論的統計式預測正確，我們就再也無法避免那驚人的結論，就是說，局部因果原理錯了！可是，如果局部因果原理錯了，因此這個世界也不是它看起來的樣子，那麼我們的世界真正的本質到底是什麼？

　　說到這個問題，答案可能有幾個，可是都互相排斥。其中第一個可能是，我們的世界與表面所見相反，並沒有「分出來自立的各個部分」這種東西（用物理學家的「方言」說就是，「局部」失敗了。）這一點我們前面也討論過。在這種情形下，如果還說事件是自動發生就是一種幻覺了。不論「分出來自立的部分」是什麼，只要過去彼此有過交互作用的，都可以這麼說。這些「分出來自立的部分」交互作用時，（它們的波函數）就會（經由傳統信號（力））關聯起來。除非這一層關係受到外力的干擾，否則代表這些「分離出來自立的部分」的波函數就永遠相關聯。[116]因為有這些互相關聯的「分離出來自立的部分」，所以，實驗者在這一區的所作所為，必然會影響另一個空間式隔離的、遙遠的地區的實驗結果。既然如此，這一個可能性又招來了一種快於光速的溝通，而這種溝通是傳統的物理學無法解釋的。

　　這裡面的情形是，宇宙的此地發生的事和另一地發生的事有緊密而立即的關聯。而這另一地的事又和另一地的事有緊密而立即的關聯。之所以如此，原因無他，不過是宇宙這些「分出來自立的部分」實際上並非分出來自立的部分而已。

　　「各個部分，」波姆說：

> **看起來有密切的關聯。在這一層關聯裡面，它們的動態關係，以一種再也無可化約的方式，依靠整個體系（以及更廣大的、最後延伸**

---

116 如果大爆炸理論（the Big Bang theory）正確的話，整個宇宙從一開始就互有關聯了。

為整個宇宙的體系）而存在。這樣，就把我們導向一個「不可分割
的整體」的觀念。這個觀念否定了「這個世界可以解析為個個隔離
而獨立存在的部分」的古典觀念……[xiii]

　　若是根據量子力學，一件件的事件都是純粹偶然決定的。譬如說，我們
能夠計算正K粒子自動衰變時產生一個反緲子和一個微中子的可能性為63%，
產生一個正 π 介子和中性 π 介子的可能性是21%，產生兩個正 π 介子和一個負
π 介子的可能性的是5.5%，產生一個正電子、一個微中子、一個中性 π 介子
的可能性是4.8%，產生一個反緲子、一個微中子、一個中性 π 介子的可能性
是3.4%，依此類推。可是，量子力學沒有辦法預測哪一種衰變會產生哪一種
結果。根據量子力學，事件的發生純然是隨機的。

　　換一種方式說就是，描述這個K粒子自動衰變的波函數已經包含了所有這
些可能的結果。衰變發生時，這些可能性裡面一個便轉變為真。但是，這些
可能性雖然算得出來，但是衰變的那一刻是哪一個可能性要變為真則屬於機
會。

　　但是，貝爾定理就有一個意思說，某時發生某個衰變反應並非純粹的偶
然。衰變反應和任何事情一樣，都與他處發生的事情相輔相成。[117]用史戴普的

---

117 貝爾定理指出的自然界的非局部面向，經由所謂波函數塌縮的調解以後，容納在量子論裡
　　面。這種波函數塌縮是一個體系的波函數頓然整體改變，發生的時間在於這個體系的任何
　　部分受到觀察的時候。這就是說，當我們在一個地區觀察這個體系時，它的波函數不僅在
　　這個地區立即改變，而且在遠處也立即改變。對於一個描述機率的函數而言，這種行為是
　　完全自然的；因為，機率依據的是我們對這個體系知道什麼而定。所以，認識作為觀察的
　　結果一旦改變，機率函數（波函數平方的偏角）亦應跟著改變。準此，即使是在古典物理
　　學裡，遠處的機率函數的改變也是很正常的。這一點反映了一個事實，那就是，這個體系
　　的各個部分彼此相關，所以，此地資訊的增加隨之而來的即是他處有關這個體系的資訊增
　　加。可是，在量子論裡，在某些情形之下，這種波函數塌縮的情況是遠處要發生什麼事必
　　須看此地的觀測者選擇什麼觀測而定。你在那裡會看到什麼，要看我在此地做什麼而定。
　　這種非局部效應就應完全不是古典的了。

話說：

> ……可能性轉變為真實不能夠在局部現成資訊的基礎上進行。對於資情在時間與空間裡如何傳導，如果我們接受一般的觀念，那麼貝爾定理告訴我們的是，事物的宏觀式反應不可能獨立於遠處的原因之外。這個問題無從解決，亦不能用這種反應是純粹的偶然這種說法來緩頰。貝爾定理準確的證明了一點，那就是，宏觀的反應絕對不是「偶然」的；至少還容許這種反應在某種程度上與遠處的原因相輔相成。[xiv]

　　至少從表面上看來，超光速量子關聯對於某些靈異現象可能是一種解釋。譬如心電感應。此地與他地的心電感應如果沒有比較快，至少也是同時。物理學家從牛頓時代以來就很鄙視靈異現象。事實上大部分物理學家都不相信真有靈異現象。[118]

　　就這一點而言，貝爾定理可能是一匹特洛依木馬，如今闖進了物理學家的營地。首先是因為貝爾定理證明了量子論需要類似心靈感應的溝通才行。第二，嚴肅的物理學家（所有的物理學家都很嚴肅）原本不相信這類現象，可是貝爾定理卻提出了一個數學架構，使他們能夠討論這種現象。

　　局部因果原理的失敗並不意味超光速關聯必然存在。因為，局部因果原理的失敗，用別的方式還是解釋得通。譬如說，局部因果原理依據的是兩個未曾明言的假設，這兩個假設因為太明白了，所以我們很容易忽略。

　　首先，局部因果原理假設，對於如何進行實驗我們有所選擇。假設我們正在做克勞賽傅里曼光子實驗。我們前面有一個開關。這個開關可以控制偏

---

118 不過有一些例外相當值得注意。其中主要的是普索夫（Harold Puthoff）和達格（Russell Targ）。他們有一本書討論到他們在史丹佛研究所對千里眼（remote viewing）現象所做的實驗。書名《靈通》（*Mind-Reach*），1977 年紐約 Delacorte 出版。

光鏡的位置。開在上面，偏光鏡互成平行。開在下面，偏光鏡互成直角。假設這一次實驗我們是開在上面，通常我們都認為，只要我們想做，我們只要將開關開在下面，偏光鏡就會互成直角。換句話說，我們認為實驗開始的時候，我們可以自由決定開關是開在上面還是下面。我們掌握的各種材料是在實驗者的控制之下，並且，實驗要如何進行悉聽我們的自由意志。這是局部因果的第一個階段。

　　第二個假設比第一個假設還要容易受忽略。這個假設是說，如果我們換另一種方式做實驗，我們仍然會得到明確的結果。這兩個假設，史戴普謂之為「非事實的明確」（contrafactual definiteness）。

　　這個例子的事實是，我們決定將開關放在上面來進行實驗。但我們從這個事實做了一個相反的（非事實的）假設。我們認為，如果把開關放在下面的位置，我們仍然能夠進行實驗。由於開關放在上面時我們得到了明確的結果，所以我們認為，如果我們把開關放在下面，我們仍然會得到明確的結果。（但我們並不必然就能夠計算出是什麼結果。）但是，有些物理理論卻不假定「如果……就會……」可能產生明確的結果。這一點有點古怪，不過我們後面將會討論。

　　貝爾定理告訴我們，如果量子論成立的話，局部因果原理就不正確。並且，對於局部因果原理的失敗，如果我們不接受原因在於超光速關聯的話，我們就不得不面對一個可能性，那就是，我們所假設的非事實的明確錯誤。如果是這樣的話，因為非事實的明確分為兩個部分，所以它的失敗也有兩種方式。

　　第一種是，自由意志是一種幻覺（非事實性失敗）。沒有「如果如何就會如何」這種事，有的只是本來的事。如果是這種情形，我們就給導向了超決定論（superdeter-minism）。超決定論是遠遠超越一般的決定論。一般的決定論是說，一個系統的初始狀況如果已經決定，那麼，因為這個系統不可免的要按照因果律發展，所以它的未來也就隨之確定。這種決定論是宇宙「大

機器」觀的基礎。如果根據這個觀點，一個系統（譬如宇宙）的初始狀況如果改變，它的未來就跟著改變。

但是。如果根據超決定論，那麼就是連宇宙的初始狀況都是不可改變的。事情本來是怎樣就是怎樣，不可能有別的樣子。但是還不只這樣。宇宙只有它向來的樣子，不可能有別的樣子。我們不管在什麼時候做一件事，這件事都是當時我們唯一能做的一件事。以上是非事實的明確失敗的一種方法。

另一種方式是，非事實的明確裡的「明確」失敗，所以非事實的明確失敗。如果是這種情形，我們對於實驗進行的方式就有所選擇。可是這種選擇（「如果如何就會如何」）不會產生任何明確的結果。這種情形說起來奇怪，可是和量子力學多世界解釋的結果卻不謀而合。根據多世界理論，在宇宙間，只要在兩個可能事件中有所選擇，宇宙立刻分裂成不同的分支。

譬如說，在我們前面假設的實驗裡，我們決定將開關開在上面，這時我們得到了一個明確的結果。可是多世界理論告訴我們，在我們將開關定在上面那一刻，宇宙便分成了兩支。其中一支實驗以開關在上面進行，另一支以開關在下面進行。

那麼，是誰在另一個分支做實驗呢？答案是我們自己！宇宙的每一個分支都有一個我們的版本！每一個版本都認為他那個分支就是全體的實在界。

在第二個分支裡，將開關開在下面的實驗也會產生明確的結果。然而，這個結果當然不在我們這個宇宙的分支，而是在另一個分支。所以，就我們是在宇宙的這個分支而言，「如果如何就會如何……」的情形確實發生，並且確實產生了明確的結果。但這一切都是在宇宙的另一個分支裡，永遠超越我們的經驗的實在界外。[119]

---

119 選擇結果也會產生分支，這一點由愛、波、羅實驗可以看出來。譬如說，假設在原來的分支裡，磁場的軸心定在垂直位置，所以結果是上自旋或下自旋。這時的結果就分成了兩個小支。一個小支是上自旋，一個是下自旋。同理，磁場軸心放在水平位置的實驗裡，結果也是分成了兩小支。一支是右自旋，一支是左自旋。準此，任何分支的小分支都有明確的

　　下面是貝爾定理的邏輯函蘊的圖解。這張圖解是根據勞侖思柏克萊實驗室基本物理學會（Foun-damental Physics Group）非正式的討論，在伊麗莎白・羅舍（Elizabeth Rauscher）博士的指導與贊助下畫出來的。反過來，這項討論主要又是依據史戴普的著作進行的。

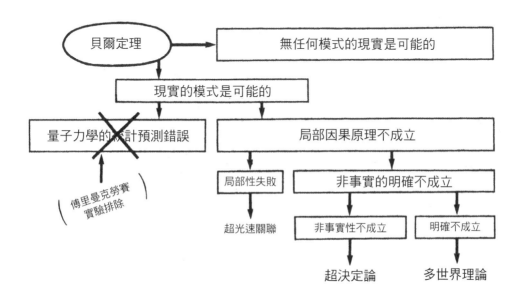

圖12-6

　　簡單的說，1964年貝爾定理告訴我們的是，量子論的統計式預測或局部因果原理兩者有一項是錯的。到了1972年，傅里曼克勞賽實驗證明了相關的量子論的統計式預測成立。既然如此，根據貝爾定理，就是局部因果原理錯了。

　　局部因果原理說，一個地區發生的事情並不依實驗者在另外一個時空式

────────────

結果。所以，「如果實驗者選擇了另一個分支就會如何」的觀念根本沒有意義。因為，兩種結果（上或下，以及左或右）都發生了，只不過是發生在不同的分支罷了。

隔離的地區所控制的變數而定。這樣說，就是解釋局部因果原理失敗最簡單的講法。如果這個解釋正確，那麼我們生活的就是一個非局部（「局部性失敗」）的宇宙。這個宇宙裡面，所有表面上看來「互相隔離的部分」實際上都有超光速的關聯。

局部因果原理的失敗還有其他方式。試看，局部因果原理依據的是兩個心照不宣的假設，一個是我們有能力決定我們的行為。這就是說，我們有自由意志。[120]另一個是，一件事情如果我們想換一個地方做，「如果如何就會如何」仍會產生明確的結果。這兩個假設史戴普稱之為非事實的明確。

如果第一個假設（非事實性）不成立，那麼我們就導出了一個超決定論。這個超決定論先行於「其他可能性」此一觀念。這樣，根據這一種決定論，這個世界除了它向來的情形，不可能有別的情形。

如果第二個假設（明確）不成立，我們便導出了多世界理論。這個理論是說，這個世界一直在分裂成互相隔離，彼此無法進入的分支。每一個分支都包含同一行為者的一個版本，在同一時間，在不同的舞台，演出不同的行為。

要了解局部因果原理的失敗可以有種種方法。不過，光是局部因果原理必然不成立這個事實，就已經意味著，這個世界必然在某種樣態上與我們平常對它的觀念有很大的不同。（或許我們真的活在一個黑暗的洞窟裡。）

回頭看圖12-6，所謂的「無任何模式」（no models）事實上即是量子力學哥本哈根解釋。1927年，歷史上最有名的一次物理學家的集會說，我們永遠不可能建構一個現實的形態；也就是說，我們永遠無法解釋「情景後面」事物真正的情形。40年來種種物理學「知識」波濤洶湧，可是基本物理學會諸

---

120 為了精確起見，物理學家常常使用哲學詞彙。例如「自由意志」，在這個實驗狀況裡自由意志的定義是，「位於 A 區的實驗者和位於 B 區的實驗者，兩者都能夠在兩個可能的觀察（實驗）之間有所選擇。」就此一雙粒子系統的觀察而言，這兩種選擇在整個研究的脈絡裡即視為「自由變數」。

君與半世紀前哥本哈根那些物理學家一樣，不得不承認我們不可能建構現實的模式。這種承認不只是認識到理論的限度而已，而且也是西方人認識了知識本身就是有限的。換另一種方式說，這種認識就是認識到知識與智慧的不同。[121]

　　古典物理學是以「各個分離的部分合併成物理現實」的假設開始的。打從一開始，古典物理學關心的就是這些分離部分之間有什麼關係。

　　牛頓的偉大的作品告訴我們，統御地球、月亮、行星的法則與蘋果墜落的法則是一樣的。法國數學家笛卡兒發明了一種方法，將時間與距離的種種測量數字之間的關係畫成圖畫。這就是解析幾何。解析幾何是一種神奇的工具，可以將許多散漫的資料組織成有意義的形態。這就是西方科學的力量。它把看來毫不相關種種經驗的軌跡組成一個觀念很簡單的理性架構；譬如運動定律即是。這種程序的起點是一種精神態度，認為物理世界是種種片段的經驗，在邏輯上沒有任何關係。牛頓的科學就是要尋找這些早先存在時就已經「分離的部分」之間的關係。

　　在認識論上，量子力學根據的剛好是一種相反的假設。所以，牛頓力學和量子論之間差別就很大。其中最大的差異是，量子力學依據的是觀察（測量）。沒有測量數字的地方，量子力學就是啞巴。除了測量數字以外，凡是測量數字與數字之間，量子力學就什麼都不說。用海森堡的話說就是，「『發生』這個詞彙只限於觀察之上。」[xv]這句話很重要。因為，這句話構成了一種

---

121 事實上，大部分物理學家都認為思考這種問題沒有什麼價值。科學界的主幹都接受量子論的哥本哈根解釋。而哥本哈根解釋追求的是一個數學架構，用以組織並擴展我們的經驗，而不是追求經驗之後的現實。這就是說，對於尋找現實的模式是不是有用這個問題，大都分物理學家都比較傾向波耳，比較不贊成愛因斯坦。就哥本哈根的觀點而言，量子論已經令人滿意，進一步的「了解」對科學並沒有什麼好處，想進一步了解反而造成一些類似我們剛剛討論過的問題。對大部分物理學家而言，這些問題是哲學問題，而非物理學問題。此所以在圖 12-6 上面大都分物理學家才選擇「無任何模式」。

前所未有的科學哲學。

譬如，通常我們說，我們在A點和B點偵測到電子。但嚴格說來，這是不對的。因為，根據量子論，並沒有什麼電子從A點進行到B點，有的只是我們在A點和B點所做的測量數字。

量子論不只和哲學有緊密的關係，而且——越來越清楚的——與知覺理論也有緊密的關係。馮紐曼早在1932年就在他的《測量理論》（ *Theory of Measurement* ）裡探討過這一層關係。（與一粒子相關的波函數到底是什麼時候塌縮的？粒子是什麼時候撞擊感光板的？感光板是什麼時候沖洗出來的？沖洗出來的感光板的光線，是什麼時候撞擊我們視網膜的？視網膜的神經衝動又是何時到達我們的大腦的？）

波耳的互補原理也表達了物理學和意識之間這一層潛在的關係。一個現象的兩種面向（波或粒子）是互相排斥的。實驗者選擇什麼實驗便決定了哪一個面向要表現出來。同理，海森堡的測不準原理告訴我們，我們觀察一個現象時不可能不改變這個現象。我們不只在心理上用我們的知覺羅織我們觀察到的「物」的世界的物理屬性，就是在本體論上也一樣用我們的知覺羅織我們觀察到的「物」的世界的屬性。

牛頓物理學與量子論第二個基本的差異是，牛頓物理學預測的是事件，量子論預測的是事件的機率。根據量子力學的看法，事件與事件之間唯一可決定的關係是統計式的——亦即是機率。

波姆說，量子物理學事實上是因為知覺到一種秩序而成立的。根據他的看法，「我們必須將物理學轉向。我們不該再從部分開始，企圖表達各個部分如何合起來運作。我們應該從整體開始。」[xvi]

波姆的理論與貝爾定理是相通的。貝爾定理有一個含義是，這個宇宙所有看來「互相分離的部分」在深刻而根本的層次上其實是緊密相關的。波姆認為，這個最根本的層次是一個無可分解的整體。這個無可分解的整體，用他的話來說就是「如如」（如其所是）。萬事萬物，包括時間、空間、物質

等，都是如如的形式。宇宙的過程中隱藏著一個秩序，但這個秩序並非輕易可見。

假設現在有一個空心圓柱體，裡面再放一個比較小的圓柱體，兩個圓柱體之間注滿清潔的、半流體的甘油。現在我們向甘油滴一滴墨水。由於甘油的性質使然，所以墨水不會散掉，仍然是一滴墨水，浮在甘油上面。

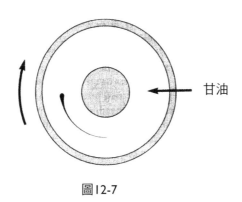

甘油

圖12-7

現在我們轉動其中一個圓柱體，姑且是順時鐘方向好了。這時墨水滴會開始向逆時鐘方向流去，越來越細小，終至於完全消失。墨水現在已經完全「嵌」進甘油裡。可是，事實上墨水滴還在。試看，如果我們將圓柱體逆時鐘方向旋轉，墨水滴就會重新出現。起先是一條明確的線，越來越粗，然後終於變成單獨的一點。

只要順時鐘方向轉動圓柱體，情形便一如前述。逆時鐘方向，情形亦復如是。不管我們轉多少次，情形永遠一樣。

假設要使墨水完全消失必須轉動一圈，要使墨水完全復原也必須轉動一圈，那麼，這樣子使墨水消失或再現的轉動圈數叫做「內嵌秩序」。這種內嵌秩序，波姆謂之為「暗含的秩序」（implicate order），意謂兩者相同。

假設我們滴一滴墨水進甘油，轉動一圈，這一滴墨水便完全消失。再滴一滴，轉動一圈，這滴墨水又消失。再滴一滴，再轉動一圈，這滴墨水又消

失。現在這三滴墨水都已經嵌進甘油裡面，三者都看不到了。可是我們卻知道在這個暗含的秩序裡面，它們在哪裡。

現在我們將圓柱體反方向旋轉回來，於是就有一滴墨水出現，這是第三滴。再轉一圈，又有一滴出現，這是第二滴。再轉一圈，又有一滴出現，這是第一滴。這個秩序是外放的，或「明顯的」秩序。三滴墨水的出現是依照一個明顯的（外放的）秩序，其間似乎毫無關聯。但是我們知道，在一個暗含的（內嵌的）秩序上，三者是有關係的。

如果我們將這個實驗裡那凝聚的墨水視為「粒子」，我們對看起來隨機的次原子現象便得到了波姆的假設。「粒子」可能四處出現，但其中卻暗含了一個秩序。用波姆的話來說就是，「粒子在空間裡可能不相聞問（外顯的秩序），但是在暗含的秩序裡卻是彼此互有接觸。」[xvii]。

「好比漩渦是水的一種形式一樣，質量是這種暗含的秩序的一種形式——無法再化約成更小的粒子。」[xviii]粒子與質量等一切東西一樣，都是此一暗含的秩序的形式。這一點如果難以理解，那是因為我們的心總想知道，「這個『暗含的秩序』暗含了什麼秩序？」

這個暗含的秩序暗含的是如如的秩序。然而，如如本身即是這個暗含的秩序。這種世界觀與我們平常擁有的世界觀太不一樣了，所以——正如波姆所說——「所描述的與我們真正想說的完全不合。」[xix]之所以不合，是因為我們向來都是依據古希臘的一種思考方式來思考。根據這種思考方式，只有存有（Being）才算存有，非存有即非存有。處理這個世界的事物時，這種思考方式給了我們很實用的工具。可是這種思考方式並不曾說明事情的真相。因為，實際上非存有亦是存有，存有與非存有皆是如如。不論什麼東西，即便是「空」，亦是如如，無物非如如。

這種看待現實的方式在觀測者的意識上引發了一些問題。我們的心總是想知道，「這個暗含的秩序暗含了什麼秩序？」我們的文化一直只教我們認識外顯的秩序（笛卡兒的觀點）。「事物」對我們而言本來即是互相分離的。

　　波姆的物理學，用他的話來說，要求的是一種新的「思想工具」。要了解波姆的物理學就必須有這種思想工具。但是這種思想工具卻將徹底改變觀測者的意識，將觀測者的意識重新定向，使之朝向一種「不可分的整體」去認知。在這個「不可分的整體」裡，一切一切皆是形式。

　　但是，這樣認知內在的秩序，卻不會使我們看不到外在的秩序。因為波姆的物理學本身就包含了一個相當於愛因斯坦理論的相對元素。這個相對論元素就是說，秩序（或自然界秩序）的內在性或外在性是依觀測者的觀點而定的。問題在於，我們目前的觀點一直受限於外在秩序的觀點。但是從內在秩序的觀點看，則外在秩序那些看來「互相分離的元素」卻是緊密相關的。即便我們現在講的所謂「元素」，所謂「緊密的相關」，也都暗含了實際上並不存在的、笛卡兒式的「分離」。但實際上，在如如的根本層次上，那些「在暗含的秩序裡緊密相關」的「互相分離元素」即是暗含的秩序本身。

　　波姆的物理學需要一種新的思想方式為基礎。一開始的時候，這種需求好像是一種障礙。但是現在知道其實不然。在那「不可分的整體」的基礎上，現在已經存在了一種思想工具。此外，從2000年之久的冥思與實修之中也汲取了一些深奧的心理學。這些心理學只有一個目的，那就是發展這一種思想工具。

　　這種心理學就是我們平常所說的「東方宗教」。東方的宗教與宗教之間本身差異就很大。譬如說：比起印度教或佛教與西方宗教的差異，印度教與佛教彼此當然比較相像。但是，如果將印度教與佛教等同視之則又錯誤。可是，凡是東方宗教（心理學），都在一種極根本的情況下與波姆的物理學與哲學不謀而合。所有的東方宗教都以一種純粹的，絕無分化的現實經驗為基礎；而這一現實即是如如。

　　當然，過分高估波姆的物理學與東方哲學之間的相像固屬天真，但是忽略了亦屬愚蠢。試看下列的幾段文字：

「Reality」（現實）一字是由「thing」（res）和「think」（revi）
這兩個字根衍生而來。「reality」意指「凡是思考得到的一切。」
而「凡是思考得到的一切」就不是「如如」。就如如的意義而言，
人的觀念都無法掌握其中的「真相」。

終極的知覺雖然需要一個物質結構來彰顯，但終極的知覺絕非源生
自大腦或什麼物質結構。理解真相的機制非常巧妙，絕非源自大
腦。

思想與物質之間有一種類似。所有的物質，包括我們自己在內，皆
由「資訊」決定。而時間與空間即是由「資訊」決定。

　　如果不看上下文，我們便沒有一種絕對的方法知道這幾段文字到底是波
姆教授說的，還是某一個西藏佛教徒說的。事實上這幾段文字是從波姆1977
年4月柏克萊的兩次演講摘錄出來的。這兩次演講頭一次是針對物理學學生，
後一次是針對勞侖思柏克萊實驗室的一群物理學家。這三段文字裡有兩段摘
自後一場演講。

　　諷刺的是，當大部分物理學家對波姆的理論還持以一種懷疑論的時候，
我們的文化裡卻有數以千計的人立即接受了他。這些人因為要追尋終極現實，
已經開始離開科學。

　　如果波姆的物理學或類似的物理學未來會異軍突起，成為物理學的主力，
那麼東方與西方的舞蹈將會融合得很和諧。21世紀的物理學課程將包括打坐
在內。

　　東方宗教（心理學）的機能在於使我們的心脫離符號的桎梏。從它們的
觀點看，一切事物無非都是符號。文字、概念是符號，人、東西亦是符號。
但是如如，那個純粹的知覺，那個現實「如是」的經驗，卻是在符號之外。

　　可是，話說回來，每一種東方宗教也都運用符號來掙脫符號的領域，只

是有的宗教用的多，有的宗教用的少罷了。於是，這就產生了問題。如果我們認為純粹的知覺與知覺的內容有別，那麼知覺的內容是怎樣使純粹知覺完成的？什麼樣的知覺內容會使心靈向前躍進？什麼東西使心靈耕耘自我圓滿的能力而提升自己？

這種問題很難回答。不論你提出什麼答案，這個答案都只是一個觀點而已。觀點本身就是有限的，所謂「了解」一件事就是採信一個觀點而放棄其他的觀點。這無異是說，心靈是以有限的形式處理事物。可是，知覺的內容確實與心靈自我提升的能力有關。

「現實」我們視之為真。我們視之為真的，就是我們相信的。我們相信的是以我們的認知為基礎，我們的認知是以我們尋找的事物為基礎，我們尋找什麼是以我們想什麼為基礎。我們想什麼是以我們感覺到什麼為基礎，我們感覺到什麼決定我們相信什麼，我們相信什麼決定我們視什麼為真。我們視之為真的，即是我們的現實。

不論如何，這個過程的焦點在於「我們想什麼」。我們至少可以說，專注於一種開放的象徵（基督、佛陀、克利希那所說的「無限變化的性質」）似乎會打開我們的心靈，而開放的心靈往往是悟的第一步。

從19世紀以來，物理學的心理形態已經轉變為極端開放了。19世紀中葉，牛頓力學如日中天。凡有現象，似乎無一不可用力學模式解釋。而所有的力學模式的原理又都早已確立。所以哈佛的物理學系主任才會勸學生不要研究物理；因為，物理學裡面，凡是重要的題目，很少還沒解決的。[xx]

1900年，喀爾文爵士（Lord Kelvin）在一場皇家研究院的演講當中回溯物理學。他說，物理學地平線上只剩下兩片黑雲。一個是黑體輻射的問題，一個是邁克爾遜－莫雷實驗[xxi]。而喀爾文說，毫無疑問的，這兩片黑雲不久就會散去。可是他錯了，他的兩片黑雲象徵的，其實是原本由伽利略和牛頓開始的時代行將結束。其中黑體輻射問題使普朗克發現行為量子。此後30年之內，牛頓物理學整個改變為一種新發展的量子論。邁克爾遜－莫雷實驗則是愛因

斯坦相對論的預告。到了1927年，量子力學和相對論這兩個新物理學的基礎已經確立。

今天的物理學家與喀爾文的時代不一樣。今天的物理學家崇尚的是一種開放的象徵。諾貝爾獎得主暨哥倫比亞大學物理學系退休名譽系主任拉比1975年說：

> 我認為物理學不會有結束的一天。我認為，自然界這樣的新穎，所以變化亦是無窮的——不只是形式變化無窮，認識之深刻與觀念之新亦將無窮……[xxii]

史戴普1971年說：

> ……人類會一直探索下去，終至於發現新的，重大的真理。[xxiii]

今天的物理學家所想的（「我們想什麼」）是，自然的物理學就跟人的經驗一樣，變化無窮。

東方宗教不曾說過物理學什麼，可是卻說過很多人的經驗。印度神話裡面，聖母喀立（Kali）象徵變化無窮的經驗。她代表整個自然界。她是生命的戲劇、悲劇、幽默、悲傷。她是兄，是父，是姊妹、母親、愛人、朋友。她是妖魔、鬼怪、野獸、殘酷之人。她是太陽，又是海洋。她是草，是露。她是我們的成就感，我們的價值感。我們發現新事物時的顫慄是她手鐲上的寶石。我們的喜悅是她臉頰上的酡紅。我們的重要感是她腳趾上的鈴鐺。

這個豐滿的、誘人的、恐怖而又神奇的地母總是有東西給我們。印度人都知道，想引誘她、征服她都不可能，愛她或恨她都是徒然。所以，他們只做一件事，那就是崇揚她，他們也只能做這件事。

有一個故事說，聖母喀立即是上帝之妻西塔。上帝叫籃姆。籃姆之弟是

拉克撒曼。有一次他們在叢林小徑上走路。籃姆在前，西塔居間，拉克撒曼殿後。因為小徑很窄，所以大部分時候拉克撒曼都只能看到西塔。可是，因為小徑彎來彎去，所以他常常還是可以看到上帝籃姆。

這是一個非常深刻的隱喻，正好可以用來比喻物理學的發展。大部分物理學家（在職業上）都不耐煩隱喻，可是物理學本身如今卻已經變成了一個深奧的隱喻。20世紀的物理學是一個故事，講的是，雖然有一些物理學家仍然維持那種「證明給我看」的保守性格，但是人類的知識基本上是一個從防禦到開放的歷程。物理學絕不會有不再有新發現的一天。了解這一點，使物理學家和看物理學故事的人都步上了一個肥沃的高原。了解了這一點，雖然使知識份子冒著失去霸權的危險，但也會向前躍進。

所有的物理師父知道，物理學家不只是「發現自然界無窮的變化」而已，物理學家也是在與印度神話中的聖母喀立共舞。

佛教是一種哲學，又是一種實踐（修行）。佛教哲學豐富而深奧。佛教的實踐法叫做譚崔。譚崔是梵文，意思是「編織」。譚崔沒什麼好說的。譚崔必須用做的。

佛教哲學的發展在西元2世紀以後達到巔峰，這以後再也沒有人能夠增美。佛教哲學與譚崔有明確的區別。佛教哲學可以訴諸思考，譚崔不行。佛教哲學是理性心智的一種機能，譚崔則超越理性。印度文明裡面，最深刻的思想家發現，文字與概念只能帶他們到一個地步。過了此一地步之外，只有修行，而這種經驗是不可說的。不可說並不曾使他們無法將修行方法改良成複雜而有效的技巧，但是的確使他們無法描述這些技巧產生的經驗。

譚崔的修行並不意味理性思想的結束。譚崔的修行意味的是依據符號進行的思想整合到一個較大的知覺光譜裡。（不過悟道的人還是會記得自己的郵遞區號。）

佛教在印度的發展告訴我們，人類智力對現實終極本質深刻的探索將要

達到一個高峰，或者至少要布置一個舞臺。這個高峰，或者這個舞臺演出的，將是超越理性的量子跳躍。事實上，在一個個別的層次上，這就是一條悟的道路。這，西藏密宗稱之為無相道，或靈修。無相道是為理智氣質的人而開，物理科學差不多就是這樣的一條路。

由於20世紀物理學這樣的發展，凡是涉及的人，意識都完全改變。互補原理、測不準原理、量子場論、量子力學哥本哈根解釋，凡此種種所產生的現實本質的認識，與東方哲學產生的都非常接近。本世紀的一些深刻的物理學家已經越來越知覺到，他們面臨的事物是不可說的。

量子力學之父普朗克說：

> 科學……意指不斷的努力，不斷的向一個目標發展。這個目標，詩的直覺可以了解，但是理智絕對無法充分掌握。[xxiv]

科學行將結束。所謂「科學的結束」並不是說物理理論不再「不斷的努力，不斷的向一個目標發展」。事實上，準確而有效的理論越來越多。（悟道的物理學家一樣也會記得自己的郵遞區號。）「科學的結束」意思是說，西方文明依照自己的時間、自己的方式，已經到達人類經驗的更高維度。

柏克萊的物理系主任G. F.丘教授談到一個粒子物理學理論時說：

> 我們目前（在高等物理學的某些方面）的努力，可能只是餐前酒而已，後面的才是人類知識一種嶄新的努力。這種努力將越出物理學之外，並且還不能說是「科學的」。[xxv]

我們不需要到印度或西藏朝聖。那裡有很多東西可以學，可是，在我們自己家裡，在最不可想像的地方，在加速器和電腦之間，我們的無相道已經出現。

太極師父黃忠良曾說，「……只要是用說的，我們早晚要走到一條死路。」[xxvi]但是，因為繞圈子也是一條死路，所以他大可以說，只要是用說的，我們早晚都要開始繞圈子。

我們在依薩冷的小屋談到深夜。我們的新朋友菜科斯坦輕聲的說：

如果我們說粒子是一種實體，涉入這個理論（量子拓樸學）所說的最原始的事件裡，我認為那將是一種誤導。因為，粒子不在時間和空間運動，不帶質量，沒有電荷，沒有我們通常所說的能量。

問：這樣的話，在那個層次裡又是什麼東西造成那些事件？

答：你說誰是舞者？誰又是舞蹈？除了舞蹈之外，兩者別無屬性。

問：這「兩者」又是什麼？

答：是跳舞的東西，是舞者。我的天！我們回到書名上了。[xxvii]

識

　　我無法充分表達我對下列諸位人士的感激。在本書的寫作過程中，我發現，不論是剛畢業，或者是諾貝爾獎得主，物理學家實在是一群親切的人；平易近人、樂於助人、做事專心。我向來對他們都有一個刻板印象，以為他們冷酷、「客觀」。但是我的發現打破了我這個印象。光是為了這一點，我就很感激這些人士。

　　物理暨意識研究會的會長撒發提（Jack Sarfatti, Ph. D.）是一個結晶體。沒有他，我就不可能與下列諸人認識。太極師父黃忠良提供的是那完美的隱喻「Wu Li」（物理、無理、吾理、悟理）、靈感、以及美麗的書法。喬治亞理工學院物理學校校長大衛・萊科斯坦（David Finkelstein）是我的第一個私學老師。他們都是本書的教父。

　　除了撒發提、萊科斯坦之外，劍橋大學物理教授裘賽佛生（Brian Josephson）、以色列巴依籃大學（Bar-Ilan Uuiversity）物理教授潔墨（Max Jammer）閱讀並批評了全部的原稿。我特別感謝他們。（但這並不說他們，或者任何一個在這本書上協助我的思想家都同意我寫的每一頁，也不是說他們要為本書的任何錯誤負責。）

　　我也感激勞侖斯柏克萊實驗室的史戴普（Henry Stapp Ph. D.）以及勞侖斯柏克萊實驗室基本物理學會的創始人與贊助人羅舍（Elizabeth Rauscher）。前者閱讀並評論部分原稿，後者一直鼓勵非物理學家參加每周一次的物理學會議。這個會議本來一直只吸引物理學家參加。除了史戴普、撒發提之外，這個學會還包括克勞賽（Iohn Clauser, Ph. D.）、厄本哈（Philippe Eberhard, Ph. D.）、魏思曼（George Weissman, Ph. D.）、沃爾夫（Fred Wolf, Ph. D.）、卡普拉（Fritjof Capra, Ph. D.）等人。

柏克萊加州大學物理學教授傑佛瑞思（Carson Jefferies）支持並評論了部分原稿，我很感謝。倫敦大學柏貝克學院的物理系教授波姆閱讀了部分原稿，我很感謝。錫拉格（Saul-Paul Sirag）經常協助我。勞侖斯柏克萊實驗室粒子資料群的諸位物理學家。加州州立索諾馬大學（Sonoma State University）的心理學教授克麗絲威爾（Eleanor Criswell）給了我很有價值的支持。坎薩斯州立大學數學教授麥卡蘭（Gin Mc Collum）協助我，又很有耐心的照顧我。C生命研究所（C-life Institute）院長赫伯特提供他有關貝爾定理的精彩論文給我，並且允許我採用他一篇論文的題目〈超越兩者〉作為本書一章的題目。我非常感激他們。

本書的插圖全部由羅賓生（Thomas Linden Robinson）繪製。

柏克萊加州大學物理學系退休名譽教授暨勞侖斯科學院院長哈維・懷特（Harvey White），個人提供了他著名的機率分布模式擬態圖照片給我。電子散射的照片是勞侖思柏克萊實驗室的龔思基（Ronald Gronsky Ph. D.）提供的。我從柏克萊加州大學物理教授戴維思（Summer David）那裡學到了很多光譜學的東西。寫這本書時，我想到了很多物理學家，但是另外還有很多人在我需要幫助時，給了我他們的時間與知識，我深深的感激。

1976年的物理暨意識會議是由依薩冷研究所（Esalen Institute）贊助的。如果沒有他們的指導委員會的熱心，沒有墨菲（Michael Murphy）的熱心，這一切都不可能產生。

文獻出處

引論

i.　Albert Einstein and Leopold Infeld, The Evolution of Physics, New York, Simon and Schuster, 1938, p. 27.

ii.　Werner Heisenberg, Physics and Philosophy, Harper Torchbooks, New York, Harper & Row, 1958, p. 168.

iii.　Erwin Schrödinger, Science and Humanism, Cambridge, England, Cambridge University Press, 1951, pp. 7-8.

大蘇爾的大禮拜

i.　Al Chung-liang Huang, Embrace Tiger, Return to Mountain, Moab (Utah), Real People Press, 1973, p. 1.

ii.　Albert Einstein and Leopold Infeld, The Evolution of Physics, New York, Simon and Schuster, 1938, p. 31.

iii.　Isidor Rabi, "Profiles － Physicists, I," The New Yorker Magazine, October 13, 1975.

愛因斯坦不喜歡

i.　Albert Einstein and Leopold Infeld, The Evolution of Physics, New York, Simon and Schuster, 1938, p. 31.

ii.　Ibid., p. 152.

iii.　Werner Heisenberg, Across the Frontiers, New York, Harper & Row, 1974, p. 114.

iv.　Isaac Newton, Philosophiae Naturalis Principia Mathematica (trans. Andrew Motte), reprinted in Sir Isaac Newton's Mathematical Principles of Natural Philosophy and His System of the World (rcvised trans. Florian Cajori), Berkeley, University of California Press, 1946, p. 547.

v.　Proceedings of the Royal Society of London, vol. 54, 1893, p. 381, which refers to Correspondence of R. Bentley, vol. 1, p. 70. There is also adiscussion of action － at － a － distance in a lecture of Clerk Maxwell in Nature, vol. VII, 1872, p. 325.

vi.　Joseph Weizenbaum, Computer Power and Human Reason, San Francisco, Freeman, 1976.

vii.　Niels Bohr, Atomic Theory and Human Knowledge, New York, John Wiley, 1958, p. 62.

viii.   J. A. Wheeler, K. S. Thorne, and C. Misner, Cravitation, San Francisco, Freeman, p. 1273.

ix.   Carl G. Jung, Collected Works, vol. 9, Bollingen Series XX, Princeton, Princeton University Press, 1969, pp. 70-71.

x.   Carl G. Jung and Wolfgang Pauli, The Interpretation of Nature and the Psyche, Bollingen Series LI, Princeton, Princeton University Press, 1955, p. 175.

xi.   Albert Einstein, "On Physical Reality," Franklin Institute Journal, 221, 1936, 349ff.

xii.   Henry Stapp, "The Copenhagen Interpretation and the Nature of Space － Time," American Journal of Physics, 40, 1976, 1098ff.

xiii.   Robert Ornstein, ed., The Nature of Human Consciousness, New York, Viking, 1974, pp. 61-149.

活的？

i.   Victor Guillemin, The Story of Quantum Mechanics, New York, Scribner's, 1968, pp. 50-51.

ii.   Max Planck, The Philosophy of Physics, New York, Norton, 1936, p. 59.

iii.   Henry Stapp, "Are Superluminal Connections Necessary?", Nuovo Cimento, 40B, 1977, 191.

iv.   Evan H. Walker, "The Nature of Consciousness," Mathematical Biosciences, 7, 1970, 175-176.

v.   Werner Heisenberg, Physics and Philosophy, New York, Harper & Row, 1958, p. 41.

事情是這樣的

i.   Max Born and Albert Einstein, The Born-Einstein Letters, New York, Walker and Company, 1971, p. 91. (The precise wording of this statement varies somewhat from translation to translation. This is the version popularly attributed to Einstein.)

ii.   Henry Stapp, "S － Matrix Interpretation of Quantum Theory," Lawrence Berkeley Laboratory preprint, June 22, 1970 (revised edition: Physical Review, D3, 1971, 1303).

iii.   Ibid.

iv.   Ibid.

v.   Werner Heisenberg, Physics and Philosophy, Harper Torchbooks, New York, Harper & Row, 1958, p. 41.

vi.   Henry Stapp, "Mind, Matter, and Quantum Mechanics," unpublished paper.

vii.   Hungh Everett III, "'Relative State' Formulation of Quantum Mechanics," Reviews of Modern Physics, vol. 29, no. 3 1957, pp. 452-462.

「我」的角色

i.   Niels Bohr, Atomic Theory and the Description of Nature, Cambridge, England, Cambridge University Press, 1934, p. 53.

ii.　Werner Heisenberg, Physics and Philosophy, Harper Torchbooks, New Yor, Harper & Row, 1958, p. 42.

iii.　Werner Heisenberg, Across the Frontiers, New York, Harper & Row, 1974, p. 75.

iv.　Erwin Schrödinger, "Image of Matter," in On Modern York, Clarkson Potter, 1961, p. 50.

v.　Max Born, Atomic Physics, New York, Hanfner, 1957, p. 95.

vi.　Ibid., p. 96.

vii.　Ibid., p. 102.

viii.　Werner Heisenberg, Physics and Beyond, New York, Harper & Row, 1971, p. 76.

ix.　Niels Bohr, Atomic Theory and Human Knowledge, New York, John Wiley, 1958, p. 60.

x.　Bron, op. cit., p. 97.

xi.　Heisenberg, Physics and Philosophy, op. cit., p. 58.

初心

i.　Shunryu Suzuki, Zen Mind, Beginner's Mind, New York, Weatherhill, 1970, pp. 13-14.

ii.　Henry Miller, "Reflections on Writing," in Wisdom of the Heart, Norfolk, Connecticut, New Directions Press, 1941 (reprinted in The Creative Process, by B. Ghiselin (ed.), Berkeley, University of California Press, 1954, p. 186).

iii.　KQED Television press conferece, San Francisco, California, December 3, 1965.

iv.　Werner Heisenberg, Physics and Philosophy ,Harper Torchbooks, New York, Harper & Row, 1958, p. 33.

狹義無理

i.　Albert Einstein, "Aether and Relativitätstheorie," 1920, trans. W. Perret and G. B. Jeffery, Side Lights on Relativity, London, Methuen, 1922 (reprinted in Physical Thought from the Presocratics to the Quantum Physicists by Shmuel Sambursky, New York, Pica Press, 1975, p. 497).

ii.　Ibid., p. 497.

iii.　Ibid., p. 497.

iv.　Albert Einstein, "Die Grundlage der Allgemeinin Relativitätstheorie," 1916, trans. W. Perret and G. B. Jeffery, Side Lights on Relativity, London, Methuen, 1922 (reprinted in Physical Thought from the Presocratics to the Quantum Physicists by Shmuel Sambursky, New York, Pica Press, 1975, p. 491).

v.　Einstein, "Aether und Relativitätstheorie," op. cit., p. 496.

vi.　J. Terrell, Physcial Review, 116, 1959, 1041.

vii.　Isaac Newton, Philosophiae Naturalis Principia Mathematica, (trans. Andrew Motte), reprinted in Sir Isaac Newton's Mathematical Principles of Natural Philosophy and His System of the World (revised trans. Florian Cajori), Berkeley, University of California Press, 1946, p. 6.

viii. From "Space and Time," an address to the 80th Assembly of German Natural Scientists and Physicians, Cologne, Germany, September21. 1908 (reprinted in The Principles of Relativity, by A. Lorentz, A. Einstein, H. Minkowski, and H. Weyle, New Yor, Dover, 1952, p. 75).

ix. Albert Einstein and Leopold Infeld, The Evolution of Physics, New York, Simon and Schuster, 1961, p. 197.

廣義無理

i. Albert Einstein and Leopold Infeld, The Evolution of Physics, New York, Simon and Schuster, 1961, p. 197.

ii. Ibid., p. 219.

iii. Ibid., pp. 33-34.

iv. David Finkelstein, "Past-Future Asymmetry of the Gravitational Field of a Point Particle," Physical Review, 110, 1958, 965.

粒子動物園

i. Goethe, Theory of Colours, Pt. II (Historical), iv, 8 (trans. C. L. Eastlake, London, 1840; repr., M. I. T. Press, Cambridge, Massachusetts, 1970).

ii. Werner Heisenberg, Across the Frontiers, New York, Harper & Row, 1974, p. 162.

iii. Werner Heisenberg et al., On Modern Physics, New York, Clarkson Potter, 1961, p. 13.

iv. David Bohm, Causality and Chance in Modern Physics, Philadelphia, University of Pennsylvania Press, 1957, p. 90.

v. Werner Heisenberg, Physics and Beyond, New York, Harper & Row, 1971, p. 41.

vi. Werner Heisenbrg et al., On Modern Physics, op. cit., p. 34.

vii. Victor Guillemin, The Story of Quantum Mechanics, New York, Scribner's, 1968, p. 135.

viii. Max Born, The Restless Universe, New York, Dover, 1951, p. 206.

ix. Ibid., p. 206.

x. Ibid., p. 206.

xi. Kenneth Ford, The World of Elementary Particles, New York, Blaisdell, 1965, pp. 45-46.

這些舞蹈

i. Louis de Broglie, "A General Survey of the Scientific Work of Albert Einstein," in Albert Einstein, Philosopher — Scientist, vol. 1, Paul Schilpp (ed.), Harper Torchbooks, New York. Harper & Row, 1949, p. 114.

ii. Richard Feynman, "Mathematical Formulation of the Quantum Theory of Electromagnetic Interaction," in Julian Schwinger (ed.) Selected Papers on Quantum Electrodynamics (Appendix B),

New York, Dover, 1958, p. 272.

iii.　Kenneth Ford, The World of Elementary Particles, New York, Blaisdell, 1963, p. 208 and cover.

iv.　Sir Charles Eliot, Japanese Buddhism, New York, Barnes and Noble, 1969, pp. 109-110.

超越兩者

i.　John von Neumann, The Mathematical Foundations of Quantum Mechanics (trans. Robert T. Beyer), Princeton, Princeton University Press, 1955.

ii.　Ibid., p. 253.

iii.　Werner Heisenberg, Physics and Beyond, New York Harper & Row, 1971, p. 206.

iv.　Max Born, Atomic Physics, New York, Hafner, 1957, p. 97.

v.　Transcribed from tapes recorded at the Esalen Conference on Physics and Consciousness, Big Sur, California, January 1976.

vi.　Albert Einstein, Boris Podolsky, and Nathan Rosen, "Can Quantum － Mechanical Description of Physical Reality Be Considered Complete?", Physical Review, 47, 1935, 777ff.

vii.　Werner Heisenberg, Across the Frontiers, New York, Harper & Row, 1974, p. 72.

viii.　Esalen Tapes, op. cit.

ix.　Garrett Birkhoff and John von Neumann, "The Logic of Quantum Mechanics," Annals of Mathematics, vol. 37, 1936.

x.　Esalen Tapes, op. cit.

科學的結束

i.　Longchenpa, "The Natural Freedom of Mind," trans. Herbert Guenther, Crystal Mirror, vol. 4, 1975, p. 125.

ii.　Albert Einstein, Boris Podolsky, and Nathan Rosen, "Can Quantum － Mechanical Descriptin of Physical Reality Be Considered Complete?", Physical Review, 47, 1935, 777ff.

iii.　Erwin Schrödinger, "Discussions of Probability Relations between Separated Systems," Proceedings of the Cambridge Philosophical Society, 31, 1935, 555-562.

iv.　Albert Einstein, "Autobiographical Notes," in Paul Schilpp (ed.), Albert Einstein, Philosopher － Scientist, Harper Torchbooks, New York, Harper & Row, 1949, p.85.

v.　Ibid., p. 87.

vi.　Ibid., p. 85.

vii.　Henry Stapp, "S － Matrix Interpretation of Quantum Theory," Lawrence Berkeley Laboratory preprint, June 22, 1970 (revised edition: Physical Review, D3, 1971, 1303ff).

viii.　Stuart Freedman and John Clauser, "Experimental Test of Local Hidden Variable Theories," Physical Review Letters, 28, 1972, 938ff.

ix. Henry Stapp, "Bell's Theorem and World Process," Il Nuovo Cimento, 29B, 1975, 271.

x. Alain Aspect, Jean Dalibard, and Gérard Roger, "Experimental Test of Bell's Inequalities Using Time — Varying Analyzers," Physical Review Letters, vol. 49, no. 25, 1982, 1804.

xi. John Clauser and Abner Shimony, "Bell's Theorem: Experimental Tests and Implications," Rep Prog Phys, vol 41, 1978, 1881; Bernard d'Espagnat, "The Quantum Theory and Reality," Scientific American, Nov. 1979.

xii. Henry Stapp, 'Are Superluminal Connections Necessary?", Nuovo Cimento, 40B, 1977, 191.

xiii. David Bohm and B. Hiley, "On the Intuitive Under-standing of Non — locality as Implied by Quantum Theory" (preprint, Birkbeck College, University of London, 1974).

xiv. Henry Stapp, "S Matrix Interpretation," op. cit.

xv. Werner Heisenberg, Physics and Philosophy, Harper Torchbooks, New York, Harper & Row, 1958, p. 52.

xvi. Lecture given April 6, 1977, University of California at Berkeley.

xvii. Lecture given April 6, 1977, University of California at Berkeley.

xviii. Lecture given April 6, 1977, University of California at Berkeley.

xix. Lecture given April 6, 1977, University of California at Berkeley.

xx. Victor Guillemin, The Story of Quantum Mechanics, New York, Scribner's, 1968, p. 19.

xxi. Lord Kelvin (Sir William Thompson), "Nineteenth Century Clouds over the Dynamical Theory of Heat and Light," Philosophical Magazine, 2, 1901, 1-40.

xxii. Isidor Rabi, "Profiles — Physicist, II," The New Yorker Magazine, October 20, 1975.

xxiii. Henry Stapp, "The Copenhagen Interpretation and the Nature of Space — Time," American Journal of Physics, 40, 1972, 1098.

xxiv. Max Planck, The Philosophy of Physics, New York, Nortn, 1936, p. 83.

xxv. This quotation was given to the Fundamental Physics Group, Lawrence Berkeley Laboratory, November 21, 1975, (during and informal discussion of the bootstrap theory) by Dr. Chew's colleague, F. Capra.

xxvi. Al Chung — liang Huang, Embrace Tiger, Return to Mountain, Moab, Utah, Real People Press, 1973, p. 14.

xxvii.Transcribed from tapes recorded at the Esalen Conference on Physics and Consiousness, Big Sur, California, January 1976.

物理之舞
用量子力學打開新時代大門，理性與靈性的絕妙共舞
The Dancing Wu Li Masters : An Overview of the New Physics

作　　　者	蓋瑞‧祖卡夫 (Gary Zukav)	
翻　　　譯	廖世德	
封 面 設 計	郭彥宏	
內 頁 版 型	高巧怡	
行 銷 企 劃	蕭浩仰、江紫涓	
行 銷 統 籌	駱漢琦	
業 務 發 行	邱紹溢	
營 運 顧 問	郭其彬	
副 總 編 輯	劉文琪	

出　　　版	地平線無話／漫遊者文化事業股份有限公司
地　　　址	台北市103大同區重慶北路二段88號2樓之6
電　　　話	(02) 2715-2022
傳　　　真	(02) 2715-2021
服 務 信 箱	service@azothbooks.com
網 路 書 店	www.azothbooks.com
臉　　　書	www.facebook.com/azothbooks.read

發　　　行	大雁出版基地
地　　　址	新北市231新店區北新路三段207-3號5樓
電　　　話	02-8913-1005
訂 單 傳 真	02-8913-1056
初 版 一 刷	2023年12月
初版二刷 (1)	2024年4月
定　　　價	台幣480元
ISBN	978-626-97679-6-0

有著作權‧侵害必究
本書如有缺頁、破損、裝訂錯誤，請寄回本公司更換。

Copyright © 1979 by Gary Zukav
Published by arrangement with Trident Media
Group,LLC. throughAndrewNurnbergAssociates
Internaitonal Limited.
Traditional Chinese edition copyright © 2023 by
Horizon Books, imprint of Azoth Books.
ALL RIGHTS RESERVED

國家圖書館出版品預行編目 (CIP) 資料

物理之舞：用量子力學打開新時代大門，理性與
靈性的絕妙共舞 / 蓋瑞．祖卡夫 (Gary Zukav) 著
; 廖世德譯 . -- 初版 . -- 臺北市：地平線文化，漫
遊者文化事業股份有限公司出版：大雁文化事業
股份有限公司發行 , 2023.12
　面；　公分
譯自：The dancing wu li masters : an
overview of the new physics
ISBN 978-626-97679-6-0(平裝)
1.CST: 量子力學 2.CST: 相對論
331.3　　　　　　　　　　　　　112021094

漫遊，一種新的路上觀察學
www.azothbooks.com
漫遊者文化

大人的素養課，通往自由學習之路
www.ontheroad.today
遍路文化‧線上課程